本书由总装备部装备科技译著出版基金资助出版

异构多无人机

Multiple Heterogeneous Unmanned Aerial Vehicles

[西班牙] Aníbal Ollero Iván Maza (Eds.) 著

朱永贤 彭鹏菲 毛盾 张建强 译

国防工业出版社
National Defense Industry Press

著作权合同登记　图字：军–2010–029 号

图书在版编目（CIP）数据

异构多无人机 / （西）奥列罗，（西）马萨著；朱永贤等译.
— 北京：国防工业出版社，2012.11
（无人机译丛）
书名原文：Multiple Heterogeneous Unmanned Aerial Vehicles
ISBN 978-7-118-07357-7

Ⅰ.①异… Ⅱ.①奥… ②马… ③朱… Ⅲ.①无人驾驶飞机
—研究 Ⅳ.①V279

中国版本图书馆 CIP 数据核字（2012）第110225号

Translation from the English language edition:
Multiple Heterogeneous Unmanned Aerial Vehicles by Aníbal Ollero and Iván Maza (Eds.);
ISBN 978-3-540-73957-9
Copyright © Springer-Verlag Berlin Heidelberg 2007
Springer is a part of Springer Science+Business Media
All Rights Reserved.
本书简体中文版由 Springer-Verlag GmbH 授权国防工业出版社独家出版发行。

异构多无人机
[西班牙] **Aníbal Ollero　Iván Maza (Eds.)**　　著
朱永贤　彭鹏菲　毛盾　张建强　译

出版发行　国防工业出版社
地址邮编　北京市海淀区紫竹院南路 23 号　100048
经　售　新华书店
印　刷　北京嘉恒彩色印刷有限公司
开　本　710 × 1000　1/16
印　张　15 3/4
字　数　239 千字
版 印 次　2012 年 11 月第 1 版第 1 次印刷
印　数　1—3000 册
定　价　68.00 元

译者序

　　无人机是未来无人智能型武器系统发展的一种主要形式，随着武器装备现代化、信息化和一体化的不断发展，无人机系统作为综合作战系统中的重要组成部分，已成为各国军事力量优先发展的一种作战分系统。无人机系统是集电气、动力、控制、电子、计算机技术于一体的高科技武器装备，在战场中可承担警戒、探测、中继、导引、掩护、攻击等多种作战任务，将成为未来战争中的重要作战力量，引领未来作战样式的巨大变革。

　　《异构多无人机》是西班牙无人机系统专家 Aníbal Ollero 和 Iván Maza 的专著。该书具体描述了无人机系统的当前技术状态、存在的问题以及多无人机系统的发展潜力，着重说明了异构多无人机系统编队方法与技术。多无人机系统的相关理论与关键技术是目前无人机系统发展与应用的薄弱环节。本书作为一本专业著作，可以为多无人机系统的使用与学习人员提供全面的基础知识和结论性规律；同时也可为长期从事无人机系统专业的设计与研究人员提供宝贵的实践性参考。希望这部译著的出版能够对中国特色的无人机系统装备的快速发展起到积极的推进作用。

　　当然，由于涉及的内容非常广泛，所以书中给出的往往是简化的内容和简明的结论，有兴趣的读者可以沿着书中的主线查看专门的书籍。此外，在翻译过程中大部分词汇习惯上是通用或同义的，而有些则不尽然。这里在忠实原文的前提下，尽可能对用词进行了统一，并对含糊叙述和错误之处进行了校正，希望能够减少阅读时的混淆。尽管译者尽了很大努力, 但限于水平和时间仓促, 难免出现错误和不明确之处, 希望读者能给予指正。

　　译者十分感谢刘忠教授和任雄伟教授在翻译修订过程中给予的帮助与指导, 感谢黄亮博士和张国栋博士所做的大量修订与校对工作, 同时也感谢国防工业出版社的大力支持。

前言

　　航空机器人在许多领域正得到越来越多的应用，从不可接近地区的仪器设备配置和效用的局部检查，到全球环境监测，以及包括搜索救援、安全、灾害监管、交通管制、土木工程等诸多领域的机器人应用。在这些所有的应用领域中，航空机器人可以克服地面机器人移动的局限性，能够在一些险峻的地形上航行或者跨越不可避免的障碍物。

　　航空机器人可以认为是由无人机发展而来的。无人机是一种自推动的飞行器，可以由操作员遥控或者自动驾驶。在过去的十年，为了提高无人机的飞行持久力、飞行距离和有效载荷，研究人员付出了许多努力。即将服役的无人机飞行距离可以达到几千千米，飞行持久力可以超过 24h，有效载荷可以超过 1000 kg。

　　而且，无人机技术的发展提高了机载的计算和通信能力。随着新型航空传感器、传动装置，嵌入式控制和通信系统的发展以及机载零件的小型化，性能越来越好的小型、迷你、微型无人机将是未来的发展方向。航空机器人可以看作是各种技术的汇合，这些技术包括航空、嵌入式控制系统、通信和智能系统。

　　目前现有的无人机在飞行和有效载荷方面的局限性限制了无人机的许多应用。多无人机方法可以提高无人机系统的空间覆盖和可靠性，并且允许在不同地点同时进行干预，使特型无人机编队成为可能。因此，多无人机可应用在许多方面，是一个行之有效的方法。

　　本书描述了当前的技术状态，存在的问题以及多无人机系统的发展潜力，着重说明了异构无人机编队。这里，异构指的是无人机的不同特性、不同有效载荷以及从纯遥控飞行器到全自动驾驶航空机器人所具有的不同的机载信息处理能力。

本书受益于 COMETS 项目的研究成果, 该项目致力于异构多无人机的协同和控制研究。这是一个受欧洲委员会信息社会技术 (IST) 研究和发展规划资助的项目。COMETS 被认为是第一个用实验方法验证了在欧洲民用领域异构多无人机协作的项目。该项目产生了一种新的控制结构体系, 该结构体系结合了分布式感知、实时图像处理以及自主容错导航技术。COMETS 项目表明, 飞行器间的协作对于达到功能最大化、保持分布性和自主性、并使操作费用在最低水平是必需的。

然而, 本书已超越了 COMETS, 并且在无人机的框架内考虑多无人机系统的研究和发展动态。

本书从决策体系、协同感知的概念和理论、无人机的样机以及相关应用 (森林火灾检测与监控) 等几个方面着手研究多无人机系统。其中, 相关的应用 (涉及了) 对人和环境的保护。

本书包括 5 个部分。第一部分是概论, 包括无人机应用的回顾和评述。第二部分 (第 2 ~ 4 章) 主要讲述多无人机系统的相关方法和技术。包括决策体系结构 (第 2 章)、通信 (第 3 章) 和协同感知 (第 4 章) 技术。第三部分 (第 5 ~ 7 章) 主要涉及特定的无人机样机及其技术, 包括自主直升机 (第 5 章)、自主飞船 (第 6 章) 和无人机引导的遥控工具和多无人机系统的综合体 (第 7 章)。第四部分主要涉及无人机在森林火灾预警和监测领域的应用 (第 8 章)。第五部分为本书的总结并且指出了多无人机系统未来的研究、发展和应用方向。

如果没有其他同仁的帮助, 本书将不可能得以出版。我们对所有参与 COMETS 项目的研究人员表示感谢。在他们中间有些并不是本书有关章节的作者, 包括: Lusi Gonzalo Gutierrez、Francisca Colmenerot、Iker Veiga (GMV)、Miguel Angel Gonzalez、Francisca Gomez Pantoja (Helivision) 以及其他合作团队的成员, 这些团队主要有: 塞维利亚 AICIA 大学、LAAS-CNRS、柏林技术大学、可因布拉 ADAI 大学和 Linkoping 大学。

我们同时还要感谢欧洲委员会的官员们, 特别感谢 Rolf Riemenschneider 在领导 COMETS 项目所做的出色工作。另外, 在这里我们还要感谢 COMETS 项目评审员 Fernando Lobo Pereira、Ornulf Jan Rodseth、Mario Innocenti 所做的贡献, 他们为项目提出了非常有建设性的意见和研究方向。

除了 COMETS 项目之外, 本书的工作还得到其他国家项目的资助, 例如: 西班牙 AEROSENS 和 SADCON 以及德国 DFG 项目。

目录

第 1 章

概论

摘要: 本章论述了无人机的实际效用, 介绍了多无人机系统近年来相关项目的实施情况, 回顾了无人机在民用方面的主要应用情况。最后, 对全书内容做了简要概述。

1.1 航空机器人

室外机器人在自然地形环境中应用时, 其对机动性的要求一般超出现有的地面机器人。实际上, 尽管无人地面机器人已经过近 20 年的发展进步, 但在开放的自然环境中, 其导航仍然面临巨大挑战。因此在许多应用中, 现有地面机器人仍存在固有局限性, 限制其到达指定位置展开行动的能力。地形的特征、障碍物的出现以及所需的快速响应能力都可能制约许多地面移动系统的使用。因此, 在许多情况下使用航空器是接近目标获取信息或部署仪器的唯一方式。

无人机 (UAV) 为机器人系统避免上述所提及的地面机器人局限性提供了很多机会。最近 10 年来, 无人机进一步改善了它们在能量和信息处理方面的自主性, 自主定位和跟踪方面也已取得了重大成绩。这些改进基于现代卫星定位技术、捷联惯导系统、通信与控制技术和图像处理技术。此外, 新的无人机机载信息传感与处理能力也已实现。因此, 今天我们可以认为, 无人机系统是拥有感知、学习、实时控制、态势估计、推理、决策和航路规划等能力于一体的、可在复杂环境中不断进化与工作的智能机器人系统。

1.2 多无人机系统

小型、低耗无人机随着嵌入式系统和一体化、小型化技术的进步而不断加速发展。

然而，能量消耗、重量以及尺寸等约束条件是无人机的重要影响因素，特别是对于尺寸较小、重量较轻和低能耗的无人机。因此，多无人机协作是解决许多应用问题最合适的方法。

性能强大的单无人机即使装备了一系列不同类型、不同形式的传感器，但在指定的瞬间仍局限于单一视点。然而无人机编队可以从不同位置同时收集信息，并充分利用这些相互独立的多样视点信息来建立用于决策的模型。此外，异构多无人机编队还具有各种无人机 (如直升机、固定翼飞机、飞船) 间的互补优势。

编队无人机间的相互协作使很多应用成为可能。当执行一些任务时，编队成员间可以相互交换传感器信息、协同跟踪识别目标，完成侦察、监视等行动。例如，一个无人机编队可以应用于对森林火灾等自然灾害演变情况的侦察、精确定位、监视和测量。此外，无人机编队协作这一方法使得解决方案具备更好的容错性和灵活性。

通过多无人机编队 (小型无人机组群) 去完成具体任务，还需要进一步合作努力。现有的几种与同构军用飞机编队控制相关的方法还存在很多难题，例如编队密集飞行 (见参考文献 [5, 6, 9]) 和自主特技飞行操纵问题 (普林斯顿大学的 Phoenix 工程)。未来发展趋势将是不再需要巨大的计算量或通信带宽的系统。然而，目前大多数研究仅限于仿真，而用真正无人机开展的验证仍然非常少。

麻省理工学院正在开发一个分布式协调与控制多载体实验平台[1]。作为国防部基金支持下的若干研究计划之一，该计划将在麻省理工学院研究建立一个多载体实验床，用于论证和评估无人机编队的协调与控制方法。目前两架自主无人机编队的演示飞行已经完成。

澳大利亚野外机器人技术研究中心的 ANSER 计划旨在验证多无人机协作下的分布式数据融合技术 (DDF) 和同时定位与地图创建技术 (SLAM)。DDF 和 SLAM 技术验证需要无人机同时搭载导航和地形传感器，包括一套 INS/GPS 导航系统，一部毫米波 (MMW) 雷达，一个单视节点和一个增加了激光系统的视觉节点。

由 Cornell 大学和 Insitu 团体联合开展的 STTR 计划的目标是评估

和验证多无人机协同跟踪运动目标算法。这个计划为 "搜索鹰" 和 "海上扫描" 无人机开发了航路规划、控制和协同跟踪评估算法。

目前, 大多数研究工作致力于同构无人机编队。由于具有不同移动特征、不同传感器 (具有不同的、相关的感知功能) 的无人机间可互补利用, 因此异构无人机间的协作可提供重大效益, 但也因所涉及问题的复杂性构成了重大挑战。

本书致力于研究当前多无人机系统的技术现状、存在的问题和发展潜力, 特别是异构多无人机系统。这里异构性具有双重含义。一方面可认为是无人机平台的异构性, 即开发具备不同特点的不同无人机 (例如直升机和飞艇)。另一方面可认为是机载信息处理能力的异构性, 涵盖从单纯的远距离遥控无人机到完全自主的无人机。

1.3 应用

当前, 无人机主要应用于国防相关方面, 主要投资来源于未来的军事想定。当今无人机的民用市场与军事应用相比仍较小, 尽管出现了一些有意义的民用市场, 但是合适而有用的应用非常有限。然而以后 10 年～15 年, 无人机的民用和商业市场有望大幅上升。下面回顾一下无人机的一些应用情况。

1.3.1 航空摄影与摄像技术

许多无人机应用与获取航空图像有关。随着当前航空摄影与摄像技术应用市场的不断增长, 不仅可利用传统的遥控飞行器, 小型固定翼无人机和飞艇也可用于航空摄影。

摄像需要使用直升机, 因为其具有较好的机动性。然而, 当使用传统的遥控飞行器 (RPV) 时, 要求飞行器离遥控者的距离很近, 需要能够直接看到飞行器。而自主飞行器不受这些限制, 先进遥控系统的应用改善了遥控性能, 这样机载照相机就可以为遥控者提供视距之外的远距离飞行控制视野, 图像可以通过眼镜式、头盔式或一般的便携显示器显示。此外, 如果地图可用, 则地面遥控站可以在地图上显示无人机, 最终以 3D 的形式展现环境地图和无人机, 以方便遥控飞行任务。这种 "超视距" 遥控控制比较适合于固定翼飞机, 但不能满足直升机, 原因在于直升机需要高频率稳定的闭环遥控控制。为此出现了直升机自主稳定机载控制系统。以上提及的遥控策略能够满足许多应用, 也可理解为是向自主性发展的第一步。

当前, 对于航空摄影来说最合适的策略是机载控制器的初级自主性与人工引导相结合, 而后者采用传统操纵杆式的人工控制器即可实现。

1.3.2 航空测绘

航空测绘是又一项具有潜在短期经济影响的应用领域。与传统的飞行器相比, 自主飞行器系统可以在节省大量费用的情况下创建更加精确的地形图。与传统的有人驾驶飞行器不同的是, 直升机和飞艇能携带相机或距离传感器贴近地面飞行并建立高分辨率三维 (3D) 地图。此外, 直升机还可以在狭小的、约束条件较多的区域飞行并建立高清地图。

地形测绘也是 COMETS 工程的任务之一, 目的是为无人机绘图提供一个可更新的、初始的、可用的地图数据库。经无人机处理后, 可提供最新的、比初始数据更可用的、分辨率更高的信息。

地形测绘对于本节所考虑的其他很多应用也是很有用的, 例如环境检测、农业和林业调查、检查、监视和危机管理 (评估灾害影响范围)。

土建工程也需要这些地图, 就连无人机行动也需要这些地图的支持, 因为与实况视频流相反, 地形图提供了一个记录无人机飞行区域场景的空间连贯视景。

图 1.1 举例说明了利用自主软式飞艇生成高分辨率地图的情况。

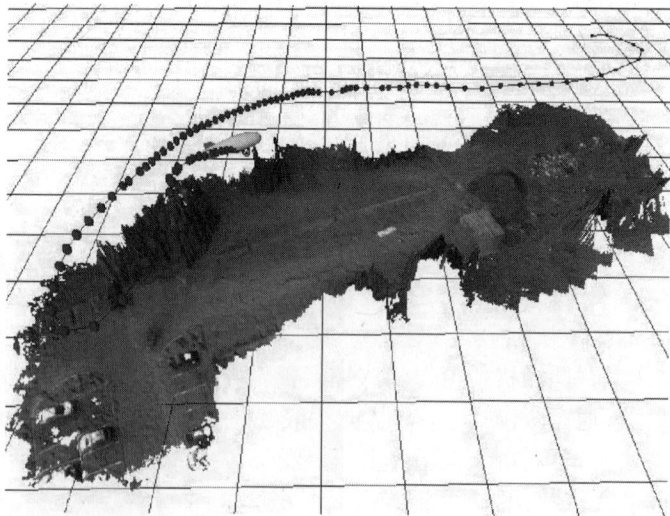

图 1.1　利用自主软式飞艇建立数字地形图 (courtesy of LAAS-CNRS)

1.3.3 气象学

许多无人机已经在气象任务中应用。近来, 用于高空长航时 (HALE) 的太阳能无人机已经开始发展。几年内, 太阳能无人机利用能量储存技术可在夜间飞行, 这样太阳能无人机将具备在 6000 英尺①高空一次连续飞行几个月的能力, 这种无人机可在通信、侦察和大气测量领域中应用。

1.3.4 环境监测

环境监测对于搭载图像及其他传感器测量环境变量的无人机来说又是一个潜在应用, 这包括溢油的发现与监测。

这些应用需要 HALE (高空长航时) 型无人机和中空长航时 (MALE) 的无人机具备高度自主性。与现有的以人造卫星为基础的技术相比, 无人机在空间分辨率和瞬间清晰度方面具备优势。此外, 还可应用小型短航时无人机收集局部点的超高分辨率信息, 例如文献 [2] 提出了一种可用于火山气体取样的小型固定翼无人机体系结构。

1.3.5 农业和林业

无人机也被应用在农业和林业中, 包括农业或林业资源调查、大面积农业区域化学喷雾。农作物的农药喷洒在日本现在是靠自主无人直升机完成的。

1.3.6 检查

对于小型的无人机来说, 另一个在中短期内的较大、潜在的应用是建筑物和水电等公共设施的检查。最近结束的 Helinspec 工程演示了利用载有红外线和可见光相机的无人直升机对建筑物的热检测[3] (图 1.2)。其感

图 1.2 Seville 大学工程学院实验大楼检查

----

① 1 英尺 = 0.3048 米 (m)。

知系统的基础就是一台红外摄像机和一台可见光摄影机。红外图像经过处理后可用来发现建筑物的异常,而可见光图像可对建筑物的异常情况给以更好的说明。为了便于红外和可见光图像联合处理,采用时间戳实现它们之间的时间同步。使用两个微型红外摄像机: 一个 Raytheon 2000 AS; 一个 Indigo Omega (图 1.3), 两个照相机质量接近 120 g, 由远红外线操纵 (7 μm ∼ 14 μm)。

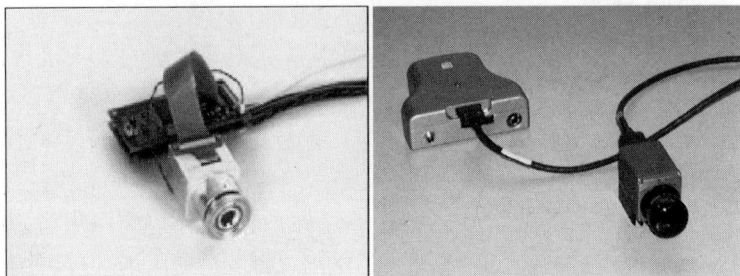

图 1.3   应用于建筑物检查的 Raytheon 2000 AS 和 Indigo Omega 微型摄像机

Indigo Omega 是一个红外热像仪, 并通过 IEEE 1394 协议提供图像, 而 Raytheon 2000 AS 则提供非热成像图像。可见光摄影机是一个轻型彩色装置。图 1.4 所示为从盘旋飞行的无人机上获取的 4 个非稳定红外图像。图 1.5 所示为应用文献 [3] 提出的稳像和热异常检测方法处理后的结果, 图像中被检测为感兴趣的区域 (ROI) 用白色矩形框作出标记。这些结果经地面红外摄像机 (FLIR THERMACAM P 20) 人工检测验证是有效的。

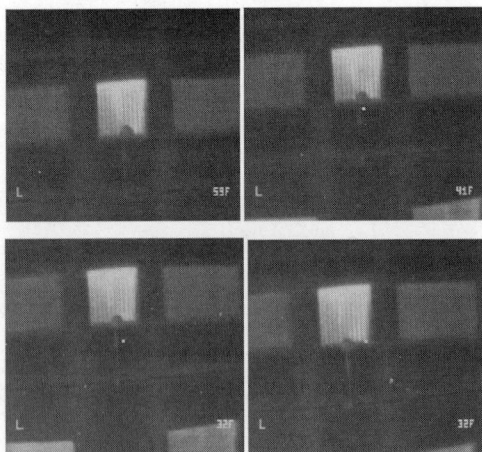

图 1.4   盘旋飞行的无人机利用 Indigo Omega 获取的 4 幅非稳定红外图像

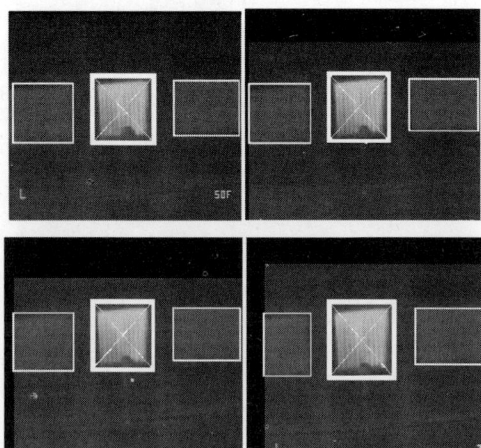

图 1.5 经过稳像和热异常检测后的图像

电力线、管线和其他的水电等公共设施检查方面也有相应的一些应用计划, 这些现在用传统飞机执行的检查任务将会在未来受到影响。

1.3.7 执法和安保应用

不久的将来, 执法将越来越依靠自动化系统, 因此国家安全将是无人机民用的主要动力。中期内的应用将包括关键性基础设施 (通信和高压线路, 水、气和油管道等) 的监视和因需要监视非法移民流而进一步扩大的边境和海岸巡逻。

无人机在执法上的应用一般是指无人机提供关键性图片进行战术态势评估以协作辅助警察搜索罪犯。这方面的应用如同边境和海岸的巡逻一样也包括犯罪行为监控 (人流控制、汽车和轮船监视与追击行动, 等等)。

在安保应用中, 自治系统需要在充满敌意、单调乏味或难以进入的环境中操作运行, 这类环境结构复杂恶劣、部分未知或完全未知。

复杂安保任务将越来越需要互操作机器人系统的部署与合作, 它们之间互相通信、紧密合作、相互影响, 将在复杂安保任务中发挥重要的作用, 这中间既包括无人机的协作也包括无人地面车辆的协作 (UGV)。

如上所述, 边境监视是一个无人机应用具备重大优势的安保想定。在欧洲的东部边境将有几个应用在短期内初步实现, 西班牙南部沿海岸所需要发展的监视新技术也是一个关键应用, 这项新技术不仅可以用来搜索受害者还可以用来营救受害者。

边境巡逻不仅需要先进的感知能力, 还需要高度自主性的任务管理能力。此外, 将来的发展趋势将是具备不同能力的无人机和无人地面车的分布式应用, 应用中包括了固定的基础结构和控制平台。机器人编队将在动态变化的、部分未知的、复杂且有时还存在敌意或危险的环境中工作, 并随着环境的变化而不断演变, 这就需要一个标准化的、自主的和具备任务重组能力的平台。

另一个应用是保护工业、公众等场所, 这种应用与边境巡逻具有很多共同特征, 不同的是这里无人机的工作更加局部化。此外, 它们必须与室内自治系统协作。这些机器人将合并统一到由安全巡逻队和指挥台组成的总体监视系统中, 完成监视、危险迹象与违法活动侦察、劝阻行动、出入口控制等任务。这是一种高度动态变化的工作环境, 并且人出现的潜在性很高。为此, 从迷你型到微型无人机、无人地面车以及人性化机器人都可展望。

在公安执法方面中, 其他较长期的应用是航海监视, 包括海上交通控制、轮船运动监视、(违法) 渔业监控、搜索与营救作业等, 还有对危险物料监视, 实现对其从装船一直到目的地实施高灵敏地跟踪和海上护送。

1.3.8 自然灾害与危机管理

无人机还可以用来保护人们防备自然灾害。例如, 多无人机可以相互合作快速而系统地勘查受灾的区域, 定位受灾者。它们可以直观地锁定对象或受灾者的具体位置, 引导营救队伍。而且, 有些情况下由于天气条件使得有人驾驶飞行器难以进行搜索, 而相比之下它们在此情况下更加容易展开行动, 并且可以在非常危险的条件下实施救人。

与上述所说的很多相关危害管理方面的应用可以作为商业应用。这样, 多无人机在震后建筑物和道路潜在危险的检查以及绘制受灾地区的详细地形图中将非常有用。文献 [7] 就已经提到了美国 Kathrina 灾害后无人机的应用情况。

1.3.9 救火

救火应用应该可以包含在 "自然灾害与危机管理" 中, 但也与 "环境监测" 有很多相同特征。

森林救火包括火灾预防、侦察、监视和灾后分析, 是所提及的应用中最合适无人机的短期应用之一。

　　无人机可应用于森林监视, 以进一步改善卫星观测的空间和瞬时清晰度, 例如火灾风险地图绘制、植被的监视, 甚至可利用扫描传感器 (例如 LIDAR) 生成 3D 植被地图。当前, 许多高空长航时无人机 (HALE UAV) 和未来的平流层无人机比较适合这些任务, 因为它们的续航时间长和载荷量高, 具备搭载相关较重观测传感器的能力。而且, 小型低耗无人机在局部高分辨率地图绘制中也是非常有用的, 这些局部高分辨率地图在特别区域保护中很有用处, 并且可以支持森林火灾研究和开发活动。

　　无人机在森林火灾的自动探测方面也是非常有用的, 可扩大自动检测系统的地面覆盖范围, 增加卫星系统的时间和空间分辨率。平流层、高空长航时 (HALE) 和中空长航时 (MALE) 无人机能够提供高频率、高分辨率的数据。而且, 当战术无人机和小型低耗无人机在警报附近升空, 就像监视火灾一样, 可对警报进行确认和局部化。图 1.6 所示为葡萄牙在控制森林火灾时拍摄的一幅航空图片, 利用这种图片可以对大火朝向进行精确地局部化, 并且计算机系统也可提供大火的相关参数, 如蔓延速度与火焰高度等。

图 1.6　葡萄牙在控制森林火灾中拍摄的航空图片

　　无人机在火灾后的分析中也可使用。中空长航时 (MALE) 无人机和战术无人机可用来监视火灾死灰复燃情况。灾后阶段的其他任务还有被烧区域地图的绘制。

几个无人机相互协作在森林救火应用中还有很多其他潜能[8]。例如,一队无人机中的单机在监视过程中按照区域的关心度或危险程度确定各自优先级,可在同一时刻提供不同地区的信息。不同类型的无人机可扮演不同的角色。例如,高空长航时 (HALE) 无人机探测发现警报,而对警报的确认并精确锁定警报位置则可使用战术无人机或迷你无人机。而且,不同无人机所收集的数据具有互补性,可用来对火灾警报进行确认,这样可增强系统的鲁棒性。

COMETS 工程证明了多无人机系统在森林火灾行动中的重要性。

1.3.10　交通监视

瑞典 Linköping 大学 WITAS 工程对无人机在交通监视方面的应用做了分析,COMETS 工程也做了这方面的应用分析。该应用中无人机预期的工作环境将是地理地形变化巨大的某一地区的上空,包括城市交通网络、郊区与农村。该区域时而拥挤、时而稀疏的分布着客车、货车等各种车辆,如图 1.7 所示。

图 1.7　无人机在交通监视中的应用 (courtesy of Linköping University)

无人机需要 "理解" 在这些道路上正常行驶的个人汽车或其他运输工具发生了什么危险或异常行驶情况、交通结构 (例如拥塞) 等。并且还需要无人机能够完成操控员分配的或者根据观察结果自发的任务,例如对从犯罪明显的现场逃跑的车辆进行跟踪,或对某一车辆实施引导,帮助其尽可能快地通过交通困难地区到达目的地。

无人机在环境应用的活动和在普通道路上的应用没有相似之处。无人机通过自己的感知能力或者为其定义的任务"理解"当前环境。这些任务是：监视交通情况、识别和跟踪个人车辆、识别两辆个人车辆或两组车辆间的插队抢道行为、收集关于道路应用或滥用的数据、为紧急情况服务提供援助，并可为具备实时信息收集与处理能力的移动传感器平台提供服务。

最重要的一步是在视野范围内发现移动目标。由于相机的运动等原因，使这一任务具有挑战性。例如，运动斑点可通过时空滤波检测，这些运动斑点包含运动的速度和方向信息，可作为目标跟踪算法的输入信息。利用个人车辆的运动信息可以实现上述任务。

1.3.11 通信

无人机 (HALE 和 MALE) 的其他商业应用是作为广播平台或为蜂窝中继站提供通信服务，特别是在一些没有通信基础设施、被损坏或由其他原因导致通信基础设施不能使用的地区。

因此，无人机可以部署在高空或附近盘旋作为不同通信系统的转发器[4]。全世界的几个项目研究了高空长航时 (HALE) 无人机在通信方面的应用，如率先进行的 SkyNet 项目，已完成的、欧洲委员会资助的 HeliNet 项目[10]，德国和其他国家 DLR 开发的 Solitair 平台。

1.3.12 土木工程

土建工程通常需要鸟瞰图，用来评估当前的状态并最终确定与计划工作的偏离情况。

大工业中心或城市建筑的构筑也同样需要这些鸟瞰图，并且这些小型的无人机可节约大量的费用。此外，无人直升机能很容易地提供建筑物的侧面图而不用冒险贴近建筑物飞行。前面提及的高分辨率地图在土木工程中也非常有用。

1.4 结论与本书概要

无人机已经出现在许多已有或潜在的应用领域。在这些应用中有许多需要多无人机间的协作。本书介绍了不同的无人机应用方法和相关技术。特别是对多无人机系统做了深入研究，包括体系结构、感知、通信和控制方法。最后, 第 8 章介绍了多无人机实验及其在森林火灾中的应用。

图 1.8 图解表示了本书的概要, 清晰的表示了本书的组织结构。本书由三部分组成 (多无人机方法与技术、单无人机方法与技术、相关应用), 每章属于哪一部分在图 1.8 中已作出标志。

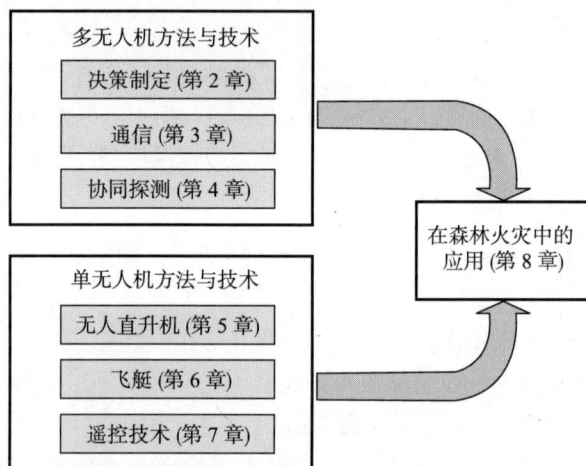

图 1.8   本书的组织结构

第 1 章概要介绍了多种自主航空飞行器, 包括它们潜在性的应用。

第 2 章着重于决策体系结构, 介绍了不同的多机器人规划方法, 然后, 提出了一个异构多无人机协作体系结构, 并对其在多无人机规划中的成效做了描述。

第 3 章关注于协作对通信系统的特性要求, 并且描述了一种软件通信系统, 它可以在不同的硬件环境中执行。

第 4 章的主题是多无人机感知技术。本章概要论述了协同感知问题, 包括探测和监视应用。

本书的第二部分包括 3 章, 主要涉及无人机相关方法和技术。第 5 章和第 6 章分别对自主直升机、自主飞船做了讲述, 包括样机和控制技术。第 7 章主要是无人机引导的遥控工具, 并特别介绍了直升机遥控系统以及综合的多无人机系统。

第 8 章着重于实例研究, 举例说明了多无人机系统的应用潜力。所选择的应用是森林火灾的探测与监视, 并且介绍了在 COMETS 项目框架中进行火灾控制实验所获得的结果。

最后, 第 9 章为本书结论, 指出了多无人机系统未来研究、发展和应用的方向。

参考文献

[1] Multi-vehicle experimental platform for distributed coordination and control (DoDDURIP). http://www.mit.edu/people/jhow/durip1.html.

[2] D. Caltabiano, G.Muscato, A.Orlando, C. Federico, G. Giudice, and S. Guerrieri. Architecture of a UAV for volcanic gas sampling. In *Proceedings of the 10th IEEE International Conference on Emerging Technologies and Factory Automation*, Catania, Italy, September 2005.

[3] J.R. Martinez de Dios, A. Ollero, and J. Ferruz. Infrared inspection of building using autonomous helicopters. In *Proceedings of the IFAC Symposium on Mechatronics*, Heidelberg, Germany, 2006.

[4] G. M. Djuknic, L. J. Freidenfelds, and Y. Okunev. Establishing wireless communication services via high-altitude platforms: a concept whose time has come? *IEEE Communications Magazine*, 35(9):128–135, September 1997.

[5] F. Giulietti, L. Pollini, and M. Innocenti. Autonomous formation flight. *IEEE Control Systems Magazine*, 20(6):34–44, December 2000.

[6] J.K. Hall and M. Pachter. Formation maneuvers in three dimensions. In *Proceedings of the 39th IEEE Conference on Decision and Control*, pages 364–369, Sydney, Australia, December 2000.

[7] R. Murphy, J. Burke, and S. Stover. Use of micro air vehicles at hurricane Kathrina. In *Proceedings of the IEEE International Workshop on Safety, Security and Rescue Robotics*, August 2006.

[8] A. Oliero, J. R. Martinez de Dios, and L Merino. Unmanned aerial vehicles as tools for forest-fire fighting. In *Proceedings of VI International Conference on Forest Fire Research*, 2006.

[9] C. Schumacher and S.N. Singh. Nonlinear control of multiple UAVs in close-coupled formation flight. In *Proceedings of the AIAA Guidance, Navigation, and Control Conference*, pages 14–17, Denver, CO (USA), 2000.

[10] J. Thornton, D. Grace, C. Spillard, T. Konefal, and T. C. Tozer. Broadband communications from a high-altitude platform: the European HeliNet Programme. *Electronics & Communication Engineering Journal*, 13(3):138–144, 2001.

第 2 章

多无人机系统中的决策制定: 体系结构与算法

概要: 本章描述一种用于设计多无人机框架的体系结构, 在这种多无人机框架下, 系统中各部分能够协作运行, 其中一部分无人机直接由操作者控制, 一部分无人机具有自主操作能力, 还有一部分则具有自主决策能力。依靠可用的无人机和操作指令, 这种体系结构可以动态地配置决策方案。

我们引入了一种无人机自主决策分类方法作为提出这种体系结构的基础。无人机上的各种功能在重新分配时得到合理的组织, 这表现在功能部件、一般的功能执行以及决策制定过程中。

这里列出了一套用于完成多无人机系统中 3 种主要决策制定功能的算法: 合同网协议 —— 用于处理复杂多无人机使命中的任务分配; 基于多层任务网络规划器的规划机制 —— 用于真实领域模型下的规划生成; 执行系统 —— 用于处理协作和任务执行。

2.1 引言

到目前为止, 已有不同的研究团体开展了多个无人机项目。其中, 有很多都是主要致力于先进飞行控制能力的研究, 例如获得强大的机动能力。另外, 有一部分依靠无人机的自主操作能力, 例如, 无人机接受一个预先设定好的任务序列并去完成, 不需要很高的规划和决策能力。但 Linkoping 大学的 WTIAS 工程则是一个显著的例外[17]。对于多无人机系统, 目前已开展了多个相关主题。在 ANSER 工程中[38], 重点问题是多个无人机间的数据融合, 例如, 获得地面各个特征的位置[37]。

有许多文献运用控制理论的方法[10,32] 或基于反映行为的控制器[6] 来处理编队飞行问题。在这个问题中, 编队航迹的确定 (无论是集中式[24] 还是分布式的情况[30])、编队内部几何位置的配置[21] 以及两种几何位置配置[41] 的切换都存在协商行为。

少数的文献根据协商的样式来处理多无人机问题。无人机在执行任务过程中保持反应能力, 并展现出协作和协商行为, 而这种协作和协商行为往往是由高级规划者发起的 (例如文献 [35], [39], [23])。

2.1.1 问题描述

在这里, 我们感兴趣的是配置一个执行观测任务的多无人机系统。这些任务包括在给定的区域内发现特别的事情、监视它们的进展或者勘测 (测绘) 一个给定的区域。系统由一个操作员来控制, 在这种情况下, 系统可以根据操作员的需求和已获得的当前状态信息完成操作员决定的任务。特别地, 依据当前情况, 操作员应该能够以任何控制水平控制任何一个无人机。这就意味着操作员应该能够指定高层使命、基础任务 (例如让一个特别的无人机到达某一点), 或者能够直接控制无人机的运动。这是在所有的多无人机应用场景中都有的本质特性。在多无人机场景中, 操作员要能够掌握整个系统的行为。当然, 这不排除无人机能够自主完成一些基本任务或者高层次的使命: 例如像勘测某个区域这样的单调重复的操作, 从而可以减轻操作人员的负担。甚至在某些情况下, 只需一个先进的规划和控制, 系统就能够有效的运行。例如飞离操作员视线的两个或多个无人机的协同操作往往很难由操作员进行远程控制。

这种可控需求的主要结果是系统必须能够整合具有各种自主能力的无人机, 从简单的可远程控制的无人机到具有任务规划能力的无人机。换句话说, 系统必须既能够集中式 (例如通过一个地面中心站以人为中心) 地进行决策配置, 也能够分布式 (例如直接委托给无人机) 地进行决策配置。

2.1.2 方法和概要

整个系统的体系结构采用经典的地面站/飞行部分结构。中心地面站具有所有必要的监视能力 (特别地, 它包括一个数据处理模块用来帮助操作员掌握实时情况)。它同时具有一些无人机控制、任务设计及规划能力。

整合异构无人机和表现出可调整自主性能的能力都是通过无人机结

构的设计和相应设备来实现的。2.2 节描述了这种结构, 这种结构根据可用的无人机和操作命令使得动态地配置整个决策体系成为可能。我们引入了一种无人机自主决策分类方法作为提出这种体系结构的基础。它在描述的过程中逐步递增系统的决策自主性, 从没有决策能力到具有自主任务规划能力、自主协调能力、甚至多个无人机间的动态任务再分配能力。

许多单无人机任务只需通过自主操作能力便可以实现: 无人机按照一个预先设定的任务序列来执行, 不需要高级的决策能力。但是多无人机系统在任务执行时包含更多的时间约束和更大的不确定性,因此它们需要更高的自主能力, 实现从协调控制到任务分配。2.3 节到 2.5 节介绍了一组适合不同级别自主能力的算法。

- 2.3 节描述了一个协调处理和任务执行的执行系统。
- 2.4 节基于分级任务网络规划器介绍了一种任务规划结构。分级任务网络器是通过基于实际领域模型的任务规划精炼机来完成的。
- 2.5 节基于合同网协议介绍了一种分布式分配结构, 可以用来处理具有时间约束的复杂的多无人机任务分配。

2.2　无人机结构

已有文献提出了多种无人机结构。包容式体系结构[8,4] 是: 基于反应能力表现出无人机行为的模型, 而模型明确地将无人机能力分成三层结构 (协商的, 执行的和功能的)[2,19], 或者两层 CLARAty 结构[40]。多无人机结构还包括另外一些内容: 设计一个多无人机结构需要定义决策制定方案和不同无人机间的交互框架, 这将必然影响单个无人机结构的定义。ALLIANCE[29] 提供了一个以行为为目标的解决方法, 可以设计完全的分布式、鲁棒的多无人机系统。Simmons 等[33] 在多无人机框架下扩展了 3 层体系, 使得无人机间的交互可以发生在不同的层次。

这些多无人机结构都可以使几个无人机进行协调合作, 但是要假设所有的无人机都具有一定的自主决策水平。它们可以整合物理上同类的无人机, 但是不能处理决策能力不同的无人机。

2.2.1　自主决策能力分类

在所有的多无人机系统中, 自主决策包括以下 4 个能力:
- 任务分配: 如何在机器人间分配任务? 这需要定义一个任务分配协议

和一些评估分配某个任务给某个无人机的度量。

- 任务定义、计划和安排: 如何将一个任务或使命转换成可执行的动作序列? 在考虑相关无人机行为和环境的模型的情况下, 此决策用来建立规划。
- 协作: 如何保证一组无人机间行为的一致性? 这需要定义一个机制用来阻止或者解决可能的资源冲突 (时间和空间资源), 还要定义一个机制用来规划和控制联合协作任务的执行。
- 监督和执行控制: 如何保证计划任务能够正确的执行? 这就需要一个能够管理任务执行并考虑可能遇到意外情况的系统。

这些决策部件能够根据不同的多无人机系统配置执行: 它们能够集中到一个中心决策节点, 或者部分地 (或者完全地) 分布到无人机上。我们将无人机的 "自主水平" 定义为它包含的决策部件的数量, 然后考虑以下 5 个水平, 如图 2.1 所示。

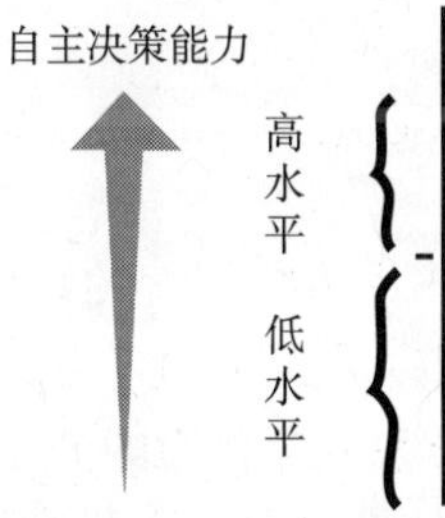

	监督与执行	协作	任务计划	任务分配
水平 5	D	D	D	D
水平 4	D	D	D	C
水平 3	D	D	C	C
水平 2	D	C	C	C
水平 1	C	C	C	C

图 2.1　自主决策能力的 5 个水平

C 代表 "集中式的"、D 代表 "分布式的"。

- 水平 1: 无人机上没有自主部件。无人机只能直接执行中心决策节点要求的基本任务。
- 水平 2: 执行能力。无人机能够部分地管理基本任务。
- 水平 3: 在水平 2 的基础上加上协作能力。无人机能够管理与其他至少具有同样自主决策水平的无人机之间的简单交互。
- 水平 4: 分布式协商能力。能够管理高水平的任务需求 (任务计划和安排), 能够分布式地自主完成至少处于同等自主水平无人机间的任务协调。
- 水平 5: 在水平 4 的基础上加上任务重新分配能力。无人机可以重新分配任务和接受来自于系统中具有同等自主水平无人机的新任务。

这种分类的一个显著特点是水平 3 和水平 4 之间差别明显。水平 3

及以下水平都需要一个中心决策节点 (Centralized Decisional Node, CDN) 来保证整个系统行为的一致: 水平 1 至水平 3 都被认为是属于 "低水平" 的自主决策能力。而水平 4 和水平 5 能以分布式的方式 "高水平" 的自主决策, 包括在分布的决策节点 (Ditributed Decisional Nodes, DDN) 上进行协调代理和任务细化。属于水平 5 的无人机能够动态地定义它们之间的任务分配。

这种分类可以理解为将系统的决策能力逐渐从多无人机系统的操作员过渡到无人机上。从操作员的观点来看, 水平 1 表示一个完全集中式控制系统(集中式应该是对操作者可用)。水平 2 能够自主执行部分的命令。水平 3 提供自主的无人机间同步能力。水平 3 到水平 4 则有一个大的跳跃: 直到水平 3, 都是 CDN 执行任务规划并保证所有无人机行为的一致。而水平 4 则将任务细化和规划行为委托给无人机了。最后, 水平 5 能够自主进行任务再分配, 这是最高级别的决策生成代理 (例如 CDN 只需传送要完成的最终目标)。

2.2.2　决策结构

图 2.2 描述了整个低水平和高水平自主决策多无人机系统的结构。一个 CDN 同无人机进行通信, 交换信息。信息是根据无人机的自主水平来定义的。每个无人机都有几个功能部件, 并被定义为一个普通的分布式决策节点 (DDN), 具有不同的自主决策能力配置, 从最简单的到最高级的。它包含一个执行部件 (这个执行部件称作多层执行, Multi-Level Executive,

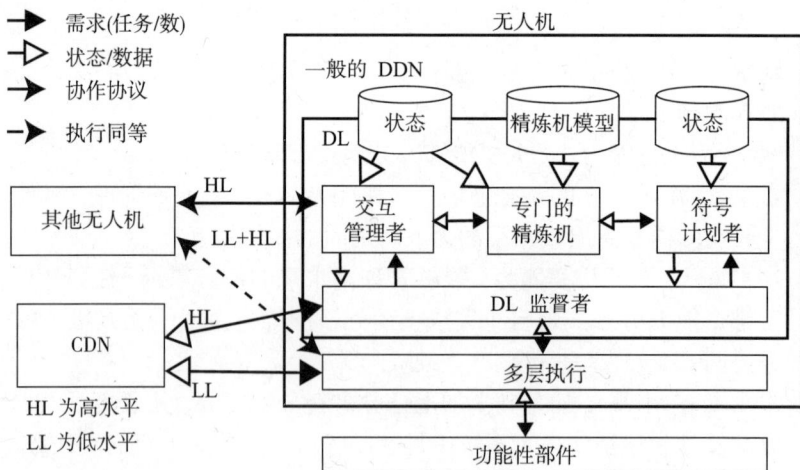

图 2.2　DDN 的部件

MLE, 对所有层都适用), 和一个协商层 (Deliberative Layer, DL), 为无人机提供更高层次的决策能力。

- 多层执行。对于低水平而言, DDN 被限制到一个执行部件。对于水平 1, MLE 作为 CDN 和无人机功能部件间的一个明显的连接点。对于水平 2 和水平 3, 它管理任务序列执行, 同时, 在水平 3 它使无人机能够与其他同等水平的无人机进行简单的协调交互 (这些机制将在 2.3 节详细描述)。对于水平 4 和水平 5, 其操作是一样的, 唯一的不同是通过无人机的 DL 而不是 CDN 来连接。

- 协商层。对于高自主性的水平, DL 可进行使命与任务定义、协作行为和任务再分配 (对于水平 5) 等。它主要包括以下几部分 (图 2.2):
  —— 符号规划器建立灵活的计划提纲: 它将高水平的使命需要转换成分解排序的计划。它通过专门的精炼机算法来达到这个目的 (2.4.3 节)。
  —— 专门的精炼机收集一些特征数据, 并依靠无人机和环境的模型来支持计划和协调中的任务分解和定义。
  —— 交互管理依据分布式的协商机制来提供无人机行为的协作方法, 例如用合同网协议来处理任务分配。
  —— 监督器在 DL 中占据中心位置, 它将使命定义需求传送给符号规划器, 同时为了最后的计划协作, 它将激活交互管理器的协商程序。最后, 它将要执行的计划发送给 MLE, 并监视返回的任务/计划的执行状态。

2.3 执行控制

在这里我们主要关注多层执行的功能, 并用一个环境监测任务的情境来举例。

2.3.1 一般的任务模型和假设

任务模型围绕基本的事件处理来建立: 这些事件会发生在任务状态涉及的任何时刻。事件也可能符合其他显著的行为进展, 例如收到一个消息, 或者已经过去的某一段时间。任务通常有一个时间参数: 任务开始、过了一段时间后结束。事件的开始是唯一可以控制的事件, 而所有与任务相关的其他类型的事件都是随机的, 也就是说系统不能保证这样的事情会发生,也不能确定它什么时候可能发生。一个任务在其执行的过程中能够产生几个部分排序的随机事件。

将一架无人机合并到整个系统中需要该无人机具有基本的交互界面用来传递基本的任务信息 (需求、状态、执行结果等)。为了达到这个目的，我们建立了一个基本任务形式 (见图 2.3)。

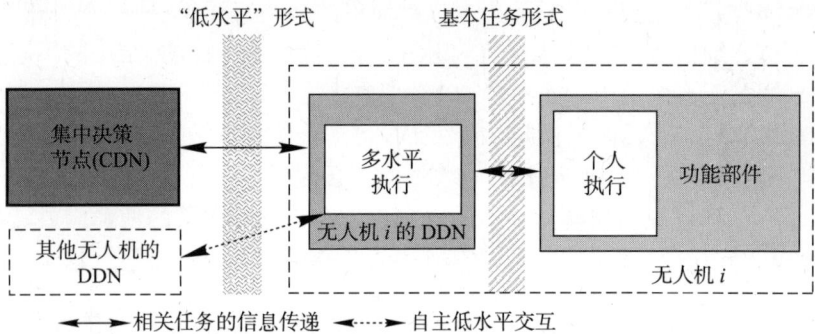

图 2.3　低层次自主决策配置间的通信形式

2.3.2　执行指令的机制

对于第一水平的自主决策，MLE 是被动的，它只传送 CDN 需要的基本任务给机器人的功能部件，然后传回执行状态。

对于第二水平的自主决策，MLE 以一种一致性的、实时的和安全的方式管理局部有序的任务序列。为了达到这个目的需要包括以下两个主要机制：

- 动态插入任务：这使得根据一个插入模型插入需要的任务到当前任务计划中成为可能。插入模型用来表示新插入任务在已经排序任务中的相对位置。定义了 4 种可能的插入模型：
  —— 顺序 (SEQ) 模型：这是插入一个新任务到计划中最常用的方法。任务必须提供一个预设的数字 (根据期望出现的事件)，数字可以设定为强制的或者随意的。对于第一种情况，本身的需要应该永久性的满足，也就是说，如果前提不再满足，任务就被取消。相反地，如果一个随意的前提实际上已是满足或者其自身的需求不再需要满足了，它都可以认为是前提满足的 (因此可从预设的任务序列中移除)。在这种情况下，任务不被中断。图 2.4 说明了这些前提机制。

任务插入

任务放弃

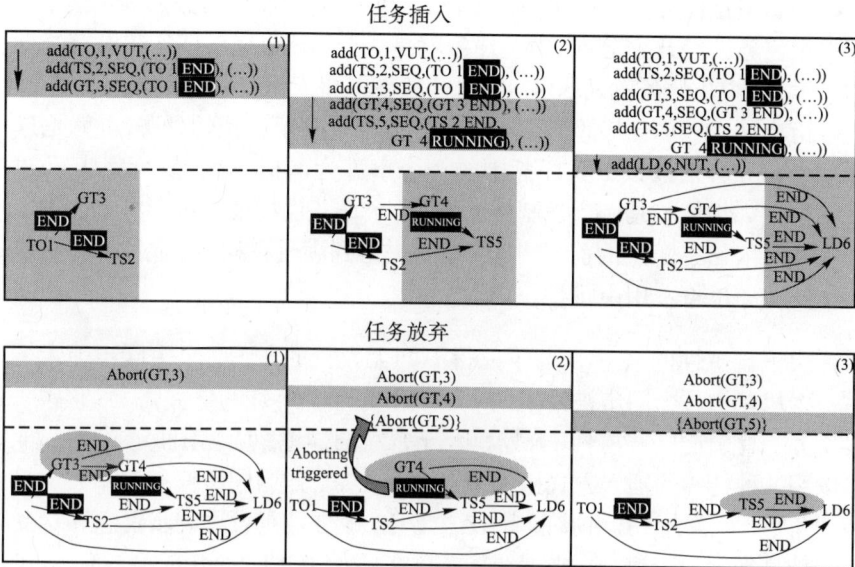

图 2.4 上部分: 插入任务的实例和相应的前提依赖演示。(1) 一个 VUT 任务和具有强制前提依赖的 SEQ 任务。(2) 具有强制前提和随意前提的 SEQ 任务。(3)NUT 任务。下部分: 中止任务实例 (1) 和取消具有强制前提的任务 (2) 和 (3)

—— 非常紧急任务 (VUT) 模型: 这个模型激活一个优先的任务, 并阻止其他矛盾的任务在这段时间内执行: 要阻止的矛盾任务列表应该作为插入任务的参数提供。如果一个矛盾的任务已经开始运行, 那么它将被中止。否则, 如果轮到一个矛盾任务, 它将被取消 (不再安排) 或者只是延迟 (根据当前以 VUT 模型插入的任务来更新其前提)。在插入任务的参数中同样要描述安排的矛盾任务的预期影响。

—— 依赖 (DEP) 模型: 它是插入一个前提数与当前安排任务数相同的任务的捷径: 当相应的任务激活其任务结束事件时, 对应的前提得到满足。另外, 这些是强制的前提 (与 SEQ 插入模型中定义的一样)。

—— 非紧急任务 (NUT) 模型: 它同样是插入一个前提数与当前安排任务数相同的任务的捷径: 当相应的任务激活其任务结束事件时, 对应的前提得到满足。然而与 DEP 模型相反, 这些前提是随意前提 (即如 SEQ 插入模型中定义的一样)。

- 动态中止任务：这种机制使得中止当前计划中需求任务成为可能。如果任务已经开始运行，中止任务就是一个中断。如果任务还没有开始运行，中止任务就是取消（这个任务就不再安排）。中止将激活一个繁衍机制，它将检查那些安排的任务是否依赖于中止的任务(也就是这个任务必须以该中止任务中的一个事件为前提，像"执行完毕"事件)。如果依赖是一个强制性前提，这个任务也将被中止，并以此类推。如果依赖是随意的前提，则就像前提得到满足一样可移除依赖，相应的任务也将不用中止。

决策自主性的水平 3 为了使得不同无人机的 MLE 自主同步引入了另一个机制。一个同步被给定的 MLE 作为一个特殊的任务需要，它跟一般任务一样引起一些事件 (开始、运行等)。同样地，就像前面定义的一样，可以用一种特殊的插入方式插入一个同步任务。作为同步任务的参数定义两个角色：发送者 (S) 和接受者 (R)。S 和 R 分别是发送同步信息和接受同步信息的无人机集合。当一个同步任务开始处理时，MLE 检查它的 ID 是否在 S 或 R 集合中。这将发生 3 种情形：

- ID∈S (仅仅)：MLE 必须发送一个同步信号给所有 ID 不属于集合 R 的无人机。这个信号包含同步任务的 ID 和无人机的 ID。从这个无人机的角度来看，任务完成。
- ID∈R (仅仅)：该无人机期望从所有 ID 属于集合 S 的无人机那里接收到同步信号。从这个无人机的角度看，一旦收到所有信号则认为同步任务完成。
- ID∈S 且 ID∈R：该无人机应该不仅发送自己的同步信号，且同时要等待来自于所有集合 S 中定义的无人机的信号。一旦收到所有的同步信号，就认为任务完成。如果 S=R，则同步可以认为是所有无人机中的一个一般的"集合"。

图 2.5 描述了这个同步机制。

2.3.3 说明

这些不同的机制已经在 COMETS 工程中作为实例进行了验证[18]，而且在一个包含着火发现、确认和监视，以及勘测任务的场景中得到利用。文献 [1] 有一个视频演示了不同阶段的场景。

同步任务：同步 (S={R1,R2,R3}, R={R1,R2,R3})

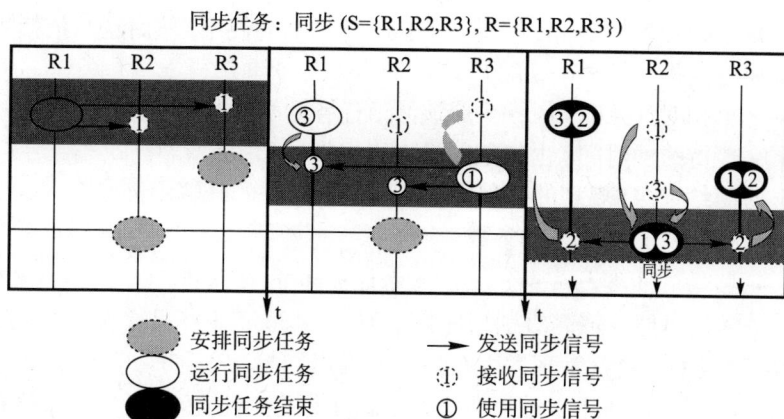

图 2.5 在一般的 "集合" 下, 3 架无人机的同步任务演示

2.4 多无人机分布式使命规划

2.4.1 与规划框架相关的一般考虑

使用的符号规划器是建立在 Shop 2 HTN 规划器[28] 上的, 这种规划器利用了计划领域的分层定义。根据这个范例, 当方法的前提满足时, 高级别的方法被分解为低级别的任务 (其他方法或者操作者) 直到规划器分解至原始任务 (操作者)。

由于该领域特别的编码方式, 根据文献 [28], 我们基于多时间线预处理程序 (Multi-Timeline Preprocessing, MTL) 引入时间。这个框架可以表达持续和并行的行为, 这种行为在无人机任务规划中非常关键。

另外, 对于每一个任务, 我们允许处理时间约束的可能性: 这些时间约束与希望或者需要相关, 并在使命需求中表达。这种方式有 4 种可能的时间约束: 开始之前、开始之后、结束之前、结束之后。当一个方法在其分解的过程中产生分任务时, 这些分任务将继承时间约束。

我们区分两类操作者: 实际操作者 (Actual Operators, AO), 对应一般计划中的外在任务; 便利操作者 (Convenience Operators, CO), 操作中间数据, 而不直接处理实际的无人机任务。

AO 具有以下特性:
- 一个唯一的 ID (在规划过程中产生)
- 一个依赖列表: 涉及其他 (以前) 操作者的依赖。这个利用 MTL 属性建立的列表在 MLE 接受到要执行的计划时使用，然后这些依赖将转换为前提条件。

- 一个相对开始时间：一个应该激活任务开始的时间间隔。
- 一段持续的时间：由特定的精炼机提供。
- 时间约束，在规划的过程中从更高级别方法的分解中继承的。
- 根据操作类型而来的参数。

这些 AO 主要与先前定义的基本任务匹配 (例如起飞、到达 XYZ 等等)。AO 也可能与最高级别的任务匹配，这些最高任务通常需要与多无人机相关，且通过交互管理发生在第二阶段。这种联合任务 (Joint Task, JT) 的持续时间在计划建立过程中不必明确，因为它可能依赖于多无人机背景下的任务定义。在这种情况下，任务不知道其持续时间。

另一方面，CO 与中间操作相关，例如在规划过程中调用专门的精炼机。在使用任何 AO 类型的操作者之前需要先应用一个 CO 类型的操作者，因为它提供了一个连接符号知识与实际世界 (环境、无人机、通信等) 模型的方法。

2.4.2　在规划过程中利用专门的精炼机

图 2.6 ~ 图 2.8 所示为一个 "转到 XYZ" 的方法 (图 2.6)，这种方法首先致力于与 "转到 XYZ" 任务相关的数据计算 (CO, 图 2.7)，然后再利用原始的 "转到 XYZ" 任务 (AO, 图 2.8)。"计算转到 XYZ" 操作器传送一个请求到专门的精炼机实现对 "转到 XYZ" 任务的精炼，考虑初始位置和目的位置，并将返回的结果添加到当前计划状态中 (通过逻辑语句 "eval-ok…"，在操作者的 "添加列表" 区域)。然后 "转到 XYZ" 操作者再利用相应的结果 (图 2.8 中 (1) 行)。最后，将结果分解到不同的相关数据中，例如持续时间、停车点和与 "转到 XYZ" 操作应用相关的费用 (图 2.8 中行 (2), (3) 和 (4))。

```
(:method(general-gotoxyz ?destloc ?time-constraints)
  ; preconditions
    ((uavloc flying ?startloc)(not (eval(eql '?startloc '?destloc))))
  ; subtasks
    (:ordered (!compute-gotoxyz ?startloc '?destloc)
              (!task-gotoxyz ?id ?dependences ?startloc ?destloc
                   ?waypoints ?start ?duration ?time-constraints)))
)
```

图 2.6　一个 "转到 XYZ" 原始产生的 Shop 方法

```
(:operator (!compute-gotoxyz ?startloc ?destloc)
; preconditions
  ((assign ?result (compute-data 'gotoxyz (list '?startloc '?destloc))))
; delete list
  ()
; add list
  ((eval-ok gotoxyz ?result))
; cost
   0
)
```

图 2.7　CO 例子: 要求专门的精炼机特性

```
(:operator (!task-gotoxyz ?currentid ?dependences ?startloc ?destloc
           ?waypoints ?start ?duration ?time-constraints)
; preconditions
  (
    (eval-ok gotoxyz ?pre-computed-data) ; (1)
    (assign ?duration (get-duration '?pre-computed-data)) ; (2)
    (assign ?waypoints (get-waypoints '?pre-computed-data)) ; (3)
    ...
; delete list
    ...
; add list
    ...
; cost
  (get-cost ?pre-computed-data)) ; (4)
```

图 2.8　AO 例子: "转到 XYZ" 操作器

图 2.9 描述了一个 "转到 XYZ" 任务的实例, 它出现在一个最后的计划中。

```
(TASKREQ
  TASK-GOTOXYZ 13
  (DEPENDENCES ((ENDED 12) (ENDED 11)))
  (PARAMS
    (WAYPOINTS ((WP 100 000000 -140 000000 100 000000 0 0 0 0 -1)
     (WP 100.000000 -130.000000 90.000000 14 1 -1 1 -1)
                        .
                        .
                        .
     (WP 120.000000 -10.000000 50.000000 164 13 -1 20 -1)))
    (START -TIME 240 352.000000)
    (DURATION 88 113.000000)
    (TIME-CONSTRAINTS NIL NIL NIL NIL)
)
```

图 2.9　"转到 XYZ" 任务, 准备被执行

实际上, 专门的精炼机有方法为更加复杂的任务处理数据, 例如需要感知精炼和路径规划的任务 (例如具有计划感知的 TSP, 见 2.4.3 节)。

利用结果计划 —— 多无人机协作

只有在最后的计划中才会通报 AO。如果一个计划不包含任何需要同其他无人机协作任务 (即 JT) 的话, 则准备被执行。然而, 如果一个计划包含 JT, 计划协作将在第二阶段通过交互管理得到执行。

交互管理者依靠分布式协商机制为协作多无人机间的行为提供方法。所有的需要多无人机交互 (简单的同步或者更复杂的 JT) 的任务都在交互管理部件上处理。所以, 从空间和时间上来看, 对于每个涉及的无人机, 联合操作都能够进行协作。

与交互管理相关的细节在这里没有提供, 因为它还在研究中。在这里主要处理 3 个问题:

- 时间协作: 通过无人机间的同步来实现。我们定义和执行一个机制使得增加的协商与可能的时间间隔同步相关。结果是, 一组无人机知道一个共同的同步应该发生的时间间隔。
- 空间协作: 我们考虑交互模型来推断 JT 内的交互需求。然后, 在计划执行期间, 通过在无人机的计划轨迹上应用计划合并协议能够安全地避免冲突。
- 任务再分配: 这个问题包括增强无人机的整体行为。当相关时, 允许它们重新分配一些任务。对于每个无人机, 相关性应该通过对当前计划中的当前任务费用/效用来进行评估 (见 2.5 节)。

在协作期间, 交互管理器也可能需要进行与环境和无人机模型相关的计算和精炼, 即依赖于专门的精炼机。

这些协作过程的结果是, 一个协作的、准备被执行的任务序列生成并插入到当前 MLE 计划中。

2.4.3 专门的精炼机工具箱概述

专门的精炼机提供了大量的特性用来支持规划和协调期间的任务分解和精炼, 它们依赖于不同的模型 (环境、无人机等), 这些模型在无人机的活动期间有规律地更新。另外, 它们还提供一些与路径产生、感知计划和通信限制满足检查等相关的服务。这些不同的过程都以一种及时的方式执行, 所以符号规划器可以在规划建立期间以一种透明的方式使用它们。

在这里, 关键是要提供具有特定信息的规划器和交互管理器。这些信息允许它们估计机器人在给定 (动态) 环境下执行给定任务的能力、计算不同代价的能力和评估加入一个给定任务到当前机器人计划中的能力。因此, 这样的信息应该充分切合实际、能够有效生成并可在线使用。事实上, 整个过程是逐渐增加的且不断修正的。

模型

提出的环境模型提供两种信息: 地面数据和空中数据。地面模型是一个由方形单元组成的二元阵列, 这些方形单元的属性与火情、映射和报警监视相关。一个代表燃烧风险的燃烧因子与每个单元相关。空间模型由一个三维的 voxel 阵列表示, 并为航迹和感知计划提供相关的信息。它指示一个用来飞行的 voxel 是否空闲 (和安全)。另外, 当考虑通信模型 (将在后面描述) 时, 我们知道每个 voxel 的通信覆盖范围 (例如看作一个控制中心)。潜在的航迹计划的路径点是位于 voxel 各个面上中心的节点。一个 voxel 含有 6 个节点并同每个邻居共享其中的一个。节点间由边连接。每个边用无人机从一个节点移动到另一个节点的代价来标注。

我们也使用一个一般的无人机模型, 这种模型可以提供关于飞行能力和可用资源的信息。它主要用于估计飞行时间, 也可为感知设备提供可能的方位信息。感知模型包含与感知设备相关的技术特征 (例如期望覆盖……), 并告知传感器的可用性。最后, 我们也使用了一个 (相当简单的) 通信模型, 这个模型用于估计两个实体间的通信能力。在具有全向天线以及发送者和接受者之间不存在实体障碍物的情况下, 必须满足以下条件:

$$\frac{能量_{发送端}}{4\pi\left(距离_{发送端、接收端}\right)^2} > 灵敏度_{接收端} \tag{2.1}$$

根据这些模型, 可提供各种各样的 "服务"。下一节提供与这些特性相关的算法细节。

算法

简单的路径规划

在这里, 路径规划以一种简单的方法 (基础的) 执行, 用来在离散的三维环境 (2.4.3 节) 下计算一个路径。规划器考虑障碍物 (山丘地面) 和不能飞行区域, 如图 2.10 所示。

规划器用来计算所有可能的无人机使命目标间的所有可能的轨迹。我们利用这种机制的扩展来寻找几个点间的最短路径(即旅行商问题 (TSP))。规划器和交互管理使用这个扩展来计算插入一个新任务的最好方法和估计插入其到无人机任务计划中的代价。

COMETS 仿真 (总数=494.5584)

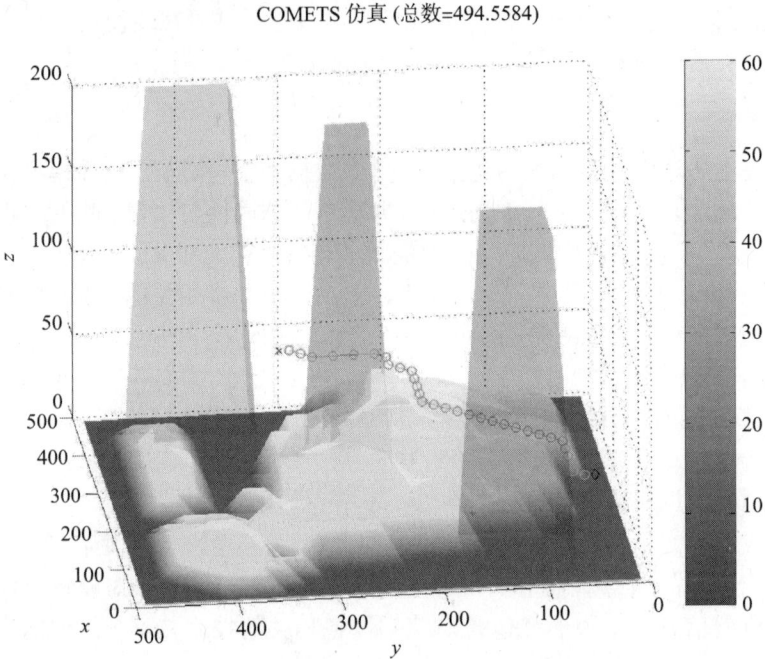

图 2.10 路径寻找仿真

在这里 TSP 问题使用一个简单的随机算法来近似, 随机算法使用两个操作: 插入和排列。在每一次迭代中, 从最初的任意解中寻找一个局部最小值。在经过一定次数的迭代以后, 最好的结果便为全局解。迭代次数可根据经验来选择, 一般是解的质量和计算时间之间的折中。算法给出了相当近似的结果 (只要点数目不小于 30, 30 对于一个完整的无人机使命而言已经足够大了)。

映射

映射任务的目的是在最短时间内覆盖一个给定的区域。在这个问题中, 根据文献 [27] 我们尽量减少转弯的数目。在文献 [27] 中, 作者介绍了一个有效的用于多无人机环境的区域分解方法和一个应用搜索模式的适当方法。转弯被认为很关键, 因为一个无人机当前方向在改变时其速度将降低。另外, 在转弯中航迹很难跟上。因此, 感知无法像在直线航行中一样有效地获得。映射算法的原则是选择一个最佳方向(沿着区域中最长的直线), 然后应用一个搜索模式来考虑这个方向, 如图 2.11 所示。我们假设区域为(或者能分解为) 多凸边形。

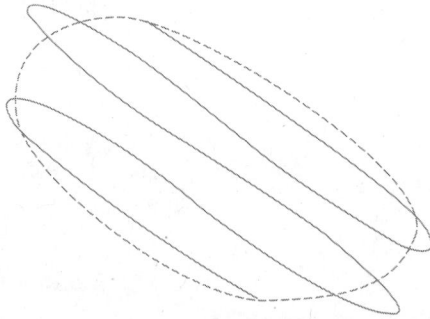

图 2.11　用于映射/覆盖应用的搜索模式实例

探测

　　探测行为要求无人机在给定的时间内飞过一个区域,并尽量使两次飞过一个地面单元之间的时间最小。同时, 还需考虑各个单元的优先级。例如在 COMETS 工程环境下, 干旱区域比水池更易着火: 探测行为在执行过程中应考虑区域的可燃性。

　　我们提出一个基于势场的算法。每个地面单元与区域中的一点相关, 初始化时处于其最大值, 然后根据以下方程随时间递减:

$$P = \mathrm{e}^{-r \cdot \Delta T} \tag{2.2}$$

式中: P 为要考虑点的势, $r \in [0,1]$ 为危险因子, ΔT 为从最后访问到现在的时间。感知并不限制在一个单独的单元中, 而是根据感知设备的孔径和飞行高度。在每一步中, ΔT 根据以下公式递增

$$1 - \mathrm{e}^{-\left(\frac{(x-x_{\mathrm{u}})^2 + (y-y_{\mathrm{u}})^2}{\sigma^2}\right)} \tag{2.3}$$

其中: (x,y) 为一个单元的位置; $(x_{\mathrm{u}}, y_{\mathrm{u}})$ 为无人机的位置; σ 为传感器孔径的参数 (也可表示其对邻居单元的影响)。

　　ΔT 在每一次递增后, 把位于无人机下面单元值的 ΔT 设为零, 相对于把 P 设为最大值。下一步的移动沿着可能区域的最大势。图 2.12 显示了一个仿真过程中的势场状态。

　　图 2.13 提供了一个无人机在含有不同风险级的区域中飞行的航迹实例。由图可知: 高风险区明显有很多次飞行, 而低风险区则很少访问。对于非常低风险的区域来说, 势也会慢慢减少直到达到一个比高风险区域还

小的值，因此在经过一段时间后也会吸引无人机过来。因此，只要 r 不等于零，在经过一段足够长的时间后，每个单元都至少会被访问一次。

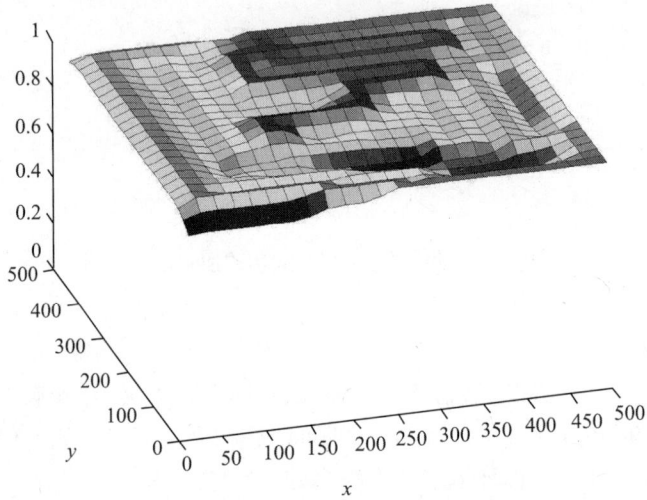

图 2.12 用于发现应用的可能区域实例

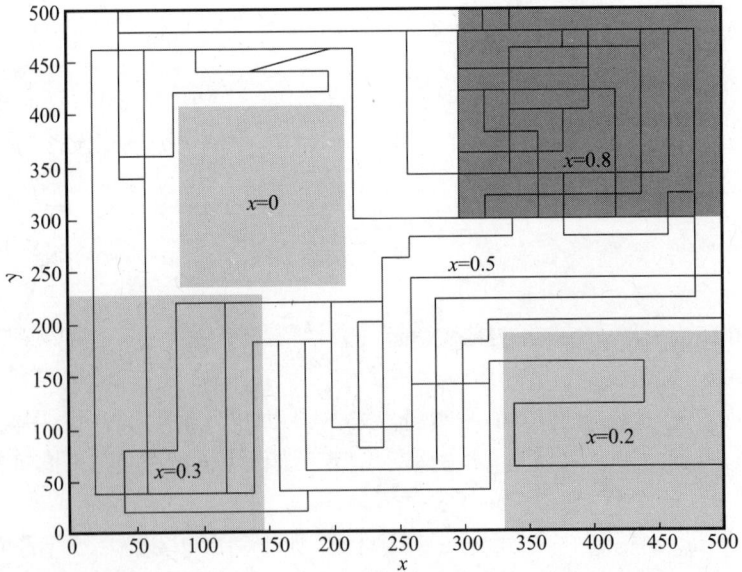

图 2.13 异类区域探测仿真结果

约束基本需求

当在飞行期间无人机需要同另一个实体 (例如另外的无人机或者控制中心等) 间保持通信时, 我们必须检查其相关的 voxels 是否在该实体的通信范围内。如果不在, 为了防止路径规划器建立经过这些 voxels 的路径可以使用一个 "过滤器" (例如, 增加这些 voxels 的通过代价)。也可通过基本需求应用其他类型的约束, 例如预先路径计算: 应该在执行需要的精炼前, 精炼机应该考虑一个预先路径。毕竟最初的位置对精炼问题会产生影响。

2.4.4 举例

这一节在一个包含 3 个无人机的情境下对设计的规划机制进行举例说明。

使命和场景

1) 使命

使命的目标是在一个给定的区域 A 中执行火险探测和火险监视。最初的任务分配由一个操作人员来执行。火警探测将由一个在该区域上空的无人机来执行。每一个确定的警告点则由另一个无人机来确认。如果一个警告被确认, 则两个无人机再对这一火警进行协作监视。

2) 场景

这个场景引入 3 架无人机: 一个小飞艇 (K) 和两架直升机 (H 和 M), 小飞艇的机动能力不强但适于高空飞行, 而直升机具有很强的机动能力、盘旋能力, 且适合低空飞行。

要求 K 来执行 A 区域的探测。经过一段时间, 在位置 L1 发现第一个火警点, 然后在位置 L2 发现第二个火警点。要求 H 围绕 L1 进行感知, M 围绕 L2 进行感知。在位置 L1, 警告是虚警, 在位置 L2, 警告确认。为了监视 (需要一个监视同步), 要求 H 和 M 围绕 L2 执行协作感知。在这段时间内, K 继续围绕 L1 和 L2 执行火警探测。H 和 M 将一直执行监视直到 K 探测结束。经过一定的时间后, K 停止其探测, 并向 H 和 M 发送一个同步信号, 所有无人机返回基地。

场景运行

高水平 Shop 方法处理需求: 一旦需要 Shop 方法, 则通过精炼机将飞行任务分解成基本任务 (无人机的精炼计划如图 2.14 所示)。在本场景中, 精炼机计算火警探测搜索模式, 同时也计算最接近 L1 和 L2 的最合适的感知位置, 使 L1 和 L2 的感知效率最大化。(图 2.6 描述了这个场景的仿真实例。)

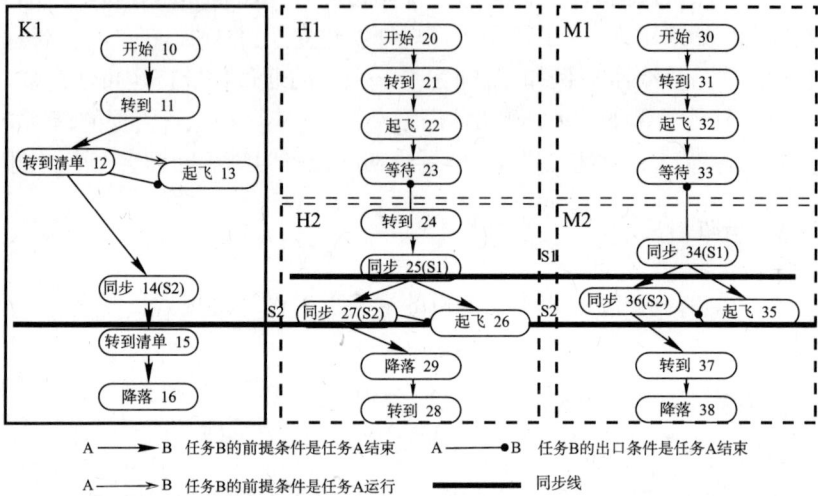

图 2.14 包含有 3 架无人机:K,H 和 M 的规划的场景实例

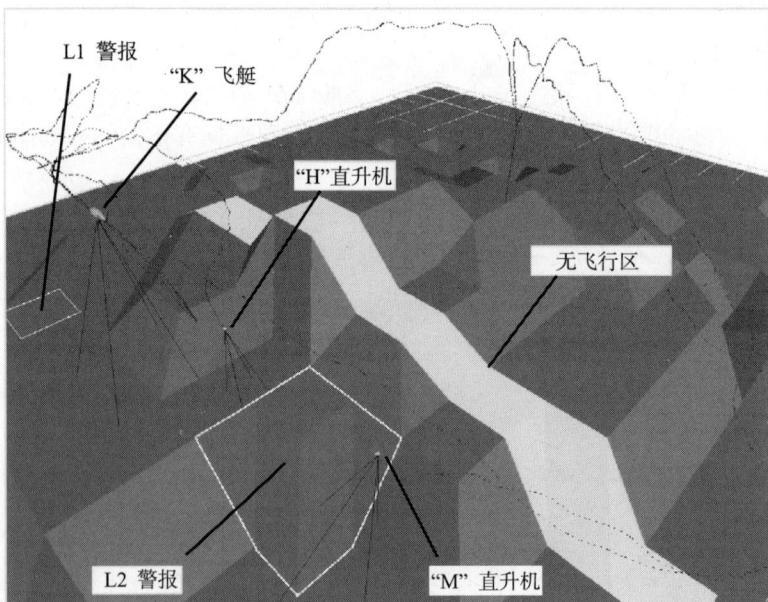

图 2.15 对 L2 协作监视仿真的水平 4 特性

1) 小飞艇 K 的使命

- K 在指定的区域 *A* 上空执行探测 15 min。
- 然后 K 传送同步信号 (S1) 到 H 和 M。
- 然后 K 返回基地

在图 2.14 中, 任务 11 是一个通向区域 *A* 的 "goto" 任务。任务 12 是一个与专门精炼机计算的探测模式关联的 "goto–list" 任务。当任务 12 在运行时, 同时触发感知任务 (任务 13)。一旦收到同步信号, "goto" 任务 15 使 K 返回基地。

2) 直升机的使命 (部分 1: H1)

L1 出现警告 (通过 K 的感知): 应该得到 H 的确认。

- H 应该在 L1 位置进行感知 1 min。
- 然后 H 应该以安全模式等待进一步的命令。

任务 21(图 2.14) 是一个通向 L1 的 "goto" 任务。

3) 直升机的使命 (部分 1: M1)

L2 位置出现的警告 (通过 K 的感知): 应该由 M 进行确认。

- M 应该在 L2 位置进行感知 1 min。
- 然后 M 应该以安全模式等待进一步的命令。

任务 31 (图 2.14) 是一个通向 L2 的 "goto" 任务。

4) 直升机的使命 (部分 2: M2)

L2 确认 (M 的感知): 应该执行协作监视。

- M 应该同 H 一起进行 L2 的监视行为直到收到来自 K 的同步信号。
- 然后 M 应该返回基地。

在图 2.14 中, 任务 34 是在监视任务 (任务 35) 过程中, 与 H 的同步任务。任务 36 是与 K 的同步任务的同步, 其任务结果则是任务 35 的外在条件。任务 37 是返回基地的 "goto" 任务。

5) 直升机的使命 (部分 2: H2)

L1 警告是错误的, 而 L2 得到确认 (通过 M 的感知数据处理): 则执行协作感知。

- H 将同 M 一起执行 L2 位置的监视行为直到收到来自 K 的同步信号。
- 然后 M 将返回基地。

在图 2.14 中, 任务 24 是一个前往 L2 的 "goto" 任务。而任务 25 是在监视任务 26 执行过程中与 M 的同步任务。任务 27 是同 K 的同步任务, 其任务结果是任务 26 的外在条件。任务 28 是返回基地的 "goto" 任务。

2.5 分布式任务分配

问题描述

这一节重点研究分布式任务分配问题: 水平 5 的机器人必须要具有的能力。给定一个由几个机器人组成的系统和一个定义为由一组部分排序的任务组成的使命, 我们想让机器人分配所有的任务到其他各个机器人并相应地建立它们的计划以完成使命。它们也能够动态的修改分配, 从而修改它们的计划, 以适应环境中的变化和操作员发布的新的需求。由于能量资源和通信距离的有限性, 因此, 系统也必须满足能量资源和通信距离的约束。另外, 必须保证所有的机器人在完成任务后有充足的能量返回其起始位置。

在一个环境监视使命场景中, 机器人系统要完成的任务包括: (i) 导航任务 (即到达一个给定的位置), (ii) 感知任务。感知任务需要无人机在一个给定位置盘旋或沿着预定轨迹 (如围绕一个目标旋转) 飞行时完成, 但此时会出现几个无人机同时出现的情况。因此, 必须解决两种不同的问题:

(1) 导航任务的分配和规划。

(2) 任务安排约束, 使系统能处理那些需要机器人行为同步的复杂任务。

第一个问题是一个多旅行商问题 (常用 m-TSP 表示)。第二个问题是前一个问题的扩展, 在这个问题中, 任务执行时间约束必须得到满足, 以保证一个任务的开始必须不妨碍另一个任务的开始。

这一节介绍了一种基于合同网的任务分配机制, 它的新意主要体现在两方面:

- 对于第一个问题, 我们的目的是最小化一个全局标准 (最长旅行)。由于合同网只考虑局部数据, 我们在合同网中引入一个全局参数来帮助实现标准的最优化。同时帮助系统形成竞拍。
- 对于第二个问题, 机器人必须共享任务约束实时数据, 并需要在不中断合同网投标过程的情况下相应地规划那些已连接在一起的任务。并依据规划分配结果, 处理机器人主次角色的临时分配。

相关工作

Rabideau 等在文献 [11] 中对任务分配的集中方法做了比较。重点强调了 3 种程序的分布算法, 其中最分布式的一个是基于合同网络协议的。

在文献 [7] 中, Bellingham 等在仿真中成功地执行了一个用于最优舰队协作问题的算法。该算法可解决任务间的同步问题, 属于文献 [11] 中 2 级分布算法。Dias 和 Stenz 也研究了各种多机器人[14] 任务分配方法, 并得出基于合同网的分布式算法满足需求的结论。作为多机器人任务分配领域中最初之一的文献 [5], 提出了很多分布式机制。文献 [29] 中的 ALLIANCE 是一种基于行为的分布式结构, 通过利用行为动机的授权与否来完成任务的分配与再分配。

合同网最初是由 Smith 在文献 [34] 中提出的, 然后由 Sandholm[31] 进一步发展。从 1999 年开始, 合同网开始在多机器人应用中广泛使用[36,13,20]。Stenz 和 Dias 研究了一种称作 TraderBots 的结构, 在这种结构中, 领导者能够最优化几个其他机器人的计划[15,16], Matarić 在文献 [26] 中研究了用于合同网协议的各种策略。合同网结构在现实情况中的可行性和高效性已在几个处理实际问题的研究中得到证明, 例如建筑和行星勘察[23,42,12]。

就我们所知, 对于分布式多机器人系统中非独立任务的分配和规划问题, 只有 Kalra 和 Stentz 的一篇文章[22] 给出了搜索周长问题的初步结果。在这个问题中, 考虑的时间窗很小, 有限数目机器人 (一个机器人和它的两个邻居) 间的协作很明显, 且基于市场的方法没有完全的应用, 因为拍卖仅包含 3 个智能体。

下一节引入了一个平衡系数用于投标估计和控制合同网中拍卖产生过程。m-TSP 问题的定量仿真结果表明加入这个系数后, 合同网方法有所提高。2.5.2 节处理引入时间约束的任务, 它表明引入简单的执行时间约束能够帮助处理协作任务, 这些协作任务要么是由操作员要求的, 要么是系统自动产生的, 例如建立通信中继。

2.5.1 加入平衡的合同网

在经典的基于市场的方法中, 每个智能体 (我们的机器人) 能够为其任务做一个拍卖, 然后, 其他机器人可以用一个代价函数来投标这个任务。拍卖过程的胜利者得到任务并且将其插入到其计划中。为了使得整个过程得到最优解决方法, 只有一个执行该任务的竞拍价格低于它自己的代价一定值时 (一般是 10%), 它才能出售该任务。我们在这里使用的代价函数比较简单, 是用机器人移动的距离来计算。

平衡因子

目的是获得一个能够最小化路程距离的分配, 也可以认为是最小化使命时间。我们的思路是通过考虑两个方面来解决这个全局最优化问题: 第一, 用合同网将任务以最小的代价分配给机器人保证整个机器人团队移动的总距离与最优化相比不是很远。第二, 平衡系数使得能够真正地在机器人之间分布任务且尽可能短的时间获得任务。

为了这个目的, 我们引入平衡系数的平衡度量 (C_{eq})。每个机器人能够用一个代价函数计算它自己的工作量: 工作量是机器人 A 整个计划的代价。每个机器人将它的工作量广播给其他机器人, 然后每个机器人计算自身的 C_{eq}。对于机器人 A, 公式为

$$C_{eq}^A = \frac{wl(A) - \overline{wl}}{\overline{wl}} \tag{2.4}$$

式中: $\overline{wl}$ 是 A 知道的所有其机器人工作量 $wl(\cdot)$ 的均值。

确实, 因为我们只考虑有限的通信距离, A 可能只知道部分工作量。这个系数的意义是:

- $C_{eq}^A < 0$: 机器人 A 与其他机器人相比具有太少的计划;
- $C_{eq}^A > 0$: 机器人 A 与其他机器人相比任务过重;
- $C_{eq}^A > C_{eq}^B$: 机器人 A 比机器人 B 有更多的工作。

平衡因子和任务评估

在合同网中, 一个任务被分配给能够以最小代价将其插入到其计划中的机器人, 同时机器人不应该负担过重。为了达到这个目的, 机器人对一个任务的评估通过考虑其 C_{eq} 进行修正。机器人 A 对任务 $T_1(ut^A(T_1))$ 的效用计算通过下式修正为 $ut'^A(T_1)$:

$$ut'^A(T_1) = ut^A(T_1) - C_{eq}^A \times |ut^A(T_1)|$$

这个修正应用到拍卖者和竞标者的计算效用中。通过这个方法, 合同网受到我们想要的影响:

- 一个具有高工作量的机器人将更加容易重新分配它的任务, 且将更加不易获得新任务, 因为它对任务的效用较低。
- 相反的, 一个具有低工作量的机器人将容易分配到新任务, 但很难放弃它自己的任务, 因为它对于任务的效用是增加的。

拍卖产生的控制

这里的问题是我们不想几个拍卖同时被发起。基本上, 当系统的智能体开始一个拍卖时, 合同网协议没有提供任何细节, 其他文献也没有强调这一点。我们的需要是保持系统是完全分布式的, 所以我们不想要一个授权者轮流给每个机器人授权, 另外, 我们想保持系统是动态的, 所以我们不想给每个智能体一个静态列表来定义拍卖的轮流。

我们的解决方法是受到令牌环网络的启发, 在令牌环网络中, 一个令牌从一个计算机传到另一个计算机, 给它们授权, 传送它们的数据到整个网路中。在这里, 令牌允许机器人发起一个拍卖。

令牌循环

获得令牌的机器人是拍卖的领导者。如果另一个机器人想发起一个拍卖, 它可以向当前拍卖领导者请求令牌。它将其 C_{eq} 连同请求一起发送过去。令牌的拥有者收集所有的请求, 它本身也允许请求令牌。然后它利用基于收集的 C_{eq} 的随机分布随机选择下一个令牌的拥有者。这可以帮助任务过重的机器人重新分配它们的任务。

令牌创建

当一个机器人想发起一个拍卖, 但所有机器人都没有令牌时, 它创建一个令牌并用它发起一个拍卖 (这个过程是同时开始的!)。因为通信延迟, 可能会发生几个机器人同时创建令牌的情况, 这就是我们为什么会专门定义以下行为:

- 如果一个当前不是拍卖者的机器人同时收到几个拍卖, 它将投标优先级最高的即更高的 C_{eq} (拍卖者在发起拍卖的同时给出 C_{eq})。其他拍卖将被忽略。
- 如果一个当前是拍卖者的机器人收到其他拍卖, 只有当它含有最高 C_{eq} 时, 它才继续它的拍卖, 否则, 它取消自己的拍卖并投标具有最高优先级的拍卖。

结果

一个典型的使命分配和执行过程如下: ①给系统一组任务 (或者直接由操作员给出, 或者由分解过程获得); ②基站也是一个合同网的智能体, 除非它具有一个高的优先级 (一个人为的高平衡因子) 且永远不会投标, 基站开始使命任务的拍卖直到所有的任务分配给机器人; ③基站不再保持令牌, 机器人开始发起拍卖; ④当没有机器人请求令牌时, 过程停止。当一个机器人已经拍卖完其所有任务且没有重分配发生时，它停止拍卖。否则，机器人又开始拍卖其所有任务。这个停止规则不同于目前所有的停止规则 (一般是一个固定的拍卖轮数); ⑤使命开始被机器人执行。当操作员要求一个新的任务或者一个机器人没有完成其计划时，拍卖过程又开始。

在仿真中，我们关注于步骤②到④。我们将我们的所有实验基于相同的使命，即: 环境中提取的 50 个点必须被 4 个机器人组成的团队访问到。所有的点一次性地在环境中均匀随机产生。为了验证我们的平衡系统的影响，我们运行了系数失效的场景 (我们给其一个固定值以模仿一个普通的合同网协议)。另一个关键点是机器人如何首先分布到环境中。如果它们是分散的 (当使用合同网时的常用情形)，则每个机器人都属于不同的区域，包围它初始位置的区域，因为代价函数是基于旅行距离的。如果它们开始聚合在一个相同的点跟前 (这是操作情境中最多的情况)，问题将更加复杂。

表 2.1 的结果表明加入平衡系数的方法比标准的合同网提高了 2.4 个因子。如果机器人是分散的，提高因子下降到 1.3。这是因为由标准协议建立的方法已经是一个好的方法了。我们方法的优点是即使在初始情形不好的情况下，它也能工作的很好。另外，含有平衡系数的分配过程延长了 20% (进行更多的拍卖)。表 2.1 总结了对 4 种场景 100 次仿真的统计结果，考虑了聚合和分散的开始以及使用和不使用平衡系数。其中 l 为最大旅行的长度，n 为分配过程中拍卖的次数。

表 2.1　对 4 种场景 100 次仿真的统计

场景	$\bar{l}$	$\sigma(l)$	$\min(l)$	$\max(l)$	n
聚合/不平衡	5248	674	3035	6150	133
聚合/平衡	2195	264	1844	2954	156
分散/不平衡	2481	481	1724	4631	133
分散/平衡	1895	162	1581	2343	160

2.5.2　分布式环境中有时间约束的任务

对于一个多机器人系统，限制任务分配和规划问题通常用一个集中式方法 (例如 GRAMMPS) 来解决。在这里我们简单的概述如何在分布式环境中处理简单的时间约束问题。

围绕一个日期 d 的执行

这个约束意味着我们试图使一个给定的任务执行时间晚于或早于一个给定的日期。这个约束使得系统能够处理几个任务相对执行时间的限制, 用数字表示为: T_1 和 T_2 同时或者 T_1 比 T_2 早或晚 n 秒。

我们选择将任务的约束执行为围绕日期 d 有几个原因:

- 这个约束是弱约束, 这意味着有无数个解可以满足它, 分布式分配方法将更容易找到一个解, 甚至一个差解, 但不会以死锁结束。

- 这种约束的满意度易于测量, 因此, 当我们估计一个给定机器人的效用时, 我们能够考虑这个测量。对于约束, 满足质量可以直接包含在我们合同网协议的投标中。

- 规划这种受约束任务需要的信息量非常有限, 将不会使得机器人间的通信带宽负担过重。

约束任务树

约束可以用来作为强调两任务同时执行的例子。一个任务 T_1 计划在日期 d_1 执行, 任务 T_2 约束在日期 d_1 前后执行。任务 T_1 称为母任务, 任务 T_2 称为子任务。

时间上, T_1 由一个开始日期 d_1 (任务能够执行的最早日期) 和一个计划开始日期 (任务真正执行的日期) 定义。T_2 具有同样的属性, 另外加一个期望开始日期 d_1 (偏爱的任务开始日期)。

分配程序必须在 T_2 之前分配 T_1 (因为我们为了投标 T_2 需要知道 d_1), 但是任务晚点时候可以重新分配。需要注意的是只有 T_2 是受约束的, T_1 像平常一样分配和规划。分配过程完成后, 主机器人 R_A (将执行 T_1 的) 将为 T_1 和 T_2 选择计划开始日期, 机器人 R_B (将执行 T_2 的) 称为附属机器人。因为系统是动态的, R_A 和 R_B 的计划可能改变。当改变发生时, 附属节点只要告知其主节点它计划的改变, 它发送新的任务开始日期, 主机器人计算两个任务新的计划开始执行日期, 两个任务对于 R_A 和 R_B 都是可以接受的。机器人间的主/附属关系在时间上是局部的 (只对于考虑任务的执行) 和暂时的, 因为任务可以重新分配给其他机器人。所以它完全不同于 TraderBots 结构[16]。

图 2.16 描述了一个任务树, 且注重点是为了规划任务所要交换的数据。图 2.17 是从机器人的角度概述了要分配的任务。机器人间的同步实际上是通过机器人计划中引入休眠期来实现的。

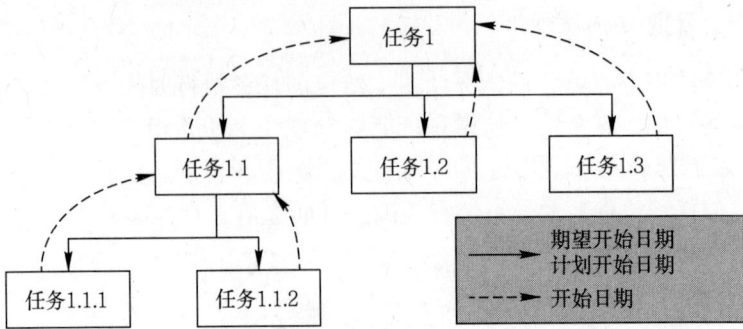

图 2.16 任务间的分层连接

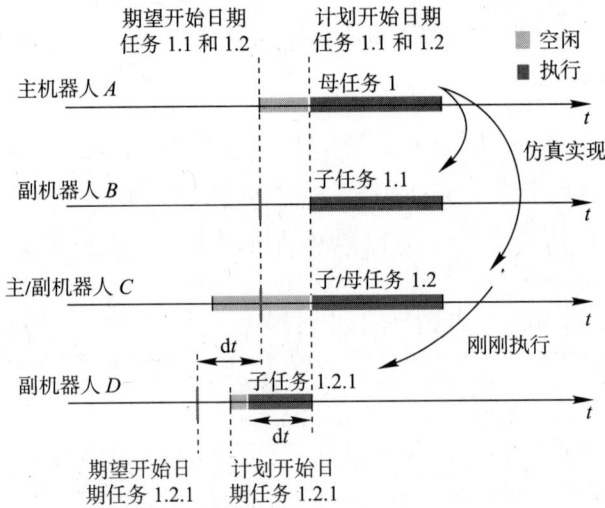

图 2.17 4 个机器人分配完 4 个受约束任务后计划的例子

任务效用的评估

现在我们将约束的满意质量作为计划中任务的权重考虑进去。前面，我们用计划的长度计算它的代价; 现在我们为每个任务加入一个术语用来反映约束的满意程度。这个术语称为 deltaDate, 且对于受约束任务 T_i 公式为

$$\text{deltaDate}_i = |\text{startDate}_i - \text{expectedStartDate}_i| + \sum_j \text{deltaDate}_{ij}$$

其中 deltaDate$_{ij}$ 来自任务 T_i 的子任务 T_{ij}。这些子任务分配给相同的机器人或者其他的。

现在一个计划的效用可以用下式计算:

$$\text{planUtility} = -\left[\text{movingCost} + k \times \sum_{\text{task}_i \in \text{plan}} \text{deltaDate}_i\right]$$

机器人用值 (planUtility' − planUtility) 来投标一个任务,其中 planUtility 和 planUtility' 分别为将任务插入前后计划的效用。

在这里因子 k 用来标准化和。实际上,我们加入两个量 movingCost 和 deltaDate, 它们的本性不同。如果机器人用所需要的时间计算从一点到另一点的 movingCost 将是错误的。我们可以将 k 理解为比例因子, $k = 0.1$ (是我们用的经典值) 意味着我们认为机器人在休眠时的重要性是其活动时的 1/10。

计划的时间连贯性

我们必须保证受时间约束的任务能够正确地规划以避免系统进入死锁。这里我们再次适用一个基本的规划器,它虽然不是真正的高效,但是却非常容易执行且明显的能够保持计划的连贯性。每个子任务用一个期望开始日期标记,因此规划器根据这个计划中子任务间的局部时间表将任务插入到计划中。

当计划中有修改发生时,我们用一个简单但粗糙的过程来保证这种局部连贯, 即: 如果两个子任务不在时间表序列中,则交换它们的位置。

假设计划是递增的建立的,局部连贯保证全局连贯。确实,通过插入休眠期可以达到同步,所以一个机器人甚至会等待很长时间以达到同步也不会试着交换任务。

实现的任务

两种新型的任务在我们的仿真中得到执行以说明受约束的任务: 监视和通信中继。

监视任务包括机器人沿着一个被监视的长方形区域运动并必须保持与基站的通信。如果机器人与基站间的通信在执行任务期间不能保持, 机器人应该在它和基站间产生一个通信中继任务,这个任务在监视任务执行的同时被另一个机器人执行。通信中继任务可以是递归的,这意味需要几个机器人来保证基站和监视该区域的机器人间的通信。图 2.18 说明了这两个任务。

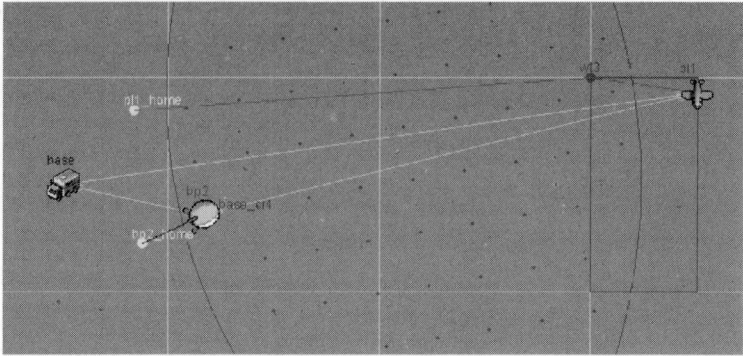

图 2.18 这个屏幕镜头展现了一个监视一个区域的飞机 pl_1 和一个作为 pl_1 和基站间通信中继的小飞艇 bp_2 (通信连接 $pl_1 \rightarrow$ 基地不可用)。圆弧包围了小飞艇能够作为通信中继的区域，点代表离散位置 (小飞艇的规划器在这些位置中选择一个)

说明

在这里结果更加定性。仿真器显示即使在分布式环境下使用非常简单的规划算法，我们也能够正确地分配和规划一个使命。图 2.19 显示了我们从一些实例仿真中得到的结果。它说明了团队获得的策略：因为对于监视任务需要两个机器人 (一个用于给定的任务，一个用于通信中继)，我们可以看到 4 个机器人分成两组，每组两个机器人，且每一组监视环境的一部分。当剩下 3 个机器人时，解决方法更加复杂和没有结构，但是是有效的且看起来是次优的。

2.6 小结

这一章提供了一种允许一组异类无人机布署的结构定义和相应的算法。介绍了将一个无人机加入多机器人系统中的 5 种水平的自主性，且提出了算法用于完成 3 种主要的决策制定功能：一个对所有自主性水平都普通的执行系统，用来处理协作和执行任务；一个基于分层任务网络规划器的规划机制，用来考虑实际领域模型；和一个合同网协议的实例，用来处理复杂多无人机使命的任务分配。

然而我们还得做进一步的研究使得各种概念和算法能够整合。例如，在任务分配过程中将任务插入到机器人计划中使用的规划器非常简单，可以使用精炼机代替。

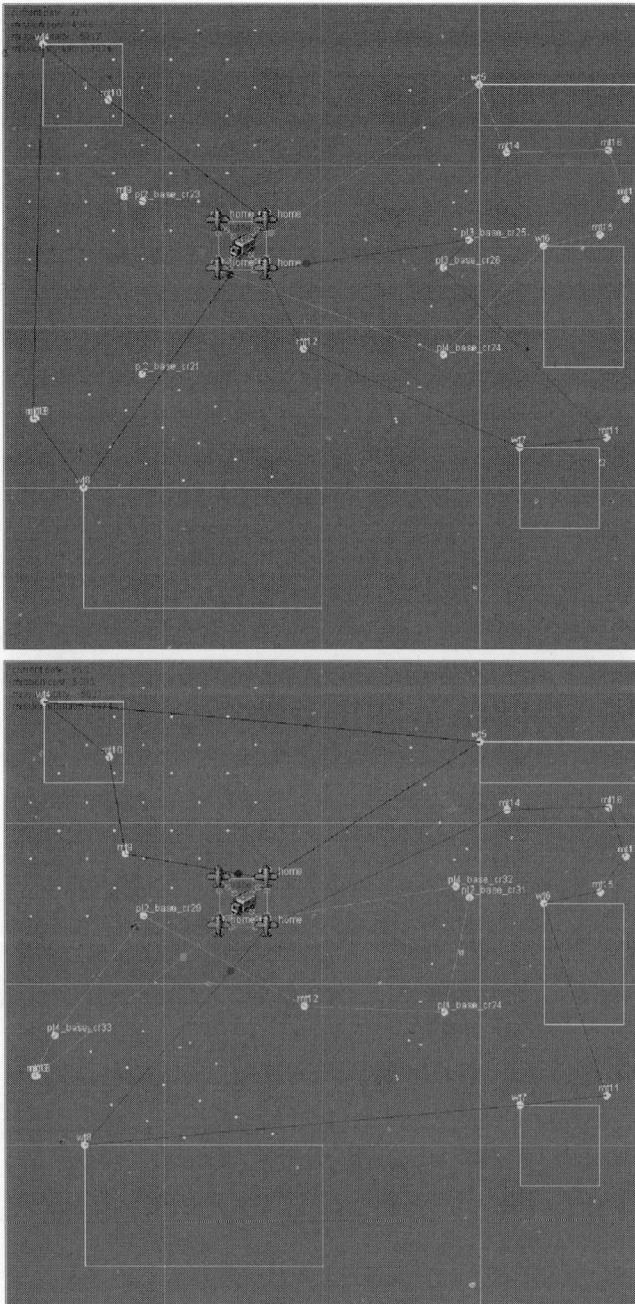

图 2.19 上图：一些监视和转到任务被分配到机器人团队。下图：飞机 pl_4 (上左) 离开队列且其任务已经重新分配给其他机器人

参考文献

[1] Fiual demonstration of the COMETS project. http://www.laas.fr/~srmon/eden/gallery/videos.php.

[2] R. Alami, R. Chatila, S. Fleury, M. Ghallab, and F. Ingrand. An architecture for autonomy. *Internatiannl Journal of Robotics Reserch*, 17:315–337, 1998.

[3] R. Alami, F. Ingrand, and S. Qutub. A scheme for coordinating multi-robot planning activities and plans execution. In *Proceedings of the European Conference on Artificial Intelligence*, 1998.

[4] R. Arkin. Motor schema-base mobile robot navigation. *International Journal of Robotics Research*, 1990.

[5] H.Asama and K. Ozaki. Negotiation between multiple mobile robots and an environment manager. In *Proceedings of IEEE Int. Conf. on Robotics and Automation*, pages 533–538, Pisa, Italy, 1991.

[6] T.Balch and R. Arkin. Behavior-based formation control for multirobot teams. *IEEE Transactions on Robotics and Automation*, 14(6):926–939, 1998.

[7] J. Bellingham, M. Tillerson, A. Richards, and J. P. How. Multi-task allocation and path planning for cooperating UAVs. In *Proceedings of the Conference on Cooperative Control and Optimization*, 2001.

[8] R. Brooks. A robust layered control system for a mobile robot. *IEEE Journal of Robotics and Automation*, 2(1):14–23, 1986.

[9] B. L. Brumitt and A. Stentz. GRAMMPS: A generalized mission planner for multiple mobile robots in unstructured environments. In Proceedings of the *IEEE International Conference on Robotics and Automation*, pages 1564–1571. Piscataway: IEEE Computer Society, May 1998.

[10] L. Buzogany, M. Pachter, and J. D'Azzo. Automated control of aircraft in formation flight. In *Proceedings of the AIAA Guidance, Navigation and Control Conference*, pages 1349–1370, Monterey, USA, 1993.

[11] S. Chien, A. Barrett, T. Estlin, and G. Rabideau. A comparison of coordinated planning methods for cooperating rovers. In C. Sierra, M. Gini, and J. S. Rosenschein, editors, *Proceedings of the Fourth International Conference on Autonomous Agents*, pages 100–101, Barcelona, Spain, 2000. ACM Press. Poster announcement.

[12] M. B. Dias, D. Goldbery, and A. T. Stentz. Market-based multirobot coordination for complex space applications. In *Proceedings of the 7th International Sympmosium on Artifical Intlligent, Robotics and Automation in Space*, May 2003.

[13] M. B. Dias and A. T. Stentz. A free market architecture for distributed control of a multirobot system In *Proceedings of the 6th International Conference on Intellingent Autonomous Systems*, pages 115–122, July 2000.

[14] M. B. Dias and A. T. Atentz. A market approach to multirobot coordination. Technical Report CMU-RI-TR-01-26, Robotics Institute, Carnegie Mellon University, Pittsburgh, PA (USA), August 2001.

[15] M. B. Dias and A. T. Stentz. Enhanced negotiation and opportunistic optimization for market-based multirobot coordination. Technical Report CMU-RI-TR-02-18, Robotics Institute, Carnegie Mellon University, Pittsburgh, PA (USA), August 2002.

[16] M. B. Dias and A. T. Stentz. Traderbots: A market-based approach for resource, role, and task allocation in multirobot coordination. Technical Report CMU-RI-TR-03-19, Robotics Institute, Carnegie Mellon University, Pittsburgh, PA (USA), August 2003.

[17] P. Doherty, G. Granlund, K. Kuchcinski, E. Sandewall, K. Nordberg, E. Skarman, and J. Wiklund. The WITAS unmanned aerial vehicle project. In *Proceedings of the 14th European Conference on Artificial Intelligence*, pages 747–755, Berlin, Germany, 2000.

[18] A. Ollero et al. Control of multiple heterogeneous unmanned aerial vehicles: Architecture and perception issues in the COMETS project. *IEEE robotics and automation magazine*, 12(2):46–57, 2004.

[19] E. Gat. Integrationg planning and reactiong in a heterogeneous asynchronous architecture for mobile robots. *SIGART Bulletin*, 2:17–74, 1991.

[20] B. P. Gerkey and M. J. Matarić. Sold!: Auction methods for multirobot coordination. *IEEE Transaction on Robotics and Automation*, 18:758–768, 2002.

[21] F. Giulietti, L. Pollini, and M. Innocenti. Autonomous formation flight. *Control Sys tems Magazine*, 20(6):34–44, 2000.

[22] N. Kalra and A. Stentz. A market approach to tightly-coupled multi-robot coordination: First results. In *Proceedings of the ARL Collaborative Technologies Alliance Symposium*, May 2003.

[23] E. King, M. Alighanbari, Y. Kuwata, and J. How. Coordination and control experiments on a multi-vehicle testbed. In *Proceedings of the IEEE American Control Conference*, Boston, Ma. (USA), 2004.

[24] F-L. Lian and M. Richard. Real-time trajectory generation for the cooperative pathplanning of multi-vehicle systems. In *Proceedings of the 41st IEEE conference on Decision and Control*, 2002.

[25] M. J. Matarić and G. Sukhatme. Task-allocation and coordination of multiple robots for planetary exploration. In *Proceedings of the 10th International Conference on Advanced Robotics*, pages 61–70, August 2001.

[26] M. J. Matarić, G. S. Sukhatme, and E. Ostergaard. Multi-robot task allocation in uncertain environments. *Autonomous Robots*, 2003.

[27] I. Maza and A. Ollero. Multiple UAV cooperative searching operation using polygon area decomposition and efficient coverage algorithms. In *Proceedings of the 7th International Symposium on Distributed Autonomous Robotic Systems*, Toulouse, France, 2004.

[28] D. Nau, T. Au, O. Ilghami, U. Kuter, W. Murdock, D. Wu, and F. Yaman. SHOP2: an HTN planning system. *Artificial Intelligence Research*, 20:379–404, 2003.

[29] L. Parker. ALLIANCE: An architecture for fault-tolerant multi-robot cooperation. *IEEE Transactions on Robotics and Automation*, 14(2):220–240, 1998.

[30] R.L. Raffard, C. Tomlin, and S.P. Boyd. Distributed optimization for cooperative agents: application to formation flight. In *Proceedings of the 43rd IEEE Conference on Decision and Control*, Nassau, Bahamas, 2004.

[31] T. Sandholm. An implementation of the contract net protocol based on marginal cost calculations. In *Proceedings of the 11th National Conference on Artificial Intellingence*, pages 256–263, Menlo Park, CA (USA), July 1993. AAAI Press.

[32] C. Schumacher and S.N. Singh. Nonlinear control of multiple UAV in close-coupled formation flight. In *Proceedings of the AIAA Guidance, Navigation and Control Conference*, Denver, Co (USA), 2000.

[33] R. Simmons, T. Smith, M. Dias, D. Goldberg, D. Hershberger, A. Stentz, and R. Zlot. A layered architecture for coordination of mobile robots. multi-robot systems: From swarms to intelligent automata. In *Proceedings of the 2002 NRL Workshop on Multi-Robot Systems*. Kluwer Academic Publishers, 2002.

[34] R. G. Smith. The contract net protocol: High-level communication and control in a distributed problem solver. *IEEE Transaction on Computers*, C-29(12):1104–1113, 1980.

[35] J. Sousa, T. Simsek, and P. Varaiya. Task planning and execution for UAV teams. In *Proceedings of the 43rd IEEE Conference on Decision and Control*, Nassau, Bahamas, 2004.

[36] A. T. Stentz and M. B. Dias. A free market architecture for coordinating multiple robots. Technical Report CMU-RI-TR-99-42, Robotics Institute, Carnegie Mellon University, Pittsburgh, PA (USA), December 1999.

[37] S. Sukkarieh, A. Goktokan, J-H. Kim, E. Nettleton, J. Randle, M. Ridley, S. Wishart, and H. Durrant-Whyte. Cooperative data fusion and control amongst multiple unihabited air vehicles. In *Proceedings of the 8th International Symposium on Experimental Robotics*, Sant'Angelo d'Ischia, Italy, 2002.

[38] S. Sukkarieh, E. Nettleton, J-H. Kim, M. Ridley, A. Goktogan, and H. Durrant-Whyte. The ANSER project: Multi-UAV data fusion. *International Journal on Robotics Research*, 22(7–8):505–540, 2002.

[39] R. Vidal. S. Sastry, J. Kim, O. Shakernia, and D. Shim. The Berkeley aerial robot project. In *Proceedings of the IEEE/RSJ Int. Conf. on Intelligent Robots and Systems, Workshop on Aerial Robotics*, Lausanne, Switzerland, 2002.

[40] R. Volpe, I. Nesnas, T. Estlin, D. Mutz, R. Petras, and H. Das. The CLARAty architecture for robotic autonomy. In *Proceedings of the 2001 IEEE Aerospace Conference*, Big Sky, Mt. (USA), 2001.

[41] S. Zelinski, T.J. Koo, and S. Sastry. Hybrid system design for formations of autonomous vehicles. In *Proceedings of the 42nd IEEE Conference on Decision and Control*, 2003.

[42] R. M. Zlot, A. T. Stentz, M. B. Dias, and S. Thayer. Multi-robot exploration controlled by a market economy. In *Proceedings of the IEEE International Conference on Robotics and Automation*, May 2002.

第 3 章

通信

摘要: 本章将介绍 "COMETS" 工程中应用的通信系统。首先介绍本系统的基本情况, 之后将讨论其设计思路和一些技术细节。本章结尾展望了一个真正系统的架构, 并给出结论。

3.1　引言

对多元异构无人机的实时调控来说, 不管无人机是停在地面或是空中飞行, 静止还是移动, 各调控单元间的通信无疑是一个关键部分。

多异构包括用于通信及信息处理的硬件设备, 它们可能有不同的有线或无线链路、多样的处理器架构和操作系统。在后一种情况下, 若有一种通信系统, 能够隐藏物理链路间的多样性, 并可以在现有物理通信链路顶层透明地工作, 将是一件非常有益的事情。

3.2　需求

下面介绍在通信系统 (CS) 的发展过程中已考虑的一些关键需求。

硬件

—— 通信系统至少应能支持有线和无线以太网以及无线调制解调器, 它们代表了透明串行连接。为了实现透明系统, 就需要实现这些不同连接间的桥接。

—— 它必须可以兼容 Windows、Linux 等标准操作系统, 以及没有操作系统的 16 位微控制器。

网络拓扑

—— 网络拓扑应灵活控制、动态变化,以满足无人机作为通信中继的需求。

—— 从稳健性角度来说,在网络中断,比如无人机群在飞越出通信系统作用范围的情况下,通信系统应能建立独立工作的子网络,这些子网络可以马上重建网络通信。

功能

—— 通信系统需要将数据可靠地从一个发射器发送到一个或多个接收器。

—— 需要设置包括单一网络阶跃的实时通信最大延迟等在内的信息流水平的带宽参数。

—— 只要在发射器和接收器之间存在一条路径,在拓扑结构和物理链路不断变化的任何情况下,数据传输均能充分透明。

—— 网络中断导致发射器和接收器之间无法传输数据时,均应通知双方。

3.3 设计理念

为实现网络拓扑结构的要求,有必要设计一个通信系统,在网络中没有主控端或是其他任何中心实体时,也能正常工作。基于此以及不断变化的无人机配置的 Ad-hoc 特性,需要制定决策来实现一个完整的多跳 Ad-hoc 网络计划以支持动态路由。

术语"用户"是指使用通信系统应用编程接口 (API) 的程序员。

3.3.1 数据组织

网络利用分布式共享内存 (DSM) 方法发布数据,又被称为黑板通信系统 (BBCS)。黑板 (BB) 是一个数据结构,几乎由所有的网络节点通过一致性协议 (CP) 共享。一致性协议利用平台抽象层 (PAL) 来适应不同的架构、操作系统以及网络层。系统甚至可以覆盖任何一个字节的传输链路,因此,设计也包括传输层的功能。部分类似的设计已确定[4]。

3.3.2 网络

网络节点 (NN) 是参加通信的一个实体。一个网络节点就是一个软件任务,可以运行在多任务操作系统 (OS)、单任务操作系统或者只是一个不带操作系统的系统路由中。

端口是两个网络节点间的点对点连接,其中每个网络节点均可作为中继。这样,就能实现一个多跳 Ad-hoc 网络拓扑[7]。这种设计基本上又回到了 DARPA 的分组无线网络[3]。每个端口包括一个灵活多变的通道数目,每个通道是一种独特的双向字节的传输链路。

通道分派了相应的限制带宽 (CBW),且是基础物理层的最小带宽,以此来保证带宽通信的实现。端口的通信流量分布于它的通道,因此端口的带宽是其所有通道的综合带宽。每个端口至少有一个以上的通道可启用冗余连接,因此能够增强两个节点间连接的鲁棒性。只要有一个工作通道,端口就是活动状态,否则处于无效状态。

通道的活动状态受通信流量和超时设定的影响。节点通过激活的通道发送数据或专用保活信息。若是在一个固定时间间隔内没有通信传入,那么通道被视为无效状态,直至检测到新的通信。

3.3.3 黑板

所有网络节点都有进入黑板的权限。黑板由所谓的插槽构成,每个插槽与某类信息相联系,并可容纳一定量数据。正如在常规内存中的变量,互斥访问插槽是必要的。插槽可以有无限多的数据流 (又名用户),但网络上只有一个数据源 (又名发布者)。每个槽有一个独特的标志和一个分配的相对插槽带宽 (SBW),它是限制带宽的一小部分。通过分配不同的插槽带宽可以允许强调重要数据。

完整的黑板结构在执行期间是确定的,真实系统中通常在编译期间确定。不过,它不需要每一个网络节点有一个完整的黑板本地副本。只要有插槽,该节点就可发布、订阅或中继 (见下文) 在本地执行。很显然,对于每个网络节点的插槽,所有插槽的总带宽一定不得超过 100%。

这种方法有些类似于基于主题的发布/订阅系统,而完全不受任何中央实体[2] 的约束。

3.3.4 路由

对每个单一插槽,从发布到订阅,网络中的路由独立执行。它利用了分布于网络节点的能见度图。通常使用的指标是跳数。这种方法就是著名的距离矢量路由[5]。黑板通信系统中的每个网络节点指示出相对于每个槽的发布源的距离。这些信息提供给所有相邻节点。

如果网络节点开始读取插槽，它就成为数据流。黑板通信系统利用这个插槽的最低指标 (跳数) 向邻近的节点发送请求数据。周边网络节点遵循相同的程序，建立路线，直至到达源网络节点。

其结果是每个插槽分布树的根就是槽的数据源，所有的叶子是数据流。任何其他节点要么是数据流，要么是中继网络节点。

端口状态在活跃与无效之间的变换导致网络拓扑结构变化，新的路由信息将通过网络分发，并重新配置路径。

对于每个网络节点，用户可以决定插槽是否会提供中继服务，而中继本身对用户透明。

黑板通信系统利用路由消息复制 (MRWR)[1] 实现多次发送。即使网络上的单一数据源有数据丢失，路由树匹配时数据也只能在多跳间传输一次。因此，在最接近数据丢失节点之处，数据增殖的现象总是发生的，且出现在路由树处。

因此，相同的数据在单信道只传输一次，这对于黑板通信系统的带宽管理来讲是必要的。

3.3.5 网络层

一致性协议处理流量控制，包括无序接收、丢包、错误和故障检测。因此，它实现了 OSI (开放式系统互联参考模型) 的层 6 至层 2[8]，额外还需要物理层。物理层可以是具有字节数据传输能力的几乎任何东西，例如一个 RS232 串行连接。不过，在系统设计中，许多情况下覆盖更高层以使用现有的基础结构很显然是一个更有效的方法。这一决定用于实现一致性协议，当然也是在现有层例如传输层的顶部。

COMETS 项目所使用的系统中，一致性协议用于无遮蔽的有线和无线串行 RS232 连接，采用层 6 至层 2 以及通过有线和无线的 UDP 和 TCP 连接，有些与网络层 6 至 4 类似。利用现有的层 3 至 1 的好处是有机会使用所有的标准硬件，以及测试远距离互联网连接通信的可能性。

3.3.6 网络组织

图 3.1 所示的网络组织的例子对应于 COMETS 工程中通信系统设计阶段的一个可能布局。

该布局使用基于套接字的通信作为基础网络，基站网络节点处理过程可散布在任意数量的计算机间, 或是只运行在一台 PC 机上。物理分布变化时, 软件不必改变。可在任何时间设定一个新的网络节点, 包含的参数显示了该接入的电脑。连接无人机模拟器而不是真正的无人机系统也是同样容易。因此, 硬件在回路模拟中可以很容易完成。

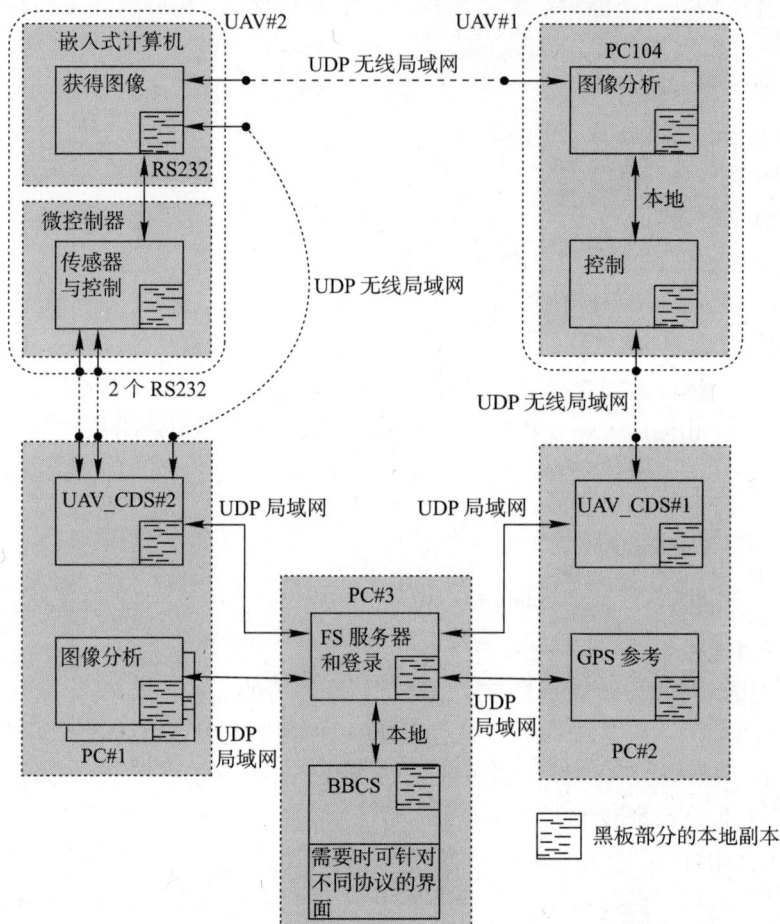

图 3.1   白色矩形代表黑板通信系统网络节点的样本配置, 灰色矩形表示电脑, 箭头代表通信, 内有水平线的矩形代表每个网络节点黑板部分的本地副本。

3.4 设计细节

本节将结合实际应用面临的问题, 阐述一些设计黑板通信系统的关键方法和算法。

3.4.1 用户观点

用户通过使用 C 语言编写的应用程序接口 (API) 访问黑板系统的插槽。有两种不同类型的插槽:

(1) 状态类型信息插槽: 记录代表原数据的表达式。

这些插槽直接映射为用户程序访问的变量。

在实际上, 这些变量大多包含某种系统状态的记录, 例如一组遥测数据、传感器测量值或是当前时间。尽管这依赖于应用, 但典型的状态信息包含独立的数据记录, 记录规模相对较小, 或者至少是有限的。在很多时候, 只有最新的可用数据记录是相关的, 而以前的纪录是过时的。也可能没有必要将每个改变通过网络传播到数据记录, 只要满足传输延迟中通过用户定义的一些上层边界即可。

(2) 流类型信息插槽: 基本上由一系列字节组成。这些插槽不直接为用户所用, 而只能利用 API 调用。这种插槽可用来传输任意类型的数字流, 例如数字图像、视频流或差分全球定位系统修正流。流类型信息的典型特征为它们不是语义上独立的数据单元。它们规模相对较大而且不等, 为了可用, 它们需要不间断传送。

最终确定支持这两类信息语义, 是因为混合形式极为罕见, 至少在无人机控制领域是这样的。API 提供这些服务, 一类为状态类型语义, 一类为流类型语义。

由于状态类型插槽直接映射为变量, 对用户而言访问简单。另一个优点是, 在每个网络节点插槽拥有相同的状态类型插槽定义, 也没有必要通过解析流来提取数据。黑板通信系统能够自动填充变量。此外, 需要事先了解用户所使用的不同架构和编译器数据结构的差异。

流型槽由 API 调用实现存取, 类似于通常的利用文件访问进行阅读和写作。黑板通信系统将数据流内部映射为固定大小的插槽。

黑板通信系统支持不安全的和安全的传输计划。安全的传输意味着完全的终端到终端, 黑板通信系统保证了无差错传输。不安全的传输意味着不能实现终端到终端的执行控制。这种方案中数据可能会在途中丢失或被同一插槽的后续数据覆盖。不安全传输仍然保留了插槽内容的一致性。实践表明, 状态类型插槽的数据往往是不安全传输, 比如, 只有最新的遥测数据是有用的, 因此就没有必要为重新发送旧的数据而延迟最新遥测数据。在流型槽中大多数情况下数据必须安全传输, 因为这样数据流才会有价值, 例如传输图像, 但是也有例外。如指挥命令的状态类型信息应安全传输, 而差分全球定位系统修正的流类型信息则是不安全传输的。

　　用户和控制站存取黑板时, 相互排斥是必要的。设计决定了采用一个特殊的 API 调用触发网络上的同步和传播。这种方法已经选定, 因为保证时隙 (插槽) 数据的完整性是重要的。更新相同插槽的系列部件时, 须经过原子处理。因此, 明确的更新服务调用实际上是最方便、最不易出错的解决方案。程序员无需关心并发性, 因为应用同步操作调用间的黑板变量操作总是原子型的。

3.4.2　插槽内容的状况

　　本节对 CP 的几个关键方面进行概述。这里提出的数据交换观念提到了数据流, 它属于单一黑板插槽, 且通过单一黑板插槽发送。多插槽的数据流多路技术将在 3.4.3 节阐述。

　　为实现插槽同步而发送的 CP 数据流可划分为 3 个层次的等级。它们由低到高分列如下:

　　条纹: 是单个不间断固定最大尺寸的数据包。最大条纹尺寸通常范围从 64 字节到 512 字节, 是一个全局黑板通信系统参数。条纹不为用户所见, 错误检测代码可用来保证条纹的完整性。序列编号方案被用于识别条纹, 并允许条纹故障接收后的重新排序。

　　单元: 是条纹群体, 最大数量是黑板插槽的一个全局配置选项。单元包含插槽的原子内容。当使用状态类型传输时, 一个单元是原子处理中数据交换的数据量。

　　消息: 可由一个或多个单元组成。通过设置消息最后条纹的标志, 即最终消息 (EOM) 标志来表示。带有最终消息标志的条纹总是终止当前单元。当使用状态型传输时, 最终消息置于发送的每个单元, 在流类型传输期间, 用户可以控制最终消息标志。实际上对单元结构使用对流式服务而言是重复的, 事实上结果是黑板通信系统使用平台抽象层和公共内部层实现流传输, 而服务类型只是在一个小的接口层内可以区分开。如果黑板通信系统通过中间网络节点中继传输, 则只有独立服务层参与。图 3.2 设想了从网络节点#1 到网络节点#3 并利用网络节点#2 作为中继的传输情况。

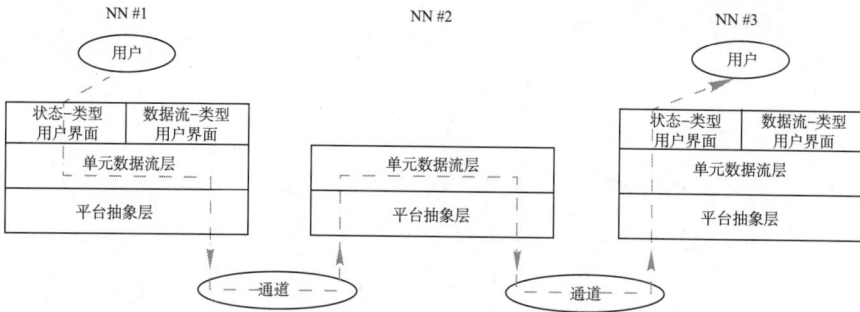

图 3.2 通过网络节点参与传输的黑板通信系统

3.4.3 数据传输

本节将讨论黑板通信系统的实际数据传输、方法及性能对于实时性要求和带宽控制等方面内容。

通过每个信道传输的数据必须为统计的多路复用流,其中包含插槽数据。包的大小为上述条带的大小。

多路调度需要数据包调度算法,以考虑附加到每个插槽的带宽冗余。使用一个非零出错率的通信媒介,比如无线连接,作为物理层并不能保证信息传输的硬实时限制。不过,通信过程本身在这里必须要考虑可靠性,因为实时的物理层的认识也可用。排队延迟,也就是从数据记录生成到其分发至通信信道的时间,必须要做最差时序分析。

当一个信道的分配带宽允许发送下一类型的数据时,黑板通信系统已调度允许发送的插槽。利用静态比例公平调度方法,又称为静态二叉树带宽调度 (SBTBS) 法计算这个多路。由于插槽的静态带宽分配,调度可以实现半静态,静态二进制树带宽调度方法是一个非常有效的方法。

用户指定了为每个黑板插槽预留的限制带宽份额。这个份额通过系数 f 的倍数给出,其中 f 是该调度的解决函数,并且需要乘方。所有电槽带宽要小于或等于 100%。图 3.3 所示为使用 $f = 16$ 时的保留带宽的例子,右侧方框中为 4 个插槽的给定带宽调度。通过这些值,静态二叉树带宽调度算法计算图中的二叉树。

它的叶子标有插槽数目,分母的定时器节点为它们所代表的带宽一部分 (节点标记 8 代表可用带宽的 1/8)。到每片叶子的路径长度也表示了问题叶的占用带宽。该树按序列位置号 0~15 二进制表示方式选择到叶的路径,产生一系列 $f = 16$ 的插槽编号,最低位为 1。由此产生的静态传输调

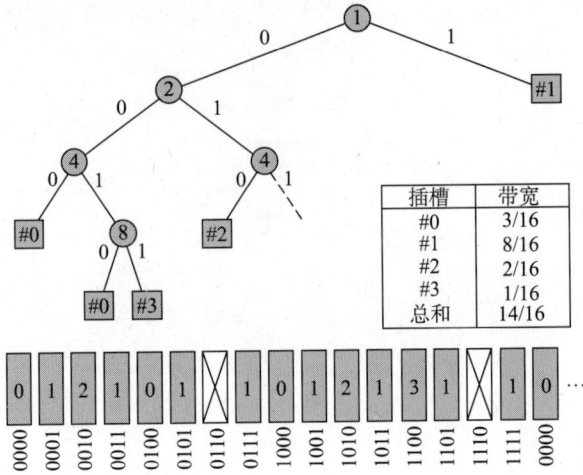

图 3.3   条纹传输的静态二叉树带宽调度 (SBTBS)

度被重复应用, 它符合基本标准: 该计划符合所有插槽的带宽要求。所有的插槽数按照计划分布, 从而使最坏排队延误最低。

限制带宽在进度处理中绝不会超限。其结果是通信形成, 插槽带宽处突发无限制数据, 与受限制的漏斗类似[6]。人们可以看到, 对均匀分布的插槽带宽而言, 结果将是一循环调度。

请注意, 如带宽分配的分子不是平方, 如例子中 # 0 插槽为 3/16, 导致在调度树中的多节点预留。考虑到这一点, 带有预留带宽 r/f, 插槽 S 随后的两个传输间的队列延迟的上界 d_S 就可得到。在条纹传输时间的倍数下, 如:

$$d_S < \frac{2f}{r} \tag{3.1}$$

但是, 如果分子 r 是 2 的幂, 可得到:

$$d_S \leqslant \frac{2f}{r} \tag{3.2}$$

作为上限, 显然这是可以实现的最佳上限。

实践中, 相关的排队延迟也可能受到数据单元大小的影响, 其中可能包括若干条纹, 及若干数据源和通道间路径上的中介网络节点数目。在这个更广泛的情况下, 在开始一个新生成数据单元的传输前, 数据源网络节点要完成插槽 S 单位的主动传输。k 条纹单位在路线上运行 n 跳, 其中每个单位具有相同的物理带宽和相同的带宽份额 r/f, 并将其分配给每个网

络节点, 直到完成接收, 总的排队延迟为 D_S, 条纹传输时间的倍数被限制如下:

$$D_S < (2(k-1)+n)\frac{2f}{r} \tag{3.3}$$

这包括图 3.1 所示的特殊情况。可以证明, 上述静态二叉树带宽调度示意图工作时每个带宽分布总体上不超过 100%, 静态二叉树带宽调度算法的运行复杂度最坏情况也是 $O(f)$ (f 的高阶无穷小)。静态调度下的空余位置, 比如图 3.3 的位置 12 和 14, 在运行时可以安全跳过, 以进行下一个调度, 这并不会对时间界限产生任何负面影响。

在 COMETS 项目的实际系统中, 调度单元的一个最佳选择是 1024, 那么之后插槽带宽可以很方便地指定以千为单位。

3.4.4 物理链接

如前所述, 应对条纹层次的故障接收进行循环冗余校验, 凡是可以传输字节流的应该都能够作为基础网络连接或链接工作。必须选择限制带宽以匹配连接能力。最理想状况是任何时候连接都能保持定义的限制带宽。对于诸如使用 UDP 或 TCP 协议的以太网有线连接, 很容易得出一个有保障的限制带宽, 前提是唯一正在进行的通信是使用黑板通信系统, 而这在多无人机地面站专用系统中就是如此。此外无线调制解调器 (COMETS 项目中使用) 充当透明的点对点连接, 已经提供了全部或任何类型的连接。

另一方面, 常见的无线以太网链接能够自适应速度, 选择一个任何时候都支持的限制带宽, 将会导致非常低的速度, 甚至无法实现。

为了应付这些薄弱链接, 黑板通信系统可以为每个用户请求通道使用适度退化。如果启用, 网络节点就可减少分配给信道的带宽。这一决定将由基于条纹损失比例的统计信息获得, 统计信息则由信道另一端的接收网络节点生成、并报告给发送网络节点。用户任何时候都会清楚当前指定的带宽。回退可以通过超时或由用户触发, 这是一个很好的解决办法, 因为用户可能有更好的基础物理层知识, 例如一个无线局域网的链路质量。

3.5 实施细节

下面指出了一些实施细节。

3.5.1 核心架构

黑板通信系统 (BBCS) 作为中央核心来实现, 它将用户 API 调用作为输入, 以为 n 个信道的字节流形成的 n 交通作为输出。

这些字节流通过平台抽象层 (PAL) 传输, 平台抽象层为中央核心与现有传输或物理层提供接口。该黑板通信系统核心在每个网络节点的运行系统中只需要运行一次。

3.5.2 跨平台支持

底层协议能够保证传输字节流的完整性, 其中利用了循环冗余校验 (CRC)。该协议本身使用网络字节顺序, 黑板通信系统则处理的是本机字节顺序, 本机利用平台抽象层运行网络节点。然而, 当涉及数据传输时, 用户仍需要处理用户结构的字节顺序差异。若用户在命名插槽内容的逻辑结构时附加了每个状态类型插槽的描述, 那么不同字节顺序的转换是可能实现的。只有在编译过程中, 这些描述的自动生成才是可能的, 因此需要所使用编译器的支持。暂时还未评估如果由于为了使用标准编译器而作出决定使得这样的编译器已经存在会怎样。由于被定义为字节流传输插槽, 流型槽的转换不是问题。

3.5.3 嵌入式系统支持

为能够支持全面的操作系统, 以及微处理器等单任务系统, 应实施单线程和基于 16 位的整数算法。由于在黑板通信系统中很少进行内部缓冲, 因此静态和动态内存的使用率非常低。动态内存分配用于控制结构, 只在安装阶段进行, 而分配利用平台抽象层完成。有些情况下, 这些要求无法映射为操作系统请求, 通常是因为没有操作系统, 平台抽象层必须完成内存分配计划。由于内存只分配而从不释放, 因此执行很简单。

黑板本身由用户数据组成, 其内容直接复制到相应的传输或物理层输出缓冲区。由于这些缓冲区是平台抽象层的一部分, 可以选择其大小以匹配系统能力。COMETS 项目中单一条纹的大小是 256 字节, 是输出缓冲区的最小空间。

3.5.4　物理抽象层实现

　　物理抽象层已在 3 种不同系统和 3 种不同的传输/物理层执行。在传输层的利用中, 使用了 TCP 和 UDP 协议。使用这些协议使得能够应用现有的基础设施, 诸如互联网、现有有线和无线以太网的网络硬件等。此外, 串口 (RS232) 被作为物理层支持。

　　包括 TCP、UDP 和串口的物理抽象层的实现对于 Windows(Win32 API) 和 Unix 的 (POSIX API) 都是可行的。这已在 Windows XP、嵌入式 Windows XP、Windows 2000, 几种 i86-Linux 操作系统, Mac OS X 和 Sun Solaris 上测试过。

　　物理抽象层在微控制器 InfineonC167 中实现, 只支持物理层等系列。

3.5.5　内存效率

　　黑板通信系统相当小。例如, C167 版本的大小约 30kb。这使得黑板通信系统很容易应用于嵌入式系统, 甚至对所谓的 smartdust 系统亦是如此。

3.5.6　代码示例

　　图 3.4 所示为一段伪代码, 描述了黑板插槽的状态类型处理。它包含一个非常简单, 但仍完整的比例 (P) 控制器, 控制无人机油门的伺服系统, 以保持理想高度 A0。在初始化过程中, 该程序规定, 状态变量 bb.gps 固定通过网络更新, 状态变量 bb.servo 只要可能, 就分发给所有需要它的网络节点。而后, 程序进入一个无限循环, 通过访问变量 bb.gps, 从黑板通信系统读取目前的高度。在计算发生的油门输出 thr 后, 该值被分配给黑板状态变量的相应组成部分。最后, 利用 bb_sync 操作初始化黑板状态的同步。

```
bb_auto_get(BB_gps);                // init to rece ive bb. gps...
bb_auto_put(BB_servo);              // ...and send bb. servo automatically...
LOOP                                // endless main loop:
  alt            := bb. gps. z;     // get altitude from blackboard
  err            := alt - A0;       // calculate error of altitude
  thr            := To - P*err;     // calculate P controller answer
  bb. servo. thr := thr;            // write answer to blackboard
  bb_sync();                        // trigger reception and propagation
END LOOP;
```

图 3.4　用户角度 – 状态数据处理可能的用户代码

图 3.5 显示了一段伪代码, 描述了黑板插槽流类型的处理。这是一个全功能的循环传播, 例如, 无人机串行端口接收到差分全球定位系统 (DGPS) 的流参考数据, 可利用这个流获取来自车载 GPS 接收机的更准确的位置信息。字节数组 buf 存放从串口读取的数据, 但尚未通过黑板发送。变量 len 总是包含目前缓冲区的字节数。bb_write 方法是这个例子的重点, 它返回可写入黑板 BB_gpsref 槽的字节数。

```
len    :=0;                                  // initially: buf is empty
LOOP                                         // endless main loop:
  len += read (f, buf+len, sizeof (buf)-len);// append data from file
                                             // descriptor to buf
  out := bb_write (BB_gpsref, buf, len);     // send as much data
                                             // as possible via BB
  len -=out;                                 // which makes buf more empty
  memmove (buf, buf+out, len);               // move remaining data
                                             // to start of  buf
bb_sync ();                                  // trigger propagation
END LOOP;
```

图 3.5   用户角度 – 流数据处理可能的用户代码

上述两个代码示例显示了从用户角度的应用, 其中省略了类似的简单安装代码。

3.6   真实情景

在 COMETS 项目领域的实验中, 不同的合作者 (LAAS, GMV, HE-LIV, AICIA, TUB) 间必须使用一种本地通信装置进行通信。下面将给出 COMETS 项目的一个真实装置的介绍, 包括网络拓扑结构、传输手段和信息流。

3.6.1   COMETS 项目中的网络拓扑

在黑板通信系统中, 一个网络节点能够在无需用户干预的情况下实现中继通信, 只要使网络节点知道插槽已放好即可。COMETS 项目的此项功能被用来协调网络拓扑以及合作者间的通信带宽分配。

引入了网络中继节点 (NRN)。网络中继节点的设计方式是使每一个合作伙伴可以使用公共源代码。为达到这一目标, 公共的网络中继节点必须清楚任何合作者间所使用的黑板通信系统插槽。这种设计方式下, 网络中继节点能够中继 COMETS 网络中所有合作者间的通信。此外, 每位合作者可以很容易访问信息,其已被其他合作者补充过,而无需做双边设置。

由于每个合作者对网络中继节点隐藏了所有内部节点 (即图 3.6 中的合作者 TUB),因此只需定义最多 10 个通道就可实现与 5 个合作者间的全面互联网络,如图 3.6 所示。

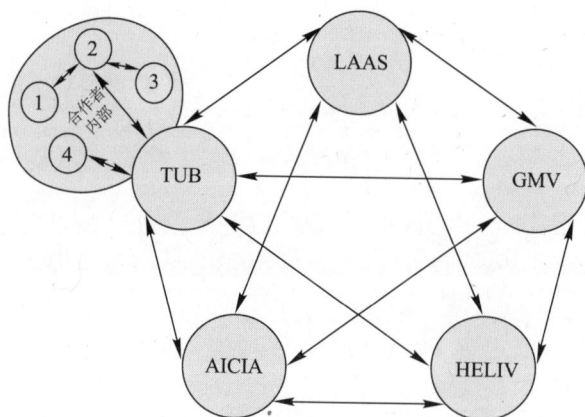

图 3.6 使用网络中继节点的 COMETS 黑板通信系统网络拓扑

内部节点设置可被任一合作者单独完成,只要每个合作者使用分配的唯一插槽 ID 空间就行。这些内部网络当然也包括到无人机的链接。

网络中继节点的拓扑结构可通过一个完全转换的以太设置来完成匹配 (图 3.7)。由于所有正进行的通信通过网络中继节点来实现流量连接,只要选定合理的带宽,实时控制就可以得到保证。实验中,最多的数据传

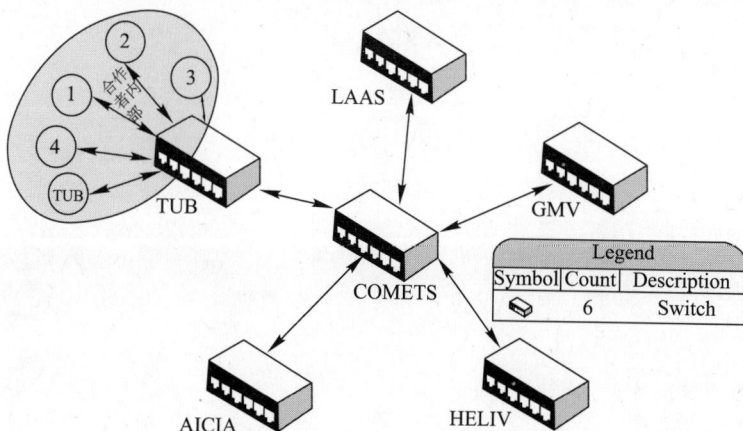

图 3.7 单位实验中转换速度 100MB/s 的 COMETS 以太网网络拓扑

输是图像数据，需要 400KB/s。因此，在网络中继节点间使用 600KB/s 的带宽就足够。对于充分转换 100MB/s 以太网的设置，每个节点的累积带宽 4800KB/s 是容易处理的。这是因为由于流量的整合和转换，网络中继节点的以太网通信流量几乎无冲突。

3.6.2　传输和物理层

在开发之初，TCP 协议用来建立所有以太网链接。后来，事实证明，使用 UDP 协议对于 COMETS 项目和黑板通信系统是一个更有意义的解决方案。使用 TCP 协议有以下几个缺点：

—— TCP 协议使用服务器/客户端架构，因此就有必要决定节点是 TCP 服务器还是客户端。而在黑板通信系统中每个节点是平等的，因此这是一个无用的区分。

—— 当一个链接友元连接丢失，TCP 要求用户代码响应，在连接的双方间重建联系。这与透明、自动路由的想法相违背。

—— TCP 是一个可靠的协议，它使用了错误检查和流量控制。而在与黑板通信系统的连接中这是一个障碍。因为黑板通信系统可以利用自身的机制管理这一切。此外，因为旧数据传输错误，而延迟新数据，TCP 妨碍了不安全插槽的实时思想。

—— 众所周知，TCP 不宜用于无线以太网。流量控制经常在公共 TCP 协议栈中实施，无法有效适应这种链接。

另一方面，UDP 不可靠，没有流量控制，它可以被配置以忽略链接友元的丢失，因此它与黑板通信系统完美匹配。因此，COMETS 项目中只利用 UDP 作为以太网的连接类型，此外 COMETS 项目中也使用到了串行链接。

3.6.3　信息流

图 3.8 所示为一种典型的已有友元内部网络的信息流示例。每一块都是单一的黑板通信系统网络节点，有大量使用保留插槽 ID 的通信在网络上进行。使用网络中继节点完成一些本地数据记录和系统其余部分的通信。

图 3.9 所示为 COMETS 项目任务执行过程中的一种典型的信息流状态，图中只显示了友元间利用网络中继节点传输的信息流。每个圈代表黑板通信系统网络中的信息源或流，但不一定是一个实际的网络节点。

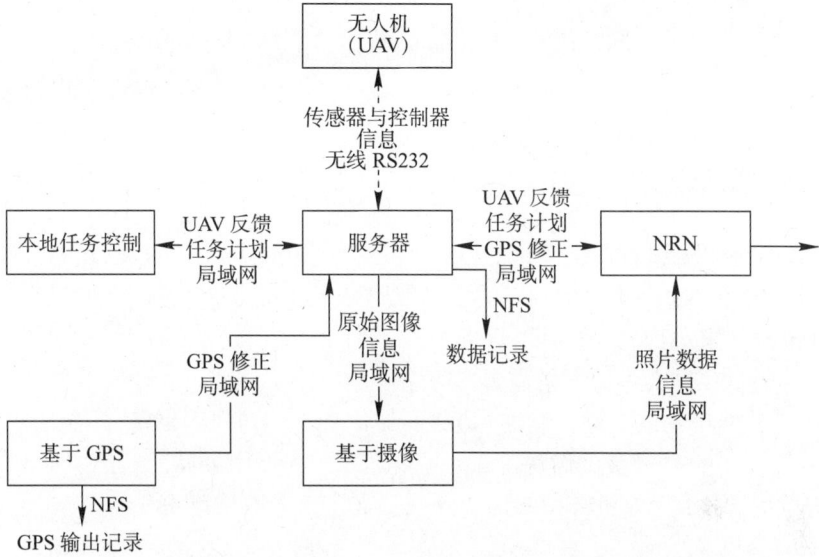

图 3.8　网络中继节点背后黑板通信系统内部的伙伴友元范例

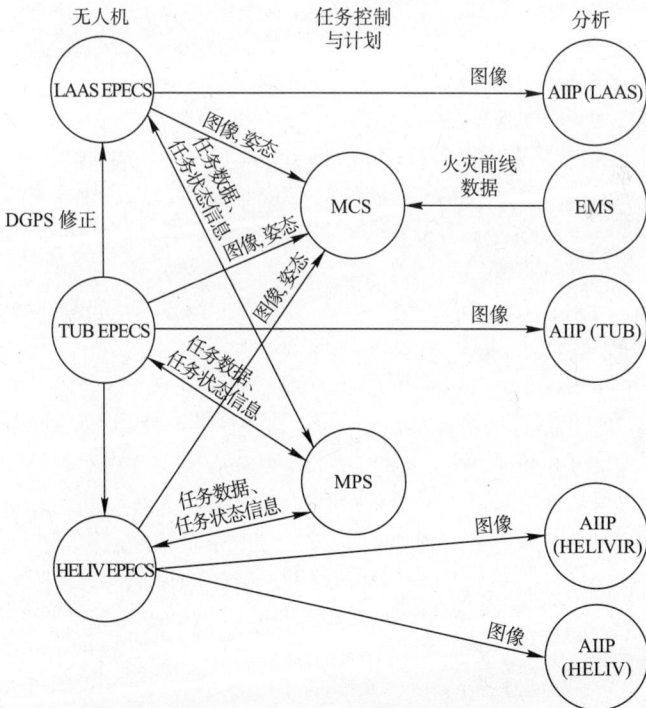

图 3.9　友元和网络中继节点间网络的信息传送

左侧代表无人机, 中间为中央控制和全系统规划, 右侧为收集数据的分析和反馈。

3.7 结论

COMETS 项目通信系统的设计、实施和测试包含了一些已知和全新的设计思想。这一领域所完成的大多数研究工作都存在差异, 它们经常是按脑海中实际的观点进行设计, 并包括一个可行系统从最高到最低水平所需的一切, 它是很多种通信需求的完整解决方案。

黑板通信系统为微控制器、进程间通信和工作站应用程序的单一序列连接提供了一种完美的解决方案。实际证明, 它工作可靠, 适用于所有情况。同时, 用于无人机群中的任务评判功能中也是有效的。

参考文献

[1] S. Bhattacharya, G. Elsesser, Wei-Tek Tsai, and Ding-Zhu Du. Mnlticasting in generalized multistage interconnection networks. *J. Parallel Distrib. Comput.*, 22(1):80–95, 1994.

[2] P. T. Eugster, P. A. Felber, R. Guerraoui, and A. Kermarrec. The many faces of publish/subscribe. *ACM Computing Surveys*, 35:114–131, 7 2003.

[3] J. Jubin and J.D. Tornow. The DARPA packet radio network protocols. *Proceedings of the IEEE*, 75(1):21 32, 1 1987.

[4] F. Pefia-Mora, R. Aldunate, and M. Nussbaum. Availability analysis of an ad-hoc DSMS for disaster relief environments. In *SCCC'02: Proceedings of the XII International Conference of the Chilean Computer Science Society (SCCC'02)*, page 59, Washington, DC, USA, 2002. IEEE Computer Society.

[5] Andrew S. Tanenbaum. *Computer Networks, Third Edition*. Prentice Hall, Upper Saddle River, New Jersey, 1996.

[6] J. S. Turner. New directions in communications (or which way to the information age?). *IEEE Communications Magazine*, 40(5):50–57, May 2002.

[7] D. Tutsch. *Performance Analysis of Network Architectures*, page 55. Springer, 2006.

[8] H. Zimmermann. OSI reference model - the ISO model of architecture for open systems interconnection. *IEEE Transactions on Communications*, 28:425–432, 4 1980.

第 4 章

多无人机协同探测技术

摘要: 本章主要讲述多无人机协同环境探测。首先, 分析了多无人机协同探测技术中的概率论方法。随后, 描述了多无人机探测、定位和跟踪问题, 并介绍了其中的局部图像处理技术。最后, 对基于信息滤波和网格图像重现的两个实例进行了介绍。

4.1 引言

许多诸如自然或人为的灾难、搜救、刑侦、行政区域划分、交通监管、检查、摄像等应用都需要健全灵活的探测系统[31]。这些探测系统大都使用无人机搭载传感器, 用来探测环境、估计事件状态或者无人机自身状态。

对于编队的无人机, 其探测精度要高于单无人机探测的精度。这是由于编队的无人机相互之间能够实现探测信息共享, 进而提高对目标的探测精度。因此, 无人机协同探测可以定义为多个用于环境探测与估计的无人机通过相互之间的信息共享和动态协同动作实现共同探测。

本章主要考虑的是异构无人机之间的协同探测, 如图 4.1 所示。虽然异构无人机探测增加了问题的复杂性, 但是异构无人机协同探测能够利用其不同无人机平台运动状态的不同实现互补, 并通过不同的传感器实现探测功能的多样化。在许多需要多个传感器进行探测的应用中, 由于单个无人机载荷有限, 显然需要多无人机的协同探测。

在这些应用中, 装备不同类型传感器的无人机之间通常认为是基于探测级之间的协同。

图 4.1 使用 3 架无人机进行火焰探测实验的不同时刻

4.1.1 主要概念

在多无人机协同探测中，通常有以下几个概念。

1. 知识表示法和信息融合

无人机将利用自身的传感器更新知识。这些知识的组织构架通常是自下而上进行知识挖掘的。例如，从初始的传感器数据录取、无人机自身位置以及周边障碍物位置或速度的估计到某一物体的形状、外形或者特定事物特征的估计。

如果无人机之间能够通信，那么，通过和接收到的其他无人机探测信息进行信息融合可提高本地信息表达的准确度，因此协同探测的核心是信息融合。

信息融合需要将接收到的信息格式转换为本地格式。然而信息融合结构通常都会影响到本地的信息表达格式，从而造成信息表达格式不尽相同。同样由此也衍生出对于同一地区的两个探测器的数据关联问题。

融合准则将会改善探测精度，但是需要注意的是在分布式结构数据融合中的虚假数据问题。这个问题在多无人机探测中出现将会导致过于乐观的估计。

2. 协同

对变化的环境，无人机通过探测对其进行估计，甚至在其有自主权时改变方案以应对多变的环境。这些探测动作包括改善环境探测表达精度的信息收集任务，如探测未知区域、移动至更好的观测点等。此外，无人机能够调整自身动作，甚至相互间进行协同。在这种情况下，从感知的角度来看编队中特定的无人机动作后所获取的信息应是定制的。

4.1.2 方法概述

在知识表达法中应用的主要框架理论为统计理论。通常认为采用统计理论的系统不确定推理能力要比不采用统计理论的强[46]。因此其数据融合算法能够处理随机数据，并能够从随机数据中获取有用信息。在过去的十年间，无人机专家广泛采用基于统计理论的相关算法解决不确定推理问题。在统计推断与估计理论中，现时信息表示格式为：每一个可能的取值赋予其相应的状态估计概率值，称为置信状态值。

对多无人机探测系统，首先需要确定其是分布式信息融合结构还是集中式信息融合结构，或者是混合式信息融合结构。当然，采用何种信息融合结构需要考虑其物理通信层的可用性、无人机自身的数据处理能力、完成任务的简便性、被探测信息的结构、无人机个体是否被赋予了自主权等因素。

一般来说，集中式融合结构能够提供较为优化的算法，但是其无人机的数量规模受到限制。因此，多无人机探测系统的信息融合结构一般采用分布式结构，其中每一个无人机通过状态可信值对探测环境进行重现或部分重现。然后通过相互之间分享可信状态信息来提高其对环境的重现能力。为方便对其行动进行规划或重新规划，无人机操作员进行可视化操作等，所有信息都会传回信息处理中心，但是分布式结构不需要中心节点。

本章的结构层次如下：首先是统计理论的概述，然后是统计理论在协同探测、定位、跟踪 (主要传感器为摄像机) 技术中的应用，其次对其中的局部处理技术进行介绍。最后介绍两个实例，第一个是基于信息融合技术的多无人机协同探测，第二个是基于栅格信息融合技术的异类传感器多无人机协同探测。

探测系统 (更为详细的软件系统描述请查阅文献 [25]，以及第 2 章介绍的决策结构，使得我们能够对感兴趣的事物进行探测、确认和定位。这在许多因森林火灾造成了灾难性的社会、经济、环境冲击的国家将是十分值得信赖的技术。

4.1.3 相关工作

在多无人机系统中，其中重要的研究内容是无人机协调的体系框架发展。第 2 章对其中几种进行了概述。通常，这些体系框架设计重点是其任务规划、分配，无人机协调、计划、控制以及冲突解决机制等。

尽管一群无人机呼叫同伴只有很少或者没有交流[24,4]，但是，总的来说，以前的多无人机系统构架还是需要相互之间进行行动、计划、任务的通信，这就是相互之间的信息共享。然而信息共享问题及其可能对无人机之间协调存在的影响在大多数方法中并没有对其有明确的分析和解决。

当然，在地图制作的任务[39,38,15,5]中也应用分布式或协同探测技术。更近一些的应用有多无人机协同绘图和定位 (Concurrent Mapping and Localization, CML)[11,47]。

其他的应用包括多无人机监视。举例来说，CyberScout 工程[35]就是正在发展的多无人机组网侦察和监视操作应用。如文献 [33,34] 所述，其多无人机目标跟踪也被认为是多无人机系统。最近，Howard 在文献 [19] 中记叙了使用 DARPA 软件对将近 80 个异类分布式自主无人机的室内实验结果进行了描述。地图制作、SLAM 以及来袭目标协同探测也被认为是多无人机系统。在机器人足球世界杯的环境下，协同探测能力在文献 [43,52,36] 中也有介绍。

许多应用都是采用不同的算法对多源数据进行关联。不同的方法主要区别在于它们如何对信息进行重现，数据是如何交换的，以及网络拓扑结构是集中式还是分布式。在文献 [28,33] 中对分布式信息融合采用了统计推断与估计理论方法。

以前所做的研究工作大部分都是基于有边界条件的环境中。对于无边界条件的环境，开展的研究工作要少。而且，多无人机协同探测技术研究要比地面机器人编队探测研究要少得多。

在 BEAR 工程中[50]，突防与反突防博弈系统中就包含了许多无人机 (UAV) 和无人地面车辆 (UGV)，通过多无人机对障碍物和偷袭者位置的估计决定拦阻策略。其中数据处理结构就是根据统计理论进行设计实现的[51]，该工程的数据融合和决策支持都是在中心节点进行。

这里要描述的最近的研究工作是文献 [45] 给出的 ANSER 项目框架。在该项目中，设计实现了多机器人数据融合结构，并在多无人机 SLAM 中得以应用。文中采用卡尔曼滤波器得到了其状态估计量。每一个无人机通过接收到的信息更新其状态估计量和本地地图。通过对地图信息 (一系列离散的定位标注点) 进行滤波后，传送给其他的无人机。在这项研究中，为获取幅值变化和方位角测量值，采用了人工标志已知大小的标注点。尽管如此，仍可将其归类为分布式数据融合。

在同类传感器系统中，文献 [17] 描述了在协同定位中很重要的通过协调传感器平台位置使得信息获取最大化的相关技术方法，也描述了通过卡尔曼滤波器或信息滤波器得到的相关信息。

同样的环境采用粒子滤波算法进行的研究在文献 [32] 进行了介绍。

在文献 [53], 作者论述了基于证据推理的多无人机地图绘制方法。其主要目的是采用多无人机在某一地区为潜在的目标建立确定的定位栅格信息。不过文章中仅仅给出的仿真结果, 但给出的对于该问题贝叶斯方法和证据推理方法的比较很有新意。作者给出的基于 D-S 推理方法在传感器测量精度较低时能给出一个较好的结果。同时, 文章分析了基于贝叶斯推理和证据推理的协同路径规划问题。然而, 文中算法仅仅提供了纯集中式数据融合, 对分布式证据推理没有提及。

在文献 [7] 中, 开发出了采用短航程低空无人机协同监测以及跟踪森林火灾的多无人机协同探测系统。该文采用六自由度动态无人机模型和森林火灾数值传播模型进行了仿真。

4.2 协同探测中的概率算法

如前所述, 多无人机探测系统将采用概率理论来表示其现在时刻获取的信息。环境和多无人机通过其状态来描述, 即用给定时刻 t 的系统状态变量 $\boldsymbol{x}_t$ 表示。协同探测系统的目的是通过不同多无人机在时刻 t 的测量数据 $\boldsymbol{z}^t$ 获得现在时刻系统的状态估计量。在概率模型中, 现在时刻的状态量定义为置信状态量, 定义为

$$\mathrm{bel}(\boldsymbol{x}_t) = p(\boldsymbol{x}_t|\boldsymbol{z}^t) \tag{4.1}$$

这里给出的是时刻的所有测量数据 $\boldsymbol{z}^t$ 的条件概率密度。依据可能的观测点, 测得的观测值的概率分布, 将其定义为观测值的后验概率密度分布。通过概率密度分布给出了无人机通过机载传感器收集到的并参与计算的所有信息。

统计状态估计的主要工具是贝叶斯推理[42,46]。

贝叶斯推理允许将所有的观测值使用系统状态量的先验信息来获取置信状态量的估计值。基于一定的假设, 贝叶斯滤波器可采用递推格式表示。贝叶斯递归格式的方程组[42] 如下:

$$p\left(\boldsymbol{x}_t|\boldsymbol{z}^t\right) = \overbrace{\eta^{-1}p\left(\boldsymbol{z}_t|\boldsymbol{x}_t\right)}^{\text{更新}}\underbrace{\int_{\boldsymbol{x}_{t-1}} p\left(\boldsymbol{x}_t|\boldsymbol{x}_{t-1}\right)p\left(\boldsymbol{x}_t|\boldsymbol{z}^{t-1}\right)\mathrm{d}\boldsymbol{x}_{t-1}}_{\text{预测}} \tag{4.2}$$

$$\eta = p\left(\boldsymbol{z}_t | \boldsymbol{z}^{t-1}\right) = \int_{\boldsymbol{x}_t} p\left(\boldsymbol{z}_t | \boldsymbol{x}_t\right) \int_{\boldsymbol{x}_{t-1}} p\left(\boldsymbol{x}_t | \boldsymbol{x}_{t-1}\right) p\left(\boldsymbol{x}_t | \boldsymbol{z}^{t-1}\right) \mathrm{d}\boldsymbol{x}_{t-1} \mathrm{d}\boldsymbol{x}_t \tag{4.3}$$

式 (4.2) 通常分为预测和更新两步。预测通常会使得系统状态量 $\boldsymbol{x}$ 变得更加不确定; 同时利用新的量测值序列, 而更新在随后的新测量中缩小其不确定的范围。

在前面的表达式中, 其核心为条件分布中的过渡模型 $p\left(\boldsymbol{x}_t | \boldsymbol{x}_{t-1}\right)$、测量模型 $p\left(\boldsymbol{z}_t | \boldsymbol{x}_t\right)$ 以及随机变量中依赖其条件的变量。

采用同样的假设, 从贝叶斯滤波中可以得到全状态轨迹 $p\left(\boldsymbol{x}^t | \boldsymbol{z}^t\right)$ [42] 的递推估计函数:

$$p\left(\boldsymbol{x}^t | \boldsymbol{z}^t\right) = \eta p\left(\boldsymbol{z}_t | \boldsymbol{x}_t\right) p\left(\boldsymbol{x}_t | \boldsymbol{x}_{t-1}\right) p\left(\boldsymbol{x}^{t-1} | \boldsymbol{z}^{t-1}\right) \tag{4.4}$$

代入先验信息 $p\left(\boldsymbol{x}_0\right)$, 则该方程的简化表达式为

$$p\left(\boldsymbol{x}^t | \boldsymbol{z}^t\right) = \eta' p\left(\boldsymbol{x}_0\right) \prod_{\tau=1}^{\tau=t} p\left(\boldsymbol{z}_\tau | \boldsymbol{x}_\tau\right) p\left(\boldsymbol{x}_\tau | \boldsymbol{x}_{\tau-1}\right) \tag{4.5}$$

4.2.1　多无人机探测

在多无人机协同探测中, 首要目标是利用所有的无人机测得的数据对系统状态量 $\boldsymbol{x}_t$ 进行估计。

基于通信决策以及通信信息与本地信息融合处理的考虑, 首先需要分析在系统的任一节点上所有信息中必然发生的事件。这些事件可以认为是中心节点任意时刻都能接收到的已知理想条件。

所有无人机传感器的测量值 $\{\boldsymbol{z}_{j,t}, j = 1, \cdots, M_t\}$ 构成测量集 $\boldsymbol{z}_t$。当前时刻测量值矩阵为 $\boldsymbol{z}_t^m = \left[\boldsymbol{z}_{1,t}^{\mathrm{T}}, \cdots, \boldsymbol{z}_{M_t,t}^{\mathrm{T}}\right]^{\mathrm{T}}$。则系统中心节点置信状态估计量为

$$\mathrm{bel}_m\left(\boldsymbol{x}_t\right) = p\left(\boldsymbol{x}_t | \boldsymbol{z}^{m,t}\right) = \eta p\left(\boldsymbol{z}_t^m | \boldsymbol{x}_t\right) \int p\left(\boldsymbol{x}_t | \boldsymbol{x}_{t-1}\right) p\left(\boldsymbol{x}_{t-1} | \boldsymbol{z}^{m,t-1}\right) \mathrm{d}\boldsymbol{x}_{t-1} \tag{4.6}$$

假设不同无人机在任意时刻 t 采集的数据 $\boldsymbol{x}_t$ 是有条件相互独立的, 则式 (4.6) 为

$$\mathrm{bel}_m\left(\boldsymbol{x}_t\right) = \eta \prod_{j=1}^{M_t} p\left(\boldsymbol{z}_{j,t} | \boldsymbol{x}_t\right) \int p\left(\boldsymbol{x}_t | \boldsymbol{x}_{t-1}\right) p\left(\boldsymbol{x}_{t-1} | \boldsymbol{z}^{m,t-1}\right) \mathrm{d}\boldsymbol{x}_{t-1} \tag{4.7}$$

出于数据融合的目的, 对于每个无人机的似然函数 $p\left(z_{j,t}|x_t\right)$ 的求解显得很重要。同样, 在多无人机条件下, 式 (4.5) 可改写为

$$\mathrm{bel}_m\left(x^t\right) = p\left(x^t|z^{m,t}\right) = \eta' p\left(x_0\right) \prod_{\tau=1}^{\tau=t} \left[\prod_{j=1}^{M(\tau)} p\left(z_{j,\tau}|x_\tau\right)\right] p\left(x_\tau|x_{\tau-1}\right) \quad (4.8)$$

依据式 (4.7) 与式 (4.8) 对协同探测进行计算是协同探测算法的理想目标, 但是该公式没有考虑系统状态变量, 如特殊的状态分布等。

4.2.2　半分布式可信状态估计

通常由于通信带宽、通信范围的限制, 所有数据都发送到中心节点进行处理的模式都将会产生时延。另一方面, 如果无人机能够自行决策, 则其获取的本地置信估计将用于决策层的任务规划以及其他方面。因此, 为取代原始数据的通信, 可以通过某种联合算法将这些本地估计以高层次的置信状态估计量进行融合。

在全分布式模型中, 所有的无人机都会与相邻的无人机之间共享其置信估计。然后, 为提高本地探测器对环境的估计能力, 将接收到的信息进行本地融合。其中的主要问题是, 通过联合置信状态估计得到最终置信状态能否接近 (理想条件下相同) 通过式 (4.7)、式 (4.8) 采用集中式融合得到的全局置信状态估计。

在讨论完全分布式信息融合之前, 本节先分析第一种方法, 如图 4.2 所示。这种方法定义为半分布式融合算法。图中, 无人机 i 获取其本地置

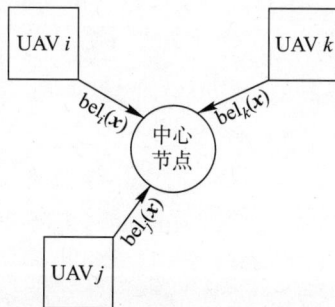

图 4.2　半分布式协同探测结构图

信状态估计 $\mathrm{bel}_i\left(\boldsymbol{x}_t\right)$:

$$\mathrm{bel}_i\left(\boldsymbol{x}_t\right) = p\left(\boldsymbol{x}_t|\boldsymbol{z}_i^t\right) = \eta_i p\left(\boldsymbol{z}_{i,t}|\boldsymbol{x}_t\right) \int p\left(\boldsymbol{x}_t|\boldsymbol{x}_{t-1}\right) p\left(\boldsymbol{x}_{t-1}|\boldsymbol{z}_i^{t-1}\right) \mathrm{d}\boldsymbol{x}_{t-1}$$
(4.9)

式中: $\eta_i^{-1} = p\left(\boldsymbol{z}_{i,t}|\boldsymbol{z}_i^{t-1}\right)$。

然后, 每个无人机将其置信状态量发送到联合所有本地置信状态的中心处理节点。

1. 静态情形

如果状态变量是静态量, 则在时刻 t 利用所有测量数据得到的置信状态估计为

$$\mathrm{bel}_m\left(\boldsymbol{x}_t\right) = \eta_m p\left(\boldsymbol{x}\right) \prod_{\tau=1}^{\tau=t} p\left(\boldsymbol{z}_\tau^m|\boldsymbol{x}\right)$$
(4.10)

为了表示其静态情形, 时间变量没有进行标志。$\mathrm{bel}\left(\boldsymbol{x}_t\right)$ 表示在时刻 t 收集并联合判决后得到的置信状态量。同样, 对于无人机 i:

$$\mathrm{bel}_i\left(\boldsymbol{x}_t\right) = \eta_i p_i\left(\boldsymbol{x}\right) \prod_{\tau=1}^{\tau=t} p\left(\boldsymbol{z}_{i,\tau}^m|\boldsymbol{x}\right)$$
(4.11)

如有 M 个无人机, 则 $p\left(\boldsymbol{z}_t^m|\boldsymbol{x}\right) = \prod_{i=1}^{M} p\left(\boldsymbol{z}_{i,t}|\boldsymbol{x}\right)$。假设所有先验置信量 $p\left(\boldsymbol{x}\right)$ 相同:

$$\mathrm{bel}_m\left(\boldsymbol{x}_t\right) = \eta p\left(\boldsymbol{x}\right) \prod_{i=1}^{M} \frac{\mathrm{bel}_i\left(\boldsymbol{x}_t\right)}{p\left(\boldsymbol{x}\right)}$$
(4.12)

这个方程组给出了为获得全局量的基本联合判决准则。也就是说, 在滤掉所有无人机相同的先验信息 $p\left(\boldsymbol{x}\right)$ 后, 中心节点直接将接收到的置信状态进行联合。另一种简化表述先验信息的方式为递推格式, 即

$$\mathrm{bel}_m\left(\boldsymbol{x}_t\right) = \eta_m p\left(\boldsymbol{z}_t^m|\boldsymbol{x}\right) \mathrm{bel}_m\left(\boldsymbol{x}_{t-1}\right)$$
(4.13)

$$\mathrm{bel}_i\left(\boldsymbol{x}_t\right) = \eta_i p\left(\boldsymbol{z}_{i,t}|\boldsymbol{x}\right) \mathrm{bel}_i\left(\boldsymbol{x}_{t-1}\right)$$
(4.14)

则

$$\mathrm{bel}_m\left(\boldsymbol{x}_t\right) = \eta \mathrm{bel}_m\left(\boldsymbol{x}_{t-1}\right) \prod_{i=1}^{M} \frac{\mathrm{bel}_i\left(\boldsymbol{x}_t\right)}{\mathrm{bel}_i\left(\boldsymbol{x}_{t-1}\right)}$$
(4.15)

其对数形式为

$$\mathrm{bel}_m\left(\boldsymbol{x}_t\right) = \log \eta + \mathrm{bel}_m\left(\boldsymbol{x}_{t-1}\right) + \sum_{i=1}^{M} \left[\mathrm{bel}_i\left(\boldsymbol{x}_t\right) - \mathrm{bel}_i\left(\boldsymbol{x}_{t-1}\right)\right]$$
(4.16)

因此中心节点所需要做的是将组队无人机传回的增加的证据以对数形式加入运行的整体中去。尽管并没有什么特殊的形式或者表示的假设，但是作为静态情形其令人感兴趣的特性是置信状态量的通信信息量是不变的，而且无人机之间通信信息量并不取决于无人机的总量多少[33]。最后，最为重要的特性是在这种情形中，置信状态可以是异步的，可时延的。例如，在中心节点接受的机器人信息中，前面公式中的 $t-1$ 量可以用当前接收量代替。

所以，在静态情形中每个无人机可以累积判据并在便利的条件下进行信息交互，这样就避免了不必要的存储消耗。

2. 动态环境

如文献 [33] 所述，为了重构理想的全局置信状态估计，在动态情形中时刻 t 置信状态估计量 $\mathrm{bel}(\boldsymbol{x}_t)$ 用全状态轨迹量 $\mathrm{bel}(\boldsymbol{x}^t)$ 作替代。

机器人 i 的全轨迹置信状态量为

$$\mathrm{bel}_i\left(\boldsymbol{x}^t\right) = p\left(\boldsymbol{x}_t|\boldsymbol{z}_i^t\right) = \eta' p\left(\boldsymbol{x}_0\right) \prod_{\tau=1}^{\tau=t} p\left(\boldsymbol{z}_{j,\tau}|\boldsymbol{x}_\tau\right) p\left(\boldsymbol{x}_\tau|\boldsymbol{x}_{\tau-1}\right) \tag{4.17}$$

参考式 (4.8) 的格式，有

$$\mathrm{bel}_m\left(\boldsymbol{x}^t\right) = \eta p\left(\boldsymbol{x}_0^t\right) \prod_{i=1}^{M} \frac{\mathrm{bel}_i\left(\boldsymbol{x}^t\right)}{p(\boldsymbol{x}_0^t)} \tag{4.18}$$

式中: $p\left(\boldsymbol{x}_0^t\right) = p\left(\boldsymbol{x}_0\right) \prod_{\tau=1}^{\tau=t} p\left(\boldsymbol{x}_\tau|\boldsymbol{x}_{\tau-1}\right)$。

因此，如果每一个无人机都将其置信状态通过状态轨迹发送出去，则其融合得到的全局状态估计量和集中式得到的全局状态估计量相同。此外，在静态情形中置信状态可以异步接收。因此，每一个无人机可以累积证据，并在任何可能的情形下将其发送给中心节点。但是，这种情形的问题是状态量将随时间增加而增加，因此相应的通信量将增加。然而对于普通的无人机操作，只有时间节点上的状态轨迹是必需的。在任何情况下，根据所需的置信状态量及其规模，可以将所需信息规模压缩在一定的规模内。

4.2.3 分布式协同探测

在全分布式框架中，没有中心节点融合由多无人机得到的置信状态。在分布式体系中，没有无人机知道全局网络拓扑，并且没有全局通信工具，这表明，不能确保一个无人机发送的信息能够抵达同组的其他所有的无人机那里[16]。在任意时刻, 每一个无人机都将可以和无人机集合的子集进行通信和共享信息。

这是可以应用前面方程所表述的环境。如果可信的网络拓扑结构是如图 4.3 所示的树, 即如果在任意一对接收点和发送点有仅只有一条可达路径, 则中心节点滤波式 (4.12) 与式 (4.18) 可以应用于任意接收到相邻无人机信息的状态估计[49], 并更新自身的置信状态估计。该方法唯一需要注意的地方是避免直接相连的两个机器人相互之间多次重复计算相同信息, 如图 4.3 中无人机 p 和 q。然而, 该问题能够在本地滤波器解决, 并不需要网络中其他的信息。无人机只需将其传送给相邻无人机的信息在对接收到的信息进行融合时剔除即可。

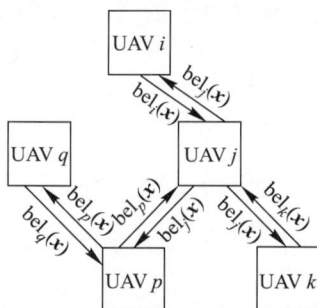

图 4.3 多无人机构成的树形网络

然而没有更进一步的假设, 同样的体系构架不能应用于普通的拓扑结构中, 如图 4.4 所示相连的体系构架。在体系构架中, 相同的无人机与其他无人机都有多条联通的路径, 则存在将相同信息重复融合多次的问题。因此判决融合时必须考虑其共有信息[16,22,45], 否则将导致过于乐观的状态估计。

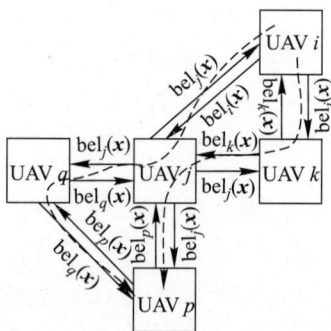

图 4.4 当相同信息包含了几次后, 多路径将导致重复估计

如果没有置信状态分布、分布的具体描述以及其他的一些假设, 对于仅仅考虑本地信息的任意网络拓扑结构的公有信息的确定并没有通用的解决办法[49]。其中可以通过强制树形网路拓扑结构加以解决。然而多无人机问题, 其组网的网络拓扑结构是动态的, 需要随着时间时刻保证其树形网络拓扑结构。而且, 如果强制保证了多无人机的树形网路结构, 如图 4.5 所示, 就丢失了其无人机在不同的无人机子集中充当数据传送点的特性。当连接在其中一个子集时, 无人机通过从该子集中接收信息来更新其置信状态估计。当该无人机连接下一个子集时, 第二个子集的无人机将通过该移动的无人机间接的获得其中无人机子集中置信状态量并进行信息融合。

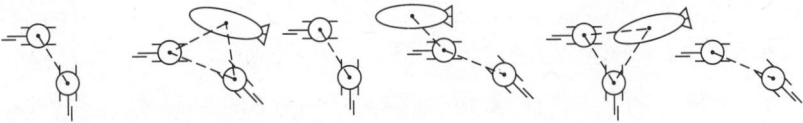

图 4.5   通常情况, 网络拓扑结构随时间变化而变化

通过前面章节的介绍, 描述了协同探测信息融合的基本问题。其融合算法的发展, 即便是在集中式信息融合中, 依赖于具体问题置信状态量的设定。

4.2.4   协同探测路径规划

前面的章节介绍了分布式信息融合的主要问题, 协同探测最后一个重要内容就是路径规划问题。通过路径规划, 可以提高系统的探测能力。路径规划的目的是通过规划无人机的行为集 $\boldsymbol{u}^m$, 增加某些探测量, 改善当前环境估计。

在不确定的环境中决定无人机的行为一般采用决策理论及技术。在前面的贝叶斯滤波公式中, 代入无人机行为参数 $\boldsymbol{u}^m$, 则贝叶斯公式为

$$\mathrm{bel}_m\left(\boldsymbol{x}_t\right) = \eta \prod_{j=1}^{M_t} p\left(\boldsymbol{z}_{j,t}|\boldsymbol{x}_t\right) \int p\left(\boldsymbol{x}_t|\boldsymbol{x}_{t-1}, \boldsymbol{u}_t^m\right) p\left(\boldsymbol{x}_{t-1}|\boldsymbol{z}^{m,t-1}, \boldsymbol{u}^{m,t-1}\right) \mathrm{d}\boldsymbol{x}_{t-1}$$

$$(4.19)$$

其主要目的是通过当前环境信息 (置信状态) 以及机器人采取某些行为后可能的结果来选择无人机的行动。行动有效性的评价函数为惩罚或者奖励函数 $R\left(\boldsymbol{x}\right), \Re^n \to \Re$。惩罚函数值包含其在某一特定环境下采取行动的成本和收益。其目的是寻求优化的策略函数 $\pi\left(\boldsymbol{x}\right) \to \boldsymbol{u}$, 即决定当环境

参数为 $\boldsymbol{x}$ 所采取的行动 $\boldsymbol{u}$。决策应当获得最大的累积惩罚值 (期望效益):

$$\pi^* = \arg\max_\pi E\left[\sum_{t=0}^{T} \gamma^t R\left(\boldsymbol{x}_t\right) | \pi\right] \tag{4.20}$$

其中, 期望和值为从时刻 0 到时刻 T (T 为决策点) 的奖励值, $\gamma \in [0, 1]$ 为调节因子。

如果环境完全可观测 (即在任意时刻系统状态方程已知), 但决策行为效果是不确定的, 则该问题称为 "马尔可夫决策过程" (Markov Decision Processes, MDP)[34]。更一般的情况是环境不可观测, 则问题称为 "不完全可观测马尔可夫决策过程" (Partially Observable Markov Decision Processes, POMDP)[40]。

选择合适的惩罚函数, POMDP 能够应用于探测路径规划; 在这种情形下, 惩罚函数通常为了减小置信状态量的维数设定了过高的函数值, 这就意味着需要提供更多的置信状态探测量。然而由于未知因素过多, POMDP 的框架结构通常并不可行。这个问题在多无人机协同探测问题上通过计算机器人行为集 $\boldsymbol{u}^m$ 给出的全局置信状态 $\mathrm{bel}_m(\boldsymbol{x})$ 决定优化的策略时显得更为突出。

对于协同探测路径规划问题的另一种解决方案是在执行某一信息收集任务时定义信息获取量的评价标准。有几种不同的计量方法可以应用。例如: 对于单一分布模型, 协方差值可以给出信息获取量的一个计量标准, 协方差越大, 系统状态就越不确定。另外一种更为普遍的计量标准是概率分布的熵值。概率分布 $p(x)$ 的熵 $H(p)$ 定义为信息的期望值 $-\log[p(x)]$。置信状态量的熵值为

$$H(t) = E\left[-\log \mathrm{bel}\left(\boldsymbol{x}_t\right)\right] = -\int \mathrm{bel}\left(\boldsymbol{x}_t\right) \log \mathrm{bel}\left(\boldsymbol{x}_t\right) \mathrm{d}\boldsymbol{x}_t \tag{4.21}$$

在采取行动 $\boldsymbol{u}_{t+1}$ 后信息获取量定义为熵值的变化量。执行该步动作后, 通过测量值 $\boldsymbol{z}_{t+1}$ 得到新的置信状态量 $\mathrm{bel}(\boldsymbol{x}_{t+1})$ 以及新的熵值 $H(\boldsymbol{u}_{t+1}, \boldsymbol{z}_{t+1})$。然而上式仅仅考虑了行动 $\boldsymbol{u}_{t+1}$。因此考虑所有可能测量值的熵, 计算熵的期望值为 $H(\boldsymbol{u}_{t+1}) = E_{\boldsymbol{z}_{t+1}}[H(\boldsymbol{u}_{t+1}, \boldsymbol{z}_{t+1})]$。则, 行动 $\boldsymbol{u}_{t+1}$ 的信息获取量计量定义如下:

$$I\left(\boldsymbol{u}_{t+1}\right) = H(t) - E_{\boldsymbol{z}_{t+1}}\left[H\left(\boldsymbol{u}_{t+1}, \boldsymbol{z}_{t+1}\right)\right] \tag{4.22}$$

该公式建立了行为偏好函数。为达到协同探测的目的, 能够同时最大化信息获取量和最小化行动代价的行动将被用于协同探测路径规划序列中。

在第 2 章介绍的多无人机协同决策框架考虑了协调信息收集任务, 如协同探测判决和协同监视。然而, 以前并没有考虑根据某些条件和离线决策模型选择无人机探测路径 (如探测概率和定位精度等)。

4.3 多无人机图像探测、定位与跟踪

4.3.1 初始条件设置

为了测试前面所述的分布式探测滤波算法性能, 将其应用在多无人机协同探测、定位、跟踪中, 其目的是探测目标, 估计目标位置以及剔除其中的虚警。

在这种情形下, 重要的信息包括无人机自身定位信息、感兴趣的探测对象定位或其他信息。一般情况下, 被估计状态量由一系列事件和若干无人机位置信息组成。

首先假设无人机都装备有全球定位装置 (GPS)、惯性导航装置 (IMU) 以及其他不同于照相设备的用于导航的传感器。这些传感器用于无人机在地球坐标系框架结构下的自身定位, 因此, 无人机自身定位问题在这里不作考虑。但是, 对照相设备测得的测量值有影响的无人机姿态信息 q_t 需要考虑在内。

第二个假设: 无人机的动作不影响被跟踪目标的状态。这种假设在目标没有意识到无人机巡逻时通常情况下是成立的, 如探测对象是火警或者非入侵目标。但是如果探测目标是入侵目标或者敌对方无人机时, 该假设是不成立的[51]。

4.3.2 事件状态定义

通常情况探测与定位, 其被估状态量包括目标的位置 p_t。如果是机动目标, 则被估状态量将增加目标速度 $\dot{p}_t$, 称为目标运动状态分量。

在某些应用中可能需要更多的信息, 如: 在某些任务中就需要确定某一事物在集合 Γ 中的某一特定级别 (如: 火警探测中, 其集合就包括火警等级以及虚警)。因此, 在状态变量中可能就包括目标事物的分类信息。同样, 在特定的应用中, 某些外在信息需要用来定义事件的特性, 这同样有利于不同无人机不同照相设备之间的数据关联。

图 4.6 所示为红外和可见光的火警图像。

图 4.6　红外和可见光的火警图像。其数据融合的目标是通过不同传感器对给出的火警参数进行估计

这类信息一般都是静态信息, 用 θ 来表示。

完整的被估计状态变量由所有事件的特性组成。事件数 (N_t) 随时间变化而变化。在时刻 t 的状态变量用 $\boldsymbol{x}_t = \left[\boldsymbol{x}_{1,t}^{\mathrm{T}}, \cdots, \boldsymbol{x}_{N_t,t}^{\mathrm{T}}\right]^{\mathrm{T}}$ 来表示。每一个可能的概率 i 定义为

$$\boldsymbol{x}_{i,t} = \begin{pmatrix} p_{i,t} \\ \dot{p}_{i,t} \\ \theta_i \end{pmatrix} \tag{4.23}$$

4.3.3　图像融合中的似然函数

采用的贝叶斯框架最为关键的部分是对不同的照相设备确定其似然概率函数 $p(\boldsymbol{z}_t|\boldsymbol{x}_t, \boldsymbol{q}_t)$。由于在模型中考虑到无人机自身(不确定的) 姿态信息, 确定最终似然函数这项基础工作一般都会被忽视。

由于这种限制, 似然概率函数 $p(\boldsymbol{z}_t|\boldsymbol{x}_t, \boldsymbol{q}_t)$ 将是图像形成的概率模型, 即根据图像像素点具体的色彩值或亮度值给出环境信息和传感器位置的概率值。在大多数情况下, 并不需要这么复杂的模型。不同于像素级融合, 某些特征可以直接从图像中提取进行特征级融合。然而, 为了将测量值融入到估计滤波中, 要求在所有的步骤中都必须给出详细的概率分布。

1. 特征提取: 分割算法

在目标探测及定位应用中, 通过分析无人机载照相设备获取的图像, 可得到其中感兴趣的目标。图像处理函数应该能够将像平面的感兴趣目标进行分割并且将其从背景图像中区分开来。另外, 应用的算法将得到一组与目标特性集合 θ 相关的特征值。为了在概率分布式中体现特征值的影

响,需要将图像特征加入概率分布函数:

$$p(z_t|x_t) = p(z_t|p,\dot{p},\theta)\,\theta \in \Gamma \tag{4.24}$$

这些特征值依赖于所应用的具体实例。一般来说,确定似然函数包括一个对传感器视场的了解过程,在这个过程中将给出目标特征与目标分类之间的关系。

在具体的火焰探测的应用中,状态空间中的特性状态 θ 仅仅由两个可能值组成: $\Gamma = \{$有火,无火$\}$。第 8 章将介绍采用不同照相设备(包括红外的和可见光的)进行森林火灾探测的相关技术。这些算法直接给出了基于像平面的二元判定,因此,基于像平面的火焰特征测量值序列 z_t 是一系列的点迹。在第 8 章同时介绍了采用负信息对图像中没有被定义为火点的区域进行编码的重要性。

在传感器探测的过程中,总是会存在虚警和漏报。虚警即是应用算法得出照相设备视场内有目标,但是实际上没有目标; 漏报即是图像内显示存在目标时,算法计算结果却没有该目标。在图像处理中必须确定两个似然函数概率值修正以上两个因素的影响。

为使其在算法模型中得以体现,在这里采用仅仅包含两个值的简单模型:

- 探测概率 p_D: 在视场内给定定义的目标被有效探测到的概率 $p(z_t|p,\dot{p},\theta =$ 有火$)$。
- 虚警概率 p_F: 算法给出一个视场内并不真实存在目标的概率 $p(z_t|p,\dot{p},\theta =$ 无火$)$。

2. 投影几何学

为完善似然概率函数的主体部分,需要将现实三维世界中的目标位置(系统状态变量的位置分量 p_t) 转换为像平面的目标位置。照相设备将现实空间的点转换为像平面的像素点,照相设备一般采用投影几何学的相关模型进行转换[18]。投影采用针孔投影模型。根据针孔模型,三维空间点 p 与其相对应的像平面像素点 m 的对应关系如式 (4.25) 所示,其中 p 和 m 均在齐次笛卡儿坐标系中:

$$sm_t = A(R_t - t_t)p_t \tag{4.25}$$

式中: A 为摄像头标定矩阵中顶角, R_t 为摄像头坐标系下的旋转角, t_t 为公共坐标系下的俯仰角,以上参数都是无人机被估状态变量 q_t 的分量之一。

摄像头标定可以采用的方法有几种, 这里采用参考文献 [55] 中应用的摄像头标定方法。

由式 (4.25) 得出, 状态变量与测量值之间为非线性关系。此外, 如果无人机姿态信息有随机误差, 确定相应的概率分布时应考虑其随机误差的影响。

结合几何模型和分割算法的随机特性, 则可以建立无人机图像测量信息融合的概率分布函数。给定事件的状态变量 x_t 和摄像头的位置以及方位变量 q_t, 则 $p(z_t|x_t, q_t)$ 为目标特征提取的概率 (即目标在像平面上的分割值)。

图 4.7 所示为坐标变换中的误差传递关系。

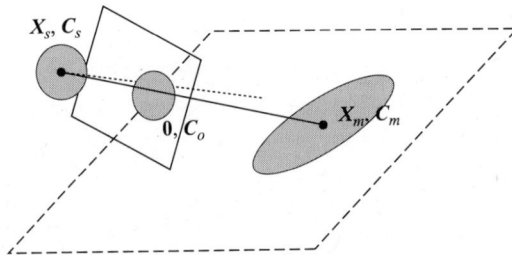

图 4.7　坐标变换中的误差传递关系

3. 照相设备的初始位置信息

在下文将介绍如何在像平面上确定目标的位置。例如, 第一次探测到某目标, 此时就要对其位置进行初始估计 p。

但是, 式 (4.25) 不可逆。因此尽管 A、R、t 通过像平面的像素点 m 计算得到, 但是无法从中得到目标三维定位信息 p。如果没有更多的信息, 则照相设备仅仅提供了目标的纯方位信息, 目标的三维定位信息是不可观测的。

由同一物体不同观测点的几个图像可以建立点的范围, 进而通过三角关系给出其立体视场中的 3D 位置[3,9]。同样, 假设摄像头是经过校准的 (即 A 已知), 如果能够形成视场的数字立体地图 (DEM), 并且在与 DEM 相同的坐标中摄像头的姿态已知, 则通过灰度跟踪技术可以估计地面目标的位置。本章中, 未作说明的地方都假设该数字地图存在。在某些实际应用中, 这种数字地图可以指派一架无人机进行绘制[20]。通过坐标转换程序, 无人机能够提供可直接用于估计潜在目标所在位置的测量值。

4.4　无人机图像处理技术

不同的无人机为探测和跟踪事件,都将处理照相设备提供的图像信息。主要事件包括某一区域的移动目标,火警以及其他一些事物。本节主要介绍无人机本地图像信息的特征提取和跟踪以及一些配套的其他功能,在第8章将介绍火焰特征提取的分割方法。为了实现协同探测监视活动,这些本地功能的实现是基础。由于目前无人机采用的传感器大多是照相设备,因此主要介绍的算法是图像处理算法。

4.4.1　图像偏移估计

许多算法和应用中都要求输入图像偏移估计量 (如机动目标探测、运动补偿等)。在利用无人机监视密集运动区域或者流动运动区域时已经利用该项技术[8]。然而对于密集运动区域的监视需要计算相邻图像之间小的偏移量,这在所有无人机都是运动的条件下并不多见。这里基于点相似特征匹配的方法认为可以在相对无运动约束的条件下确定运动稀疏区域。

尽管综述性文献 [30] 对有关图像匹配重要的进展方面进行了阐述,但是这里主要采用文献 [12] 中所介绍的图像匹配方法。

在文献 [12] 中,选择边缘点采用的是文献 [48] 中的标准。为建立基于视频图像序列的连续匹配窗口,每个点都是采用固定模板、固定大小窗口的中心点。初始窗口序列的选择同基于相互关系与上一窗口序列已知窗口模板进行匹配的过程一样。为确保算法的稳定性,一般都以边缘匹配值本地最大化为目标函数,因此,任何给定图像的候选窗口集通常在需匹配的某些窗口序列位置附近。

以直接候选集为搜索域,基于相互关系的匹配算法将产生描述跟踪序列与候选序列之间多重匹配或不匹配关系数据资料。为从匹配窗口对中确定唯一的匹配时窗,可采用两种不同的目标函数,即最小自相关残差与聚类特征相似性。

最新应用的方法同样采用相似特征选择算法,但是其匹配策略截然不同。首先,其不将匹配重点放在个体特征上。当前聚类集的建立不仅仅为了确定其窗口集,还将为保持其结构的稳定性建立持续的聚类结构集,同时将由局部搜索改为整体全局搜索。其次,确定函数将由松弛算法改为类似于文献 [3] 中更为有效的外形匹配预测算法。相对于产生全部可能的匹配关系,这里只考虑与选择的假设相关的匹配关系。

如果聚类中的运动与变形模型已知, 则依据持续的聚类数据, 每一种假设将定义一个属于相同聚类已知序列、相对较小的搜索域。

为建立有效的算法, 对以下几点进行定义:

- 聚类模型;
- 聚类的建立与确定;
- 基于预测的聚类模型。

1. 聚类模型

不同图像区域外形相似性, 通过一定的比例因子搜索集群窗口中成员之间相对位置保持不变的集群窗口进行定义。对于窗口聚类序列 $\boldsymbol{\Gamma} = \{\boldsymbol{\Phi}_1, \boldsymbol{\Phi}_2, \cdots, \boldsymbol{\Phi}_n\}$, 其外形相似性的约束条件为

$$\left| \frac{\|w_{\Phi_k}, w_{\Phi_l}\|}{\|v_{\Phi_k}, v_{\Phi_l}\|} - \frac{\|w_{\Phi_p}, w_{\Phi_q}\|}{\|v_{\Phi_p}, v_{\Phi_q}\|} \right| \leqslant k_p, \forall \boldsymbol{\Phi}_k, \boldsymbol{\Phi}_l, \boldsymbol{\Phi}_p, \boldsymbol{\Phi}_q \in \boldsymbol{\Gamma} \tag{4.26}$$

式 (4.26) 中, k_p 为容忍因子, w_i 为下一帧图像中待选窗口集, v_i 为前一图像中的模板窗口集。该约束条件等价于确定通过相似因子联系的两帧图像窗口之间的欧几里得距离; 因此可以通过欧几里得变换与缩放对窗口分布变化进行计量以确定最优聚类。此外, 配对窗口之间旋转角的最大差异限制条件为

$$\left| \alpha_{\Phi_k, \Phi_l} - \alpha_{\Phi_p, \Phi_q} \right| \leqslant \gamma_p, \forall \boldsymbol{\Phi}_k, \boldsymbol{\Phi}_l, \boldsymbol{\Phi}_p, \boldsymbol{\Phi}_q \in \boldsymbol{\Gamma} \tag{4.27}$$

其中如果匹配假设成立, 则 α_{rs} 是序列 γ 与 s 窗口之间关系旋转角向量, γ_p 为容忍度因子。

尽管聚类模型足够简单, 似乎也适用于当前应用, 但是更为现实的本地模型如投影模型、完全——对应模型, 在此类框架结构下更为容易将其统一。

2. 基于聚类模型的多假设传播预测

如果能够通过欧几里得运动缩放比例近似建立其运动的模型, 如式 (4.26)、式 (4.27) 所示, 则确定能够预测聚类中其他成员位置的假设匹配对是很容易的。

采用该模型, 由前一个已知的聚类产生候选聚类集将从首次假设开始, 即由其窗口序列中某一窗口的匹配窗口开始。为产生二次假设, 该假设允许对聚类中其他序列的搜索空间进行约束。

给出以上两个假设后, 则依据容忍参数 k_p、γ_p 所带来的微小不确定性可预测聚类的整体结构, 同时一个以上的候选聚类集将产生其对应的数据资料。

对于特定的聚类, 假定首次假设有效, 则聚类候选集的产生流程包括3 个步骤:

- 二次假设产生;
- 基于聚类预测;
- 间接候选集产生。

根据单个窗口的预测产生二次假设。考虑环境信息, 以聚类尺度、旋转的框架之间最大限度为约束, 定义搜索域; 因此, 配对窗口的搜索域可以将其限定在包含直接候选窗口集的搜索域。类似地, 与该聚类相关的任意窗口序列可以在二次假设中对其进行搜索。

根据以上过程可以获得多个配对的首次/二次假设。依据每一对首次/二次假设, 都可以预测其整体聚类; 同时, 容忍参数 k_p、γ_p 也将约束其搜索空间。通过搜索在约束条件下的直接或前次产生的间接候选集, 可以得到序列的配对窗。

如果在扩展直接候选集中仍然存在窗口序列无配对, 则通过误差最小化算法预测合适的起始点, 以产生新的间接候选集。

假如在聚类集中存在重叠部分, 则任意给定的候选聚类的产生都可以引起相邻聚类候选集的产生; 如图 4.8 所示, 如聚类 1 产生的候选可直接用于假设并产生一个聚类 2 的候选序列。因此直接搜索匹配窗口可以保持在最小范围内。此外, 对于一个足够大的聚类候选集中的成员, 其传播概率将增大。

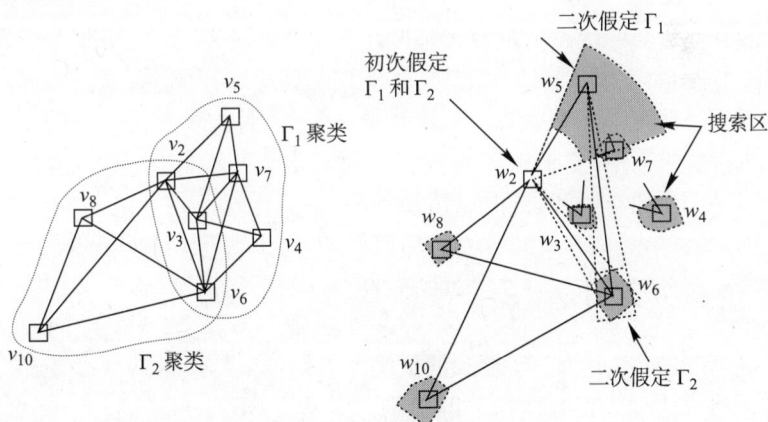

图 4.8　聚类候选集的产生

如图 4.9 所示, 通过相邻聚类可以产生有效的候选集。如果两个聚类通过任意长度的重叠部分相连, 则认为其是联通的; 固定的聚类将被分解

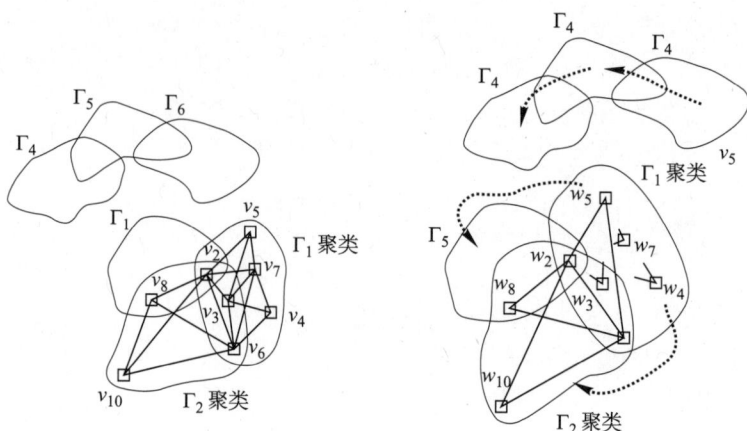

图 4.9 聚类集之间的假设传播

为连通的子集或者集合。程序计算的有效性随着其传播范围增大而增加，因此候选集可能被重复利用，并且避免了最小限度的误差和直接搜索。这样，有聚类候选基础的候选窗口选中的概率将比没有聚类候选基础的概率高。

该方法的最后一步，最优的聚类候选将在上一帧图像中产生最终的聚类集合，并确定序列的匹配窗口。

该方法最大的优点就是最大限度地减少了所需匹配的尝试次数。当所需跟踪特征量规模较大时，匹配次数是算法处理时间的主要组成部分，同时大的搜索空间需要有运动的高速摄像设备支持。这种方法在非稳定空中图像，特别是仅仅只有低速摄像机可用的情形下更加实用。图 4.10 所示为两种不同结构的空中图像聚类算法。

图 4.10 聚类匹配示意

4.4.2 团块特征提取

尽管点相似特征提取算法适用于图像中目标运动估计, 但是对于特定的应用, 如完全不同视场的图像匹配 (例如不同无人机采集的图像), 则需要利用更多的图像特征不变性。

相同特征在尺度空间理论中称为团块[23]。同分形技术相比较, 团块探测并不拘泥于分割出目标精确的外形, 而是采用提取健全的可重现的目标外形以代替精确外形, 而且小的团块之间联系较弱, 如图 4.11 所示。团块特征同时与 (MSER, Maximally Stable Extremal Regions)[29] 相关。MSER 特征为最大稳定极限区域周边极端剧烈生长的区域, MSER 特征首先被应用于产生仿射不变描述框架, 后来也应用于图像的目标识别[29]。

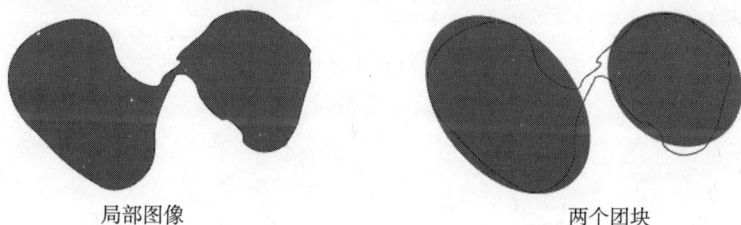

局部图像   两个团块

图 4.11   分形特征探测与团块特征探测的区别

利用基于局部图像区域的鲁棒估计, 建立的聚类金字塔, 以提取目标图像的团块特征[14,13]。提取的团块采用以下参数表示: 平均色度 p_k, 区域 a_k, 质心 m_k, 惯性矩阵 I_k, 即团块向量为四维向量

$$B_k = \langle p_k, a_k, m_k, I_k \rangle \tag{4.28}$$

由于惯性矩阵是对称矩阵, 为 3 自由度, 则对于团块来说, 总的自由度为 $3 + 1 + 2 + 3 = 9$。图 4.12 所示为团块探测算法的简要流程。

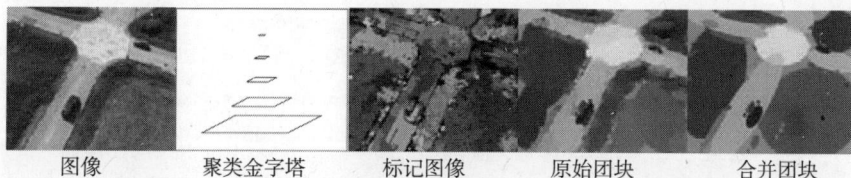

图像   聚类金字塔   标记图像   原始团块   合并团块

图 4.12   团块探测算法的步骤

从一幅图像开始, 算法首先构建图像的聚类金字塔。粗粒度像素 p^* 鲁棒平均为 12 像素的细粒度像素 p_k 来计算:

$$\arg\min_{p^*} \sum_k r_k \rho \left(\| p_k - p^* \| \right) \tag{4.29}$$

将其鲁棒平均在阈值 $c_{\min}$ 以下的区域的置信度 r^* 调整为零。然后算法采用金字塔分解, 由上至下对图层进行标记, 已标记的点迹重新分配新的标记, 但是并不分配任何新的鲁棒平均值给上一图层。该标记过程将会产生一片紧致区域集, 并在最后一步中将这些紧致区域集进行聚类汇聚融合。如有相似颜色或者满足条件的都将被汇聚融合。

$$M_{ij} > m_{\mathrm{thr}} \sqrt{\min \left(a_i, a_j \right)} \tag{4.30}$$

式中: M_{ij} 为团块 B_i、B_j 之间边界点的像素点数; m_{thr} 为波门。

图像特征提取理论研究的相关其他内容在参考文献 [14] 中有介绍, 其应用研究在文献 [1] 中有介绍, 两篇参考文献在互联网上均可查阅。基于团块特征匹配算法多无人机定位技术及其应用在文献 [26] 中有详细介绍。

4.4.3　图像修正

如果被观测环境是静态的, 则监视相对简单; 同样, 由于目标的初始位置相对固定不变, 数据处理时处理算法也相对简单。

考虑到无人机的悬停能力, 不可避免的操作失误、扰动、震动都将改变照相设备的位置, 从而造成图像的相对移动。因此对于特定的应用, 修正照相设备的运动引起的定位误差是很有必要的。目前, 通过电气系统能够解决这个问题, 但是电气设备笨重、昂贵, 而且一般都会存在余震。

建议修正照相设备偏移的误差采用计算相邻两帧图像之间存在的偏差来修正。本节所分析的结果完全依照 4.4.1 节所描述点相似特征提取跟踪算法, 采用该算法可获取图像中运动较少的区域。同样的方法可用于不同的特征提取中。如果有足够的特征量, 并均匀分布在图像上, 该方法可以应用于具有明显运动特征的特征提取中。

另一种同形异构的模型将用来检测相邻图像帧之间的偏移。当图像为二维图像或者在 3D 图像中摄像头仅仅受纯转动 (其可以建立摄像机受震动影响时的运动模型) 影响时, 该模型描述了图像之间的转换关系。

此处描述的算法, 其前提假设是在图像中独立运动目标的比例很低 (相互独立运动的目标将掩盖由于摄像头移动或者震动引起的图像自身的移动), 而且独立运动目标能够通过外形轮廓对其进行描述。算法能够分辨出这些外形轮廓。

最后, 描述了另一种能够适合于计算两帧连续图像之间存在稀疏运动区域的同性异构模型。这个反向模型利用现在时刻图像中像素点位置, 补偿其存在的运动偏差, 这个过程称为图像扭曲修正。

1. 单应性计算

单应性即为二维投影空间 P^2 到 P^2 之间的映射, 具有可逆性和非线性[18]。单应性主要应用于线到线的转换。其比例因子由一个3×3 的可逆矩阵表示, 因此由 8 个相互独立参数构成。

如某一场景的某一平面其中有一系列的点, 从两个不同角度对其摄影, 对应的图像为图像 i、图像 j, 则两者之间的投影矩阵 H 为

$$s\tilde{m}_i = H\tilde{m}_j \tag{4.31}$$

式中: $\tilde{m}_k = [u_k, v_k, 1]^T$ 为同一图像坐标系下图像 k 中某一点坐标向量; H 为单应性矩阵; s 为比例因子。

如果图像之间的移动为单纯的滚动, 则该方程成立。尽管假定图像移动为像平面空间或者纯转动的条件可能限制太苛刻, 但是通常情况下在像空间中条件能够满足 (文献 [30,6] 给出了相关的例子)。假如无人机飞行高度足够高, 则像平面空间近似成立。同时对于悬停的直升机来说, 将其运动近似为纯转动是相对合理的。因此在这种环境中单应性矩阵 H 的计算方法能够补偿摄像头的运动带来的影响。

由于单应性矩阵 H 仅仅为 8 自由度的矩阵, 因此线性确定 H 仅仅需要对其进行 4 次匹配。实际上, 一般能够对其进行 4 次以上的匹配, 因此其超定性能够帮助其改善估计精度。对于 H 的鲁棒恢复, 有必要拒绝外部数据以减少其对鲁棒恢复的干扰。

单应性计算的流程如图 4.13 所示。从图中可以看出计算分为两个部分, 即外部数据剔除和鲁棒估计。

第一步: 主要是检测并剔除外部数据, 以使单应性矩阵的计算更加精确。在之前介绍的应用中, 外部数据并不完全是错误的匹配对: 在单应性模型并不成立的图像区域 (移动的目标, 破坏其前提假设的平面上建筑物或者结构体等), 尽管其可能提供有效的信息, 外部数据同样被剔除掉。在这里外部数据剔除程序总体设计主要是基于 LMedS[54]。

第二步: 鲁棒估计。单应性计算采用迭代方法 (M-估计), 每一步迭代中自动计算数据集的剩余函数。同所有的迭代算法一样, 在每一步迭代中

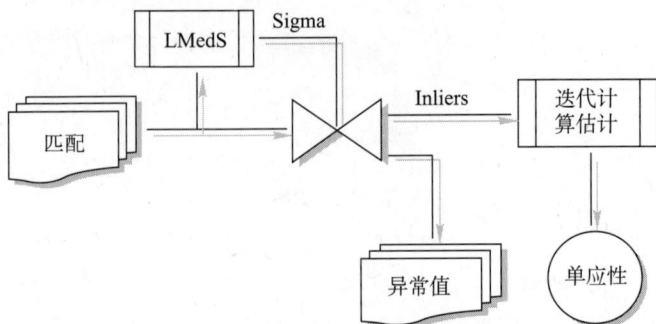

图 4.13 单应性计算流程图

自动通过权重函数对数据集进行权重计算。由于进入权重计算的数据集都是通过第一步拒绝外部数据滤波得到的, 因此其权重函数即为普通的 Fair 函数。Fair M-估计能够确保以较少的迭代步数能够收敛。

2. 图像扭曲

已知像素点的运动趋势, 可以给出两帧图像间的单应性矩阵。该模型主要应用运动补偿, 以消除摄像头震动或者运动造成的影响。

因此, 如果 H 为图像 I 到图像 I' 对应转换矩阵, 则图像 I 中像素点新的坐标通过运动补偿后为

$$H = \begin{bmatrix} h_{11} & h_{12} & h_{13} \\ h_{21} & h_{22} & h_{23} \\ h_{31} & h_{32} & h_{33} \end{bmatrix} , \quad \begin{aligned} k &= x^* h_{31} + y^* h_{32} + h_{33} \\ x' &= (x^* h_{11} + y^* h_{12} + h_{13})/k \\ y' &= (x^* h_{21} + y^* h_{22} + h_{23})/k \end{aligned} \tag{4.32}$$

通常, 变换后位置 $m' = [x', y']^{\mathrm{T}}$, 即对应像素点 $m = [x, y]^{\mathrm{T}}$, 由于代数运算因此其将不再是整数。

因此为保证图像扭曲的正确性, 有必要定义一种方法为变换后的像素点分配整数坐标。如图 4.14 所示, 点所在的位置已有与其并不重合的像素点。

像素点数值的自然整数属性使得其必须在相邻 4 个点中选择其中之一作为真实点迹 (相邻像素点为图中阴影部分的像素点)。

在这里采用了像素点相似的方法, 该方法通过计算真实像素点和相邻像素点 RGB 值的欧几里得距离来确定像素点位置, 如图 4.14 所示。与对应前一帧相邻像素点距离最短的坐标被认为是该像素点的位置。

因此, 该方法以坐标点与对应的前一图像 RGB 差异最小为目标函数, 确定每一个像素点坐标。在单应性计算中, 这有助于提高图像序列的像素点的直线性, 即便是很小的瑕疵也能够修正。

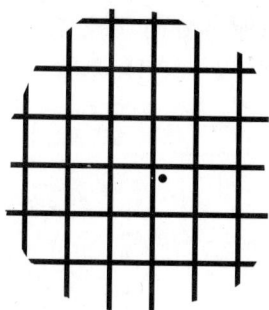

图 4.14　扭曲中像素点整数问题

以上描述的图像修正步骤可应用于单一序列图像的机动目标探测。给定两张连续图像，根据图像修正步骤，这两张图像可以扭曲至同一图像坐标系框架下，则机动目标区域可以通过分析图像之间的差异得到。机动目标区域可以是独立运动的目标或者与背景图像平面存在视差的固定目标。图 4.15 给出了相关结论。

图 4.15　基于图像扭曲算法的移动汽车机动检测图像序列

4.5　基于信息融合的多无人机图像探测与定位

本章描述的第一种方法采用高斯状态分布代替系统的可信概率状态分布。对于无法建模的估计量可以通过极大似然概率（均值）和表征分布不确定性的协方差值来表述系统状态变量，通常用于目标位置状态变量等。

因此, 先验知识在某些情况下可以描述为高斯分布 $p(\boldsymbol{x}_0) \sim N(\boldsymbol{\mu}_0, \boldsymbol{\Sigma}_0)$。如果 t 时刻系统状态变量是 $t-1$ 时刻系统状态变量外加高斯噪声 $\boldsymbol{\nu}_t \sim N(\boldsymbol{0}, \boldsymbol{R}_t)$ 的线性函数, 量测值是系统状态变量加上高斯噪声 $\boldsymbol{\varepsilon}_t \sim N(\boldsymbol{0}, \boldsymbol{S}_t)$ 的线性函数, 系统状态方程为

$$\boldsymbol{x}_t = \boldsymbol{A}_t \boldsymbol{x}_{t-1} + \boldsymbol{\nu}_t \tag{4.33}$$

$$\boldsymbol{z}_t = \boldsymbol{M}_t \boldsymbol{x}_t + \boldsymbol{\varepsilon}_t \tag{4.34}$$

则式 (4.2) 的贝叶斯滤波可以简化为卡尔曼滤波。

在多机器人的应用中, 卡尔曼滤波或信息融合 (IF)[45,46] 的信息格式就符合以上假定的特性。首先, 信息融合滤波主要是采用典型的高斯分布。一般情况下, 高斯分布通过信息矢量 $\boldsymbol{\xi}$ 和信息矩阵 $\boldsymbol{\Omega}$ 两个参量来表示。假设 $\boldsymbol{\mu}$、$\boldsymbol{\Sigma}$ 分别是高斯分布的平均值矩阵和协方差矩阵, 则信息矩阵为 $\boldsymbol{\Omega} = \boldsymbol{\Sigma}^{-1}$, 信息矢量为 $\boldsymbol{\xi} = \boldsymbol{\Sigma}^{-1} \boldsymbol{\mu}$。算法 4.1 给出了信息融合 (IF) 中置信状态 $\mathrm{bel}(\boldsymbol{x}_t) = N(\boldsymbol{\Omega}_t^{-1} \boldsymbol{\xi}_t, \boldsymbol{\Omega}_t^{-1})$ 的更新过程。

算法 4.1 $(\boldsymbol{\xi}_t, \boldsymbol{\Omega}_t) \leftarrow$ 信息滤波 $(\boldsymbol{\xi}_{t-1}, \boldsymbol{\Omega}_{t-1}, \boldsymbol{z}_t)$

1: $\boldsymbol{\Psi}_t = \boldsymbol{A}_t^{-\mathrm{T}} \boldsymbol{\Omega}_{t-1} \boldsymbol{A}_t^{-1}$

2: $\bar{\boldsymbol{\Omega}}_t = \boldsymbol{\Psi}_t - \boldsymbol{\Psi}_t (\boldsymbol{R}_t^{-1} + \boldsymbol{\Psi}_t)^{-1} \boldsymbol{\Psi}_t$

3: $\bar{\boldsymbol{\xi}}_t = \bar{\boldsymbol{\Omega}}_t \boldsymbol{A}_t \boldsymbol{\Omega}_{t-1}^{-1} \boldsymbol{\xi}_{t-1}$

4: $p(\boldsymbol{x}_t | \boldsymbol{z}^{t-1}) \sim N(\bar{\boldsymbol{\Omega}}_t^{-1} \bar{\boldsymbol{\xi}}_t, \bar{\boldsymbol{\Omega}}_t^{-1})$

5: $\boldsymbol{\Omega}_t = \bar{\boldsymbol{\Omega}}_t + \boldsymbol{M}_t^{\mathrm{T}} \boldsymbol{S}_t^{-1} \boldsymbol{M}_t$

6: $\boldsymbol{\xi}_t = \bar{\boldsymbol{\xi}}_t + \boldsymbol{M}_t^{\mathrm{T}} \boldsymbol{S}_t^{-1} \boldsymbol{z}_t$

7: $p(\boldsymbol{x}_t | \boldsymbol{z}^t) \sim N(\boldsymbol{\Omega}_t^{-1} \boldsymbol{\xi}_t, \boldsymbol{\Omega}_t^{-1})$

这种表示方法有着其优点和不足之处。其中一个重要的优点是系统状态的完全不确定性可以通过 $\boldsymbol{\Omega} = \boldsymbol{0}$ 直接表示。

第二个特性就是全状态轨迹空间对应的信息矩阵都是对角矩阵, 同时存储信息矩阵所需空间和轨迹长度线性相关。算法 4.2 给出了全轨迹状态滤波流程。

函数 Augment_Matrix 和 Augment_Vector 扩展了系统状态矢量空间。

然而如第一行所示, 对于系统状态轨迹 $\boldsymbol{\Omega}^t$ 无论何时都是对角矩阵, 如图 4.16 所示。

算法 4.2　$(\boldsymbol{\xi}^t, \boldsymbol{\Omega}^t) \leftarrow$ 信息滤波轨迹 $(\boldsymbol{\xi}^{t-1}, \boldsymbol{\Omega}^{t-1}, \boldsymbol{z}_t)$

1: $\bar{\boldsymbol{\Omega}}^t = \text{Augment\_Matrix}(\boldsymbol{\Omega}^{t-1}) + \begin{pmatrix} \begin{pmatrix} \boldsymbol{I} \\ -\boldsymbol{A}_t^{\text{T}} \end{pmatrix} \boldsymbol{R}_t^{-1}(I - \boldsymbol{A}_t) & \boldsymbol{0}^{\text{T}} \\ \boldsymbol{0} & \boldsymbol{0} \end{pmatrix}$

2: $\bar{\boldsymbol{\xi}}^t = \text{Augment\_Vector}(\boldsymbol{\xi}^{t-1})$

3: $\boldsymbol{\Omega}^t = \bar{\boldsymbol{\Omega}}^t + \begin{pmatrix} \boldsymbol{M}_t^{\text{T}} \boldsymbol{S}_t^{-1} \boldsymbol{M}_t & \boldsymbol{0}^{\text{T}} \\ \boldsymbol{0} & \boldsymbol{0} \end{pmatrix}$

4: $\boldsymbol{\xi}^t = \bar{\boldsymbol{\xi}}_t + \begin{pmatrix} \boldsymbol{M}_t^{\text{T}} \boldsymbol{S}_t^{-1} \boldsymbol{z}_t \\ \boldsymbol{0} \end{pmatrix}$

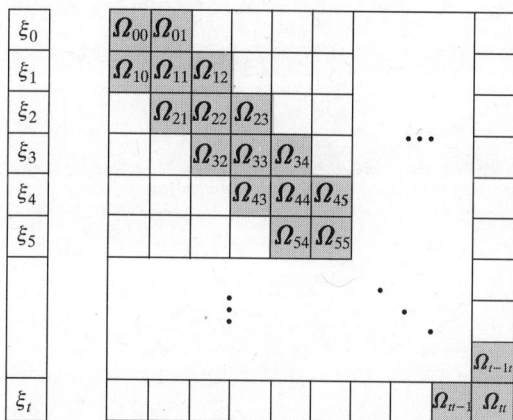

图 4.16　全航路信息矩阵的结构 (信息矩阵的格式为对称块三对角矩阵)

4.5.1　基于信息融合的多无人机探测

对于集中式多无人机协同探测, 其信息融合 (IF) 方案解决相对简单。由式 (4.7) 得, 似然函数为 $\prod\limits_{j=1}^{M} p\left(\boldsymbol{z}_{j,t} | \boldsymbol{x}_t\right)$。根据信息融合基本假设, 局部似然函数 $p\left(\boldsymbol{z}_{j,t} | \boldsymbol{x}_t\right)$ 为高斯分布, 则更新步骤包含将所有无人机得到的所有信息进行综合的一个过程:

$$\boldsymbol{\Omega}_t = \bar{\boldsymbol{\Omega}}_t + \sum_{j=1}^{M} \boldsymbol{M}_{j,t}^{\text{T}} \boldsymbol{S}_{j,t}^{-1} \boldsymbol{M}_{j,t} \tag{4.35}$$

$$\boldsymbol{\xi}_t = \bar{\boldsymbol{\xi}}_t + \sum_{j=1}^{M} \boldsymbol{M}_{j,t}^{\text{T}} \boldsymbol{S}_{j,t}^{-1} \boldsymbol{z}_{j,t} \tag{4.36}$$

集中式信息融合要求所有无人机收集的信息都传送至中心节点。由于不同无人机都有机载数据预处理, 因此中心节点并没有接收到原始数据, 而仅仅是状态的估计量, 系统并没有因为无人机的规模增大而使滤波精度有所提高。

此外, 这种情形要求中心节点必须时刻都在通信范围内。然而信息融合 (IF) 导致在分布式融合中每一个无人机利用自身的局部信息得到了局部判决, 然后与相邻的无人机分享估计量。

在这种情况下, 每一个无人机都会运行局部的算法 4.1 (如果系统状态为静态变量, 则 $A_t = I$、$R_t = 0$) 或者算法 4.2。同时, 对于自身警报状态的更新, 它可以利用其他无人机获取的信息。当然, 估计的判据状态由于丢失了更新步骤中的5、6 (由其他无人机收集的信息), 其和集中式融合有所不同。

当无人机 i 在无人机 j 的通信范围内飞行, 则两者之间就可以共享它们的判据。利用式 (4.15), 无人机 i 可以更新其置信状态量。经过融合无人机 j 的判据, 并采用式 (4.16) 对数形式的融合准则, 无人机 i 最终的判据状态 $\mathrm{bel}_{i,m}\left(\boldsymbol{x}_t\right)$ 为

$$\mathrm{bel}_{i,m}\left(\boldsymbol{x}_t\right)$$
$$= \log(C) + \mathrm{bel}_i\left(\boldsymbol{x}_t\right) + \mathrm{bel}_j\left(\boldsymbol{x}_t\right) - \mathrm{bel}_j\left(\boldsymbol{x}_{t-1}\right)$$
$$= \log(C) - \frac{1}{2}\boldsymbol{x}^{\mathrm{T}}\boldsymbol{\Omega}_t^i\boldsymbol{x} + \boldsymbol{x}^{\mathrm{T}}\boldsymbol{\xi}_t^i - \frac{1}{2}\boldsymbol{x}^{\mathrm{T}}\boldsymbol{\Omega}_t^j\boldsymbol{x} + \boldsymbol{x}^{\mathrm{T}}\boldsymbol{\xi}_t^j - \frac{1}{2}\boldsymbol{x}^{\mathrm{T}}\boldsymbol{\Omega}_{t-1}^j\boldsymbol{x} + \boldsymbol{x}^{\mathrm{T}}\boldsymbol{\xi}_{t-1}^j$$
$$= \log(C) - \frac{1}{2}\left[\boldsymbol{x}^{\mathrm{T}}\left(\boldsymbol{\Omega}_t^i + \boldsymbol{\Omega}_t^j - \boldsymbol{\Omega}_{t-1}^j\right)\boldsymbol{x}\right] + \boldsymbol{x}^{\mathrm{T}}\left(\boldsymbol{\xi}_t^i + \boldsymbol{\xi}_t^j - \boldsymbol{\xi}_{t-1}^j\right) \quad (4.37)$$

对比对数形式的高斯分布, 能够看出合成信息矢量、信息矩阵随着判据 $\boldsymbol{\Omega}_t^{i,m} = \boldsymbol{\Omega}_t^i + \left(\boldsymbol{\Omega}_t^j - \boldsymbol{\Omega}_{t-1}^j\right)$、$\boldsymbol{\xi}_t^{i,m} = \boldsymbol{\xi}_t^i + \left(\boldsymbol{\xi}_t^j - \boldsymbol{\xi}_{t-1}^j\right)$ 的增加得以更新。其中, $\boldsymbol{\Omega}_{t-1}^j$、$\boldsymbol{\xi}_{t-1}^j$ 表示从无人机 j 最后任意时刻接收到的估计量。

如果在通信范围内有多架无人机, 则假定 $C(i)$ 为无人机 i 相邻无人机的集合:

$$\boldsymbol{\Omega}_t^{i,m} = \boldsymbol{\Omega}_t^i + \sum_{j \in C(i)}\left(\boldsymbol{\Omega}_t^j - \boldsymbol{\Omega}_{t-1}^j\right) \quad (4.38)$$

$$\boldsymbol{\xi}_t^{i,m} = \boldsymbol{\xi}_t^i + \sum_{j \in C(i)}\left(\boldsymbol{\xi}_t^j - \boldsymbol{\xi}_{t-1}^j\right) \quad (4.39)$$

如果系统为静态系统, 则所需存储的状态估计量 (以及存储其通信量) 的信息量是常量。此外, 由于无人机可以累积判据并在不增加存储量的情

况下进行通信，因此无人机没有必要时刻传输其状态估计量。因此从通信带宽的约束看，其可以依据网络状态适时调整通信时刻。

如果系统为动态系统，则无人机需时刻更新并传输其轨迹估计量。尽管估计量仅仅随着时间线性增长，能够通信的信息总量还是受到限制。每一个无人机仅仅能存储一段时间的状态轨迹 (最近的 20s)，其余包含稀疏信息矩阵的状态轨迹被丢弃。

共有信息判定

如 4.2.3 节所论述的公式，假设其无人机网络不存在回路，则无人机之间共享的估计信息全部都只存在单一路径。

如果不是这种情形，之前的判据融合，其共有信息可以忽略。

由于重复计算共有信息，将导致估计过于乐观。这里有几种方法可以避免估计量过于乐观。第一种方法如 4.2.3 节所述，需确保判据网络为树形结构。然而，该方法对于无人机之间的可能通信连接提出的要求过高。

第二种方法是无人机在每一个时间节点上仅发送自己最新的局部融合信息，这样就没有重复信息。这种方法的问题是无人机数据节点功能的丢失。无人机接收到相邻无人机信息后，在向其他无人机传输时不会连接相邻的无人机。此外，如果断开两个无人机之间的连接，在其中一个无人机发送完整判据的情况下，将导致该有效信息的丢失。

最后一种方法是采用传统的融合法则，以避免无人机估计乐观。在参考文献 [22] 给出了该信息融合方法的解析解形式 —— CI 算法(Covariance Intersection)。CI 算法能够融合相互之间关联未知的随机变量信息。

因此，无人机 i 接收相邻无人机 $C(i)$ 的判据后，传统判据融合规则表示为

$$\boldsymbol{\Omega}_t^{i,m} = \omega \boldsymbol{\Omega}_t^i + (1-\omega) \sum_{j \in C(i)} \boldsymbol{\Omega}_t^j \tag{4.40}$$

$$\boldsymbol{\xi}_t^{i,m} = \omega \boldsymbol{\xi}_t^i + (1-\omega) \sum_{j \in C(i)} \boldsymbol{\xi}_t^j \tag{4.41}$$

其中 $\omega \in [0 \quad 1]$。由上式可以得出，对于任意 (未知) 互相关矩阵 $\boldsymbol{\Sigma}^{ij}$、任意 ω，其 $\boldsymbol{\Sigma}^{i,m} - \hat{\boldsymbol{\Sigma}}^i \geqslant 0$ (其中 $\boldsymbol{\Sigma}^{i,m} = \boldsymbol{\Omega}^{i,m-1}$ 为估计协方差矩阵，$\hat{\boldsymbol{\Sigma}}^i$ 为真实协方差矩阵)，则其估计量是一致的。以最大化 $\boldsymbol{\Omega}^{i,m}$，即极小化最终分布的信息熵为目标函数，根据下面将要列出的标准选取 ω 的值。另外一种方法是根据无人机对其估计量的置信水平对权重进行赋值。

4.5.2 基于分布式信息滤波的目标探测与定位

重新考虑 4.3 节所述的问题, 其融合目标是估计在所有想定中可能存在目标事件的状态。考虑普通的运动目标情形, 目标状态为所有警报的位置量、速度量以及其自身的自然属性。

$$\boldsymbol{x}_t = \left[\boldsymbol{p}_{1,t}^{\mathrm{T}}, \dot{\boldsymbol{p}}_{1,t}^{\mathrm{T}}, \boldsymbol{\theta}_1, \cdots, \boldsymbol{p}_{N_t,t}^{\mathrm{T}}, \dot{\boldsymbol{p}}_{N_t,t}^{\mathrm{T}}, \boldsymbol{\theta}_{N_t} \right]^{\mathrm{T}} \tag{4.42}$$

无人机利用信息融合技术对其局部估计进行更新。通过共享局部估计量, 根据式 (4.40) 和式 (4.41) 可以避免完全分布式融合系统的乐观估计。

1. 目标运动模型

通常, 目标的运动状态并不依赖于其他目标的运动状态。即在时刻 t, $\boldsymbol{A}_t = \mathrm{diag}\left\{ \boldsymbol{A}_{1,t}, \cdots, \boldsymbol{A}_{N_t,t} \right\}$, 同样 $\boldsymbol{R}_t = \mathrm{diag}\left\{ \boldsymbol{R}_{1,t}, \cdots, \boldsymbol{R}_{N_t,t} \right\}$。

一般的目标运动模型可以采用连续白噪声加速度模型或者二维目标运动学模型[42] 的离散格式表示。在该模型中, 假设目标速度分量仅受到加速度模型中零均值功率谱密度为 $\boldsymbol{\delta}$ 的白噪声影响。则对于目标 i, 该线性运动模型的离散格式为

$$\boldsymbol{A}_{i,t} = \begin{pmatrix} \boldsymbol{I} & \Delta t \boldsymbol{I} \\ \boldsymbol{0} & \boldsymbol{I} \end{pmatrix} \tag{4.43}$$

$$\boldsymbol{R}_{i,t} = \begin{pmatrix} \dfrac{1}{3}\Delta t^3 \boldsymbol{I} & \dfrac{1}{3}\Delta t^2 \boldsymbol{I} \\ \dfrac{1}{2}\Delta t^2 \boldsymbol{I} & \dfrac{1}{3}\Delta t \boldsymbol{I} \end{pmatrix} \boldsymbol{\delta} \tag{4.44}$$

2. 测量模型和似然函数

如果警报位置在地面上, 而且应用以上描述的图像处理程序, 则无人机能够直接给出像平面上分段目标的 3D 位置。即假设某一警报 i 的测量值为 j

$$\boldsymbol{M}_{ji,t} = \begin{pmatrix} \boldsymbol{I}_i & \boldsymbol{0} \end{pmatrix} \tag{4.45}$$

估计位置误差 $\varepsilon_{j,t}$ 产生的原因包括传感器 $\boldsymbol{q}_t$ 自身方位的定位误差以及地形模型误差。此外, 由于图像处理程序是非线性的, 为获得式 (4.34) 误差协方差估计值以及给出 $\boldsymbol{q}_t$ 的不确定性, 这里采用无迹变换 (UT)。因此, 对于像平面上探测出的警报都采用无迹变换计算其估计位置坐标的均值 $\boldsymbol{z}_{j,t}$ 以及协方差矩阵 $\boldsymbol{S}_{j,t}$。

3. 先验判据

这里主要描述警报的初始化。当无人机分解出警报后, 图像定位程序将提供初始的 ξ_i 和 Ω_i 值:

$$\Omega_i = \begin{pmatrix} S_{j,t}^{-1} z_{j,t} & 0 \\ 0 & 0 \end{pmatrix} \tag{4.46}$$

$$\xi_i = \begin{pmatrix} S_{j,t}^{-1} z_{j,t} \\ 0 \end{pmatrix} \tag{4.47}$$

4. 基于完美数据关联的局部信息融合

以上方程式给出了无人机当前量测火警的局部判据更新过程。采用另外的假设可以简化该算法。

由于运动模型和运动噪声 ν_t 的协方差是对角矩阵, 假设信息矩阵也是对角矩阵, 即 $\Omega_{t-1} = \text{diag}\{\Omega_{1,t-1}, \cdots, \Omega_{N_t,t-1}\}$, 则警报 i 可以进行单独预测, 这样可以实现局部的并行运算。

假设当前量测值和当前火警集能够进行关联, 也就是量测值 j 和火警 i 相关, 即行矩阵 M_t 仅有非零矩阵块 $M_{ji,t}$; 同时假设测量值相互独立, 即 Q_t 为对角矩阵。根据以上假设全局信息滤波器可以分解为 N 个信息滤波器, 每一个都对应一个警报点。

然而, 无人机对于不同警报点的位置测量值并不是独立不相关的。当无人机对警报点位置进行测量时, 无人机自身的定位误差 q_t 将引起对目标位置的估计误差, 这样就使得所有的探测值都相关, 如图 4.17 所示。因此, 如果要保持火警位置更新的独立性, 其量测值的相互关联性必须被剔除掉。对于高斯噪声测量来说, 剔除其相关性相对简单。但是必须说明的是, 避免测量值相关能够降低对存储空间要求, 减小运算负担, 但是其代价

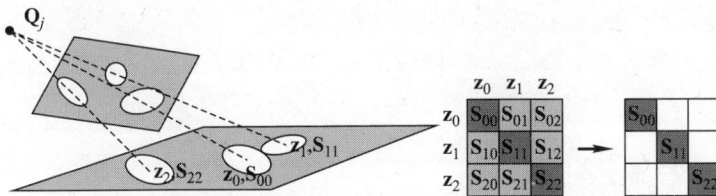

图 4.17 q_t 的误差导致 $z_{i,t}$ 估计值的误差相关 (左图), 如果火警的位置相互独立, 则不会存在误差相关性 (右图)

是损失了警报点之间相互关系的信息。该信息能够使我们获得目标点之间的关系 (如 SLAM 问题中所论述的一样)。

5. 数据关联

上一节讨论了基于完美数据关联假设的数据融合。即每一个测量值 j 仅仅和唯一的目标 i 相关, 或者说是无人机接收其他无人机的信息时能够唯一确定警报点属性。

所谓的数据关联问题, 是将测量值和警报点进行配对的过程, 或者是将从其他无人机接收到的警报点位置与自身的警报点位置进行配对的过程。第一种是量测 – 航迹关联, 第二种是航迹 – 航迹关联。

通常情况下, 该问题为 NP 问题。为了说明其中的协作特性, 这里仅介绍相对简单的方法。当然在实际应用中该问题相对比较复杂。

对于量测 – 航迹关联问题, 这里介绍最近邻波门方法[10]。对于航迹 – 航迹关联问题, 每一个警报点都赋给其特定属性值, 但是属性值并不是同步的, 因此无人机网络中必须制定相应的变换准则。同样在航迹 – 航迹关联中也用到了最近邻方法, 因此对于无人机 i、j 分别对应的警报点 p 和 q, 如果其 Mahalanobis 距离符合下述波门:

$$d_{kp}^{ij2} = \left[\boldsymbol{\mu}_k^i - \boldsymbol{\mu}_p^j \right]^T \sum\nolimits_{kp}^{ij-1} \left[\boldsymbol{\mu}_k^i - \boldsymbol{\mu}_p^j \right] \leqslant d_{\text{th}}^2 \tag{4.48}$$

则认为警报点相关。

在联合航迹判决中, 需要通过系统 $\boldsymbol{\Omega}^i \boldsymbol{\mu}^i = \boldsymbol{\xi}^i$ 重新获得均值 $\boldsymbol{\mu}^i$, 同时需要获得 $\boldsymbol{\Sigma}^{ij}$ 的逆矩阵。对于全航迹处理, 信息矩阵 $\boldsymbol{\Omega}^i$ 或者说是矩阵 $\boldsymbol{\Sigma}^{ij}$ 大约有数百行或者数百列。举例说明, 对于一段 20 秒长的航迹, 如果每一个块对应 1 秒, 则该矩阵是 120×120 的。然而, 信息矩阵是相当有规律的, 因此可以利用有效的算法快速进行矩阵求逆。在文献 [2] 中, 作者就介绍了对于对称的三对角线矩阵的求逆算法, 该算法比直接进行求逆效率提高了将近两个数量级。

在航迹 – 航迹关联中, 一旦相同的航迹标志属性和本地警报点相关, 则航迹相关就算完成, 因此数据关联问题变得相对简单。但是同时也会存在导致错误配对的可能性, 因此需要复合的数据关联技术。后面论述的所有基于信息重现的可能航迹关联算法在文献 [37] 中也有详细描述。

4.5.3 仿真结果

本节主要分析介绍仿真结果, 对于实测环境下的火点探测监视实验将在第 8 章进行介绍。

1. 仿真实验 1

在第一个实验中, 仿真初始条件设定为: 3 架无人机, 2 个探测警报点。

图 4.18 给出了无人机飞行轨迹以及警报点坐标。其中一架无人机飞行高度相对较高, 另外两架按给定路线进行巡飞。飞行高度相对较高的无人机充当另外两架无人机的信息中转站。

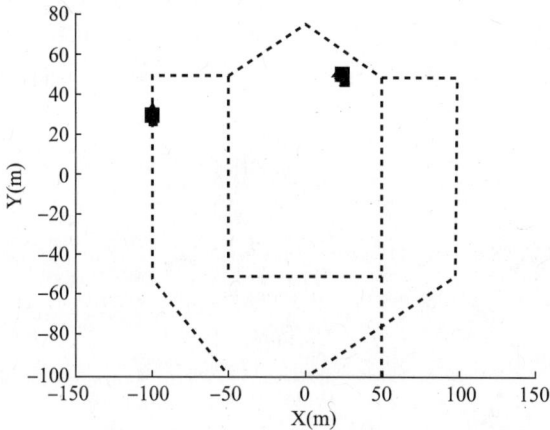

图 4.18　无人机飞行轨迹和探测事件所在相对位置图

图 4.19 和图 4.20 分别给出了 2 个目标和 3 架无人机的位置估计以及协方差估计。无人机采用 CI 算法来避免乐观估计。从图中可以看出对于同一种方法以及位置量修正过程的相似性。

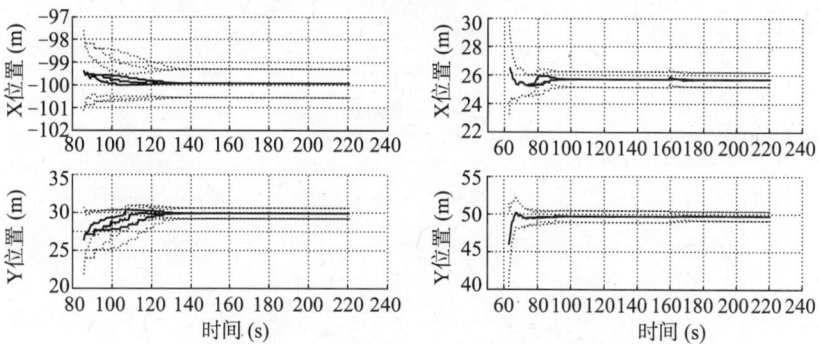

图 4.19　3 架无人机对 2 个警报点的位置估计

2. 仿真实验 2

第 2 个实验包含对运动目标的探测和跟踪。

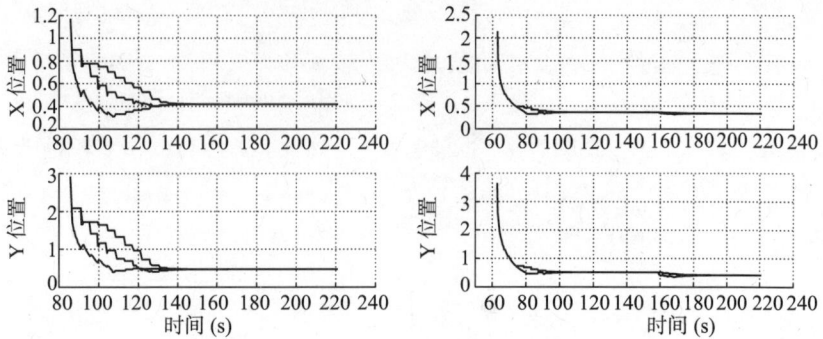

图 4.20   3 架无人机位置坐标的估计方差

两架无人机设定为飞向固定点后, 朝向目标悬停。图 4.21 所示为两架无人机通过摄像机对运动目标位置的估计。

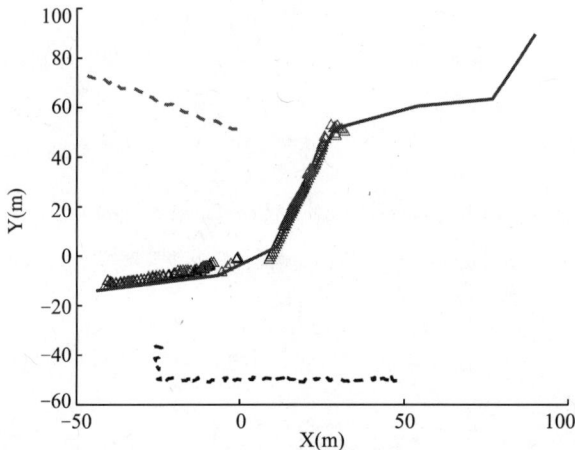

图 4.21   目标轨迹 (实线)、无人机飞行轨迹 (虚线) 和被估目标所在位置 (三角形线)

图 4.22 所示为无人机位于坐标点 $(0, 50)$ 处对目标进行坐标估计的滤波过程。从图中能够看出目标位于传感器视场之内。一旦目标机动, 则在无人机接收到其他无人机信息之前估计值的不确定性将会增加。

注: 在时刻 115, 其接收由其他无人机发送的信息, 并将其与本地信息进行融合。

同时通过对比可以得出 X 和 Y 坐标轴的协方差。图 4.23 所示为相同无人机的目标预测速度。

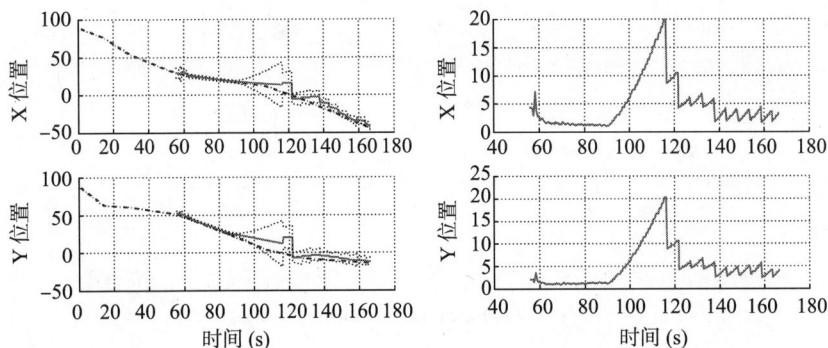

图 4.22　左图: 目标的估计坐标 (实线) 和目标的实际坐标 (虚线)
右图: 其中一架无人机的估计协方差

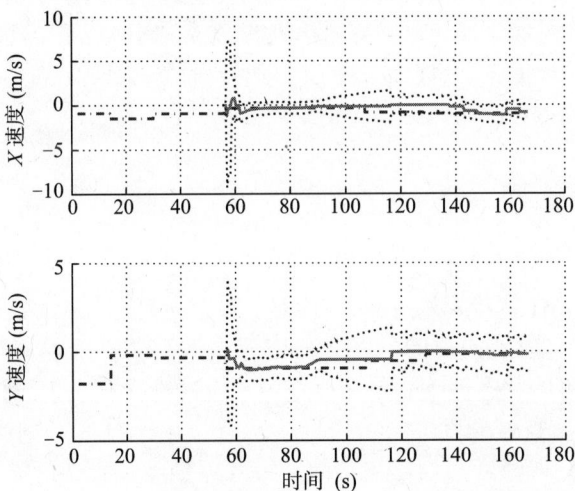

图 4.23　目标估计速度 (实线) 和实际速度 (虚线)

4.6　基于网格技术的多无人机异类信息的探测与定位

　　信息融合 (及其相关的卡尔曼滤波) 所要求的某些约束条件在有些情形下是不成立的。例如: 其要求高斯分布。因此, 信息融合就无法处理同时具有多个假设条件的多模型分布。数据关联问题也同样存在上述问题[42]。

　　此外, 前述章节只适合于传感器之间能够提供目标相互关系数据的多传感器数据融合。即传感器提供的原始数据中能够分离出特定警报点关联信息。然而, 有些传感器不能提供直接的目标位置信息, 如仅仅能够提供目标纯方位信息的图像录取设备, 基于已知 DEM 假设的地面目标位置的判决, 甚至于某个局域目标位置探测传感器。例如, 在第 8 章中火警探测实例就利用火点探测器作为传感器。火点探测器价格相对低廉, 仅仅能够提供视场内是否存在火点, 并不能给出火点范围以及火点位置等直接的信息。

基于网格技术[27,41,46] 的异类信息融合能够解决以上所列问题。该融合方法将需要探测的视场分割为小的单元, 每个小单元称为特定或迹象网格。对于单元 k, 对应于目标是否存在赋给其相应的随机状态变量 x_k, 同时每一个网格单元对应其相应的 3D 位置量 $\boldsymbol{p}_k$。

随机状态变量的两个取值为: 是和否。定义: 在单元格 k 内存在目标的概率为 $p(x_k = 1)$ 或者 $p(x_k)$。在单元格 k 不存在目标时的状态为 $\bar{x}_k$, 然后定义其概率值 $p(x_k = 0) = p(\bar{x}_k) = 1 - p(x_k)$。无人机网络的目标就是随时更新每个单元格的概率值。

4.6.1 局部融合

这里, 假设每一个单元格的状态不随时间改变而改变。随机状态变量 x_t 包含时刻 t 任意单元格 $x_{k,t}$ 的状态。对于所有单元格, 联合概率分布 $p(x^t|z^t)$ 必须包含所有可能的联合概率分布值。对于 L 个单元格其全概率分布有 2^L 不同状态值[46]。对全概率分布值进行计算, 其计算量过大。因此, 采用边缘值近似的方法, 得

$$p\left(x^t|z^t\right) = \prod_k p\left(x_k|z^t\right) \tag{4.49}$$

既然这样, 则贝叶斯滤波采用对数形式能够化简为相对简单形式:

$$\frac{\text{bel}\left(x_{k,t}\right)}{1 - \text{bel}\left(x_{k,t}\right)} = \frac{p\left(\boldsymbol{z}_t|x_k\right)}{p\left(\boldsymbol{z}_t|\bar{x}_k\right)} \frac{\text{bel}\left(x_{k,t-1}\right)}{1 - \text{bel}\left(x_{k,t-1}\right)}$$

$$= \prod_{\tau=0}^{t} \frac{p\left(\boldsymbol{z}_\tau|x_k\right)}{p\left(\boldsymbol{z}_\tau|\bar{x}_k\right)} \frac{\text{bel}\left(x_{k,0}\right)}{1 - \text{bel}\left(x_{k,0}\right)} \tag{4.50}$$

令 $l_{k,t} = \log \dfrac{\text{bel}\left(x_{k,t}\right)}{1 - \text{bel}\left(x_{k,t}\right)}$, 则更新网格的局部算法如算法 4.3 所示。

算法 4.3 $\{l_{k,t}\} \leftarrow \text{Binary\_LogOdds\_Filter}\left(\{l_{k,t-1}\}, \boldsymbol{z}_t\right)$

1: for $k=1$ to L do

2: $\quad l_{k,t} = l_{k,t-1} + \log p(\boldsymbol{z}_{i,t}|x_k) - \log p(\boldsymbol{z}_{i,t}|\bar{x}_k)$

3: end for

4.6.2 多无人机分布式融合

如果中心节点接收到多个无人机的全部数据, 即

$$p\left(\boldsymbol{z}_t^m|x_{k,t}\right) = \prod_j p\left(\boldsymbol{z}_{j,t}|x_{k,t}\right)$$

则集中式融合的算法将与算法 4.3 所示一致。但是第二行替换为下式:

$$l_{k,t} = l_{k,t-1} + \sum_j \left[\log p\left(\boldsymbol{z}_{j,t}|x_k\right) - \log p\left(\boldsymbol{z}_{j,t}|\bar{x}_k\right)\right] \tag{4.51}$$

该滤波器可以轻易地分解为分布式滤波器。任一无人机 i 计算式 (4.51) 中流动数据的一部分, 将其视为局部数据, 并与其他无人机以对数形式共享自己的判据状态。无人机应用式 (4.37) 对接收的信息进行融合, 以适应二维静态系统。最终的滤波如算法 4.4 所示。

算法 4.4 Decentralized_Grid_Multi_Robot(i)

1: for all k do

2: $\quad l_{k,0}^i = 0$

3: end for

4: while true do

5: $\quad$ for all k do

6: $\quad\quad$ if New data $z_{i,t}$ then

7: $\quad\quad\quad l_{k,t}^i \leftarrow l_{k,t-1}^i + \log p(z_{i,t}|x_k) - \log p(z_{i,t}|\bar{x}_k)$

8: $\quad\quad$ end if

9: $\quad\quad$ if New belief from UAV j then

10: $\quad\quad\quad l_{k,t}^i \leftarrow l_{k,t}^i + l_{k,t}^j - l_{k,t-\Delta t}^j$

11: $\quad\quad$ end if

12: $\quad$ end for

13: end while

4.6.3 基于栅格技术的事件探测与定位

在前面描述的问题中, 其关键就是决定其中的似然函数 $p(z_t|x_k)$。通过获取的数据集 z_t 根据似然函数得到在时刻 t 单元 k 中是否存在归类目标的概率值。测量数据 z_t 包含有所有无人机在时刻 t 收集的测量数据, 具体来说就是不同无人机收集到的图像信息和火点探测器信息。

确定似然函数需要考虑的因素包括: 传感器相对于地图的坐标以及异类传感器之间的几何特性(如: 图像获取设备的针孔模型) 等。在无人机提供了前述信息后, 需要对其进行数据校准。如前面所论述的, 无人机 j 的姿态信息中存在误差量 $q_{j,t}$, 因此对于无人机 j 的录取数据 $z_{j,t}$ 所确定的似然函数进行修正:

$$p(z_{j,t}|x_k) = \int p(z_{j,t}|x_k, q_{j,t}) \, p(q_{j,t}) \, d(q_{j,t}) \tag{4.52}$$

出于滤波方便的考虑, 采用式 (4.52) 的等价方程计算 $p(z_{j,t}|\bar{x}_k)$。式 (4.52) 可以进一步简化。测量值并不仅仅依赖于一个单元格, 而至少要考虑传感器 j 视场 $S(j)$ 内的所有网格。因此,

$$p(z_{j,t}|x_k, q_{j,t}) = \sum_{i \in S(j)} \sum_{x_i} p(z_{j,t}|x_k, x_i, q_{j,t}) \, p(x_i) \tag{4.53}$$

然而, 在计算式 (4.52) 的过程中并没有考虑其中的依赖性。在接下来的章节中将描述不同种类传感器似然函数的计算过程。

1. 摄像设备的测量模型

如 4.3.3 分节所论述, 在组队的多无人机探测中, 摄像设备是非常重要的信息源。对于不同形态的摄像设备, 其首先假设的是数据预处理阶段, 从背景图像中分割出目标, 因此摄像设备所提供的测量数据仅仅是将其像素点归为某一类(如为火点或非火点) 的二进制图像。这类分割算法通过概率定义为传感器 j 对事件的探测概率 $P_{D,j}$ 与 $P_{F,j}$。图 2.24 所示为由于传感器位置误差和单元格有限的分辨率, 一个单元格代表像平面一定的区域 (如图中椭圆所示)。

为确定式 (4.52) 的似然函数, 需要考虑以下因素。假设单元格 k 对应的位置量为 p_k。对于给定位置信息的传感器 $q_{j,t}$, 在摄像设备 j 的像平面内单元格中心对应像素点 $m_{k,j}$ (如果火点位于该摄像设备的视场内)。像素点的位置由式 (4.25) 确定。

图 4.24   一个单元格代表像平面一定的区域

如果像素点 $m_{k,j}$ 相当于被分割出来的火点, 则似然函数 $p\left(z_{j,t}|x_k, q_{j,t}\right)$ 定义为

$$p\left(z_{j,t}|x_k, q_{j,t}\right) = P_{\mathrm{D},j}$$
$$p\left(z_{j,t}|\bar{x}_k, q_{j,t}\right) = P_{\mathrm{F},j} \tag{4.54}$$

同样, 假设像素点归类为背景图像, 则似然函数定义为

$$p\left(z_{j,t}|x_k, q_{j,t}\right) = 1 - P_{\mathrm{D},j}$$
$$p\left(z_{j,t}|\bar{x}_k, q_{j,t}\right) = 1 - P_{\mathrm{F},j} \tag{4.55}$$

然而, 并不能得到传感器自身的精确位置, 因此对应的像素点的坐标同样存在不确定性。因此为计算似然函数 $p\left(z_{j,t}|x_k\right)$, 式 (4.52) 需要综合摄像设备位置信息值 $q_{j,t}$。然而根据式 (4.52) 进行计算, 其计算量相对较大, 特别是要对摄像设备视场内分割出来的网格所有单元格进行计算时。

像素点位置同传感器位置以及通过非线性针孔模型式 (4.25) 得到的元坐标相关, 因此 $m_{kj} = f\left(q_{j,t}, p_k\right)$。为避免直接解算式 (4.52), 通过无迹变换 (UT) [21] 对摄像设备位置信息量 $q_{j,t}$ 中的误差对单元格像素点的位置信息量 m_{kj} 的传递误差进行分解。

此外, 在处理程序中需要考虑由于网格分辨率的影响给位置信息量 p_k 带来的误差。作为结论, 每一个单元格 k 其对应的像素点位置的高斯分布

为 $p\left(\boldsymbol{m}_{kj}\right)$。则由式 (4.52) 推导得:

$$p\left(\boldsymbol{z}_{j,t}|x_k\right) = \int p\left(\boldsymbol{z}_{j,t}|x_k, \boldsymbol{q}_{j,t}\right) p\left(\boldsymbol{q}_{j,t}\right) d\left(\boldsymbol{q}_{j,t}\right)$$
$$= \sum_{\boldsymbol{m}} p\left(\boldsymbol{z}_{j,t}|x_k, \boldsymbol{m}_{kj,t}\right) p\left(\boldsymbol{m}_{kj,t}\right) \qquad (4.56)$$

其中, 由分布函数 $p\left(\boldsymbol{m}_{jk,t}\right)$ 的二阶矩计算像平面上某一区域的事件概率和值。同样对于随机变量 $\bar{x}_k$ 也可以计算其似然函数。

为完善该模型, 主要依据传感器的位置和方位 $\boldsymbol{q}_j$ 以及单元格 k 的相对位置量 $\boldsymbol{p}_k$ 对概率值 $P_{\mathrm{D},j}$、$P_{\mathrm{F},j}$ 进行修正。因此

$$P_{\mathrm{D},j}\left(\boldsymbol{p}_k, \boldsymbol{q}_j\right) = P_{\mathrm{D},j} - w_{\mathrm{D},j}\left(d_{kj}^2\right)$$
$$P_{\mathrm{F},j}\left(\boldsymbol{p}_k, \boldsymbol{q}_j\right) = P_{\mathrm{F},j} - w_{\mathrm{F},j}\left(d_{kj}^2\right) \qquad (4.57)$$

其中, $w_{\mathrm{D},j}$、$w_{\mathrm{F},j}$ 根据单元格 k 和传感器 j 之间的距离 d_{kj} 来调节概率值 $P_{\mathrm{D},j}$、$P_{\mathrm{F},j}$。这些都是根据似然函数确定的实际指标。

2. 火点探测器的量测模型

火警传感器可以认为是一个火点探测器, 其主要由感光范围为 $[185,260]$ nm (通常火光的波长范围) 的光敏二极管组成。传感器的输出值为与接收到的辐射强度对应的标量。作为重要的传感器, 其并不能确定火点是离传感器很远的大火还是离传感器很近的小火。通过设置一个门限值, 该标量值仅仅表明在传感器视场内是否存在火点。

因此, 传感器的测量功能也仅仅能定义为探测概率 P_{D} 和虚警概率 P_{F}。探测概率和虚警概率值取决于传感器的门限值。高门限值意味着相对较低的虚警概率 P_{F}, 但是也制约了其探测能力。

如果传感器探测到目标, 则单元格的更新为

$$p\left(\boldsymbol{z}_{j,t}|x_k\right) = P_{\mathrm{D},j}\left(\boldsymbol{p}_k, \boldsymbol{q}_j\right) = P_{\mathrm{D},j} - w_{\mathrm{D},j}\left(d_{kj}^2, \alpha_{kj}, \theta_{kj}\right)$$
$$p\left(\boldsymbol{z}_{j,t}|\bar{x}_k\right) = P_{\mathrm{F},j}\left(\boldsymbol{p}_k, \boldsymbol{q}_j\right) = P_{\mathrm{F},j} - w_{\mathrm{F},j}\left(d_{kj}^2, \alpha_{kj}, \theta_{kj}\right) \qquad (4.58)$$

同样, 如果没有探测到目标, 则更新为

$$p\left(\boldsymbol{z}_{j,t}|x_k\right) = 1 - P_{\mathrm{D},j}\left(\boldsymbol{p}_k, \boldsymbol{q}_j\right) = 1 - \left[P_{\mathrm{D},j} - w_{\mathrm{D},j}\left(d_{kj}^2, \alpha_{kj}, \theta_{kj}\right)\right]$$
$$p\left(\boldsymbol{z}_{j,t}|\bar{x}_k\right) = 1 - P_{\mathrm{F},j}\left(\boldsymbol{p}_k, \boldsymbol{q}_j\right) = 1 - \left[P_{\mathrm{F},j} - w_{\mathrm{F},j}\left(d_{kj}^2, \alpha_{kj}, \theta_{kj}\right)\right] \qquad (4.59)$$

实际上, 该模型可以用于任何判定视场内是否存在目标的输出二元判定测量值的传感器。图 4.25 所示为 $P_{\mathrm{D},j}\left(d_{kj}^2, \alpha_{kj}, \theta_{kj}\right)$、$P_{\mathrm{F},j}\left(d_{kj}^2, \alpha_{kj}, \theta_{kj}\right)$ 随角度和距离变化曲线。

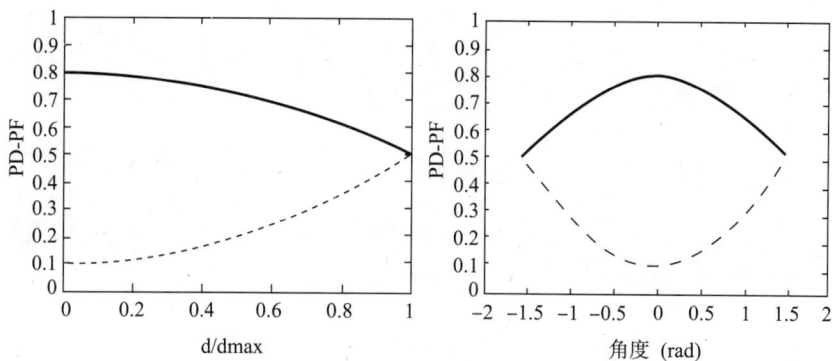

图 4.25　实线为 P_D, 虚线为 P_F

3. 基于网格的估量获取

利用上述方程, 利用无人机收集的数据, 采用递归估计可以得到网格的状态值。依据贝叶斯理论, 网格状态重现了时刻 t 可能火点的所有信息。然而, 在某些应用中, 需要更多特定的传感器。例如: 一组无人机搜寻火灾警报点, 控制中心可能预料到了可能存在的火灾的大概位置, 因此需要计划新的任务, 派出新的无人机以确认该火灾点。同样, 我们也可以利用该测量值与利用 GPS 记录的火点进行对比确认。

该探测值可以通过多种途径完成。在这里, 对于给定门限值的传感器在网格单元格集的概率值每 T 秒获取一次。对于每一个相连区域集合R超过门限值的点进行标记。火警点的位置通过单元格位置的几何加权平均数进行计算。

$$\mu_R = \frac{\sum_{k \subset R} \boldsymbol{p}_k p\left(x_k | \boldsymbol{z}^t\right)}{\sum_{k \subset R} p\left(x_k | \boldsymbol{z}^t\right)} \tag{4.60}$$

同样, 根据区域 R 的二阶矩可以得出计算得到的坐标误差的估计值。

4. 实验结果

图 4.26 所示为在 COMETS 工程的框架下进行的真实火警点探测实验在不同时刻的无人机网格演变过程。详细的描述可以参考第 8 章。第一幅图给出了无人机利用火点探测器飞过无火区域的网格状态。第二幅图给出了传感器如何基于网格技术产生两个大的高概率团块, 其中一个是因为虚警, 另一个是因为真实的火点。后来, 另一架无人机起飞, 并利用其携带的 IR 照相机对可能的火警区域进行侦察。后起飞的无人机从前一架无人机处接收到估计的网格。第三幅图给出了如何在几帧图像信息和火警探测器信息融合后将高概率区域约束到一个相对较小的区域, 其中包括真实的

火警点位置。

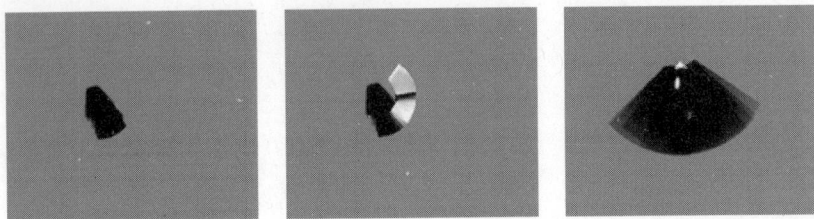

图 4.26 在任务中 3 个不同时刻网格的状态。红色正方形代表火点的真实位置。

· 图 4.27 所示为利用式 (4.60) 计算的高概率区域和真实火警点的对比。同时也给出了位置误差的估计量。

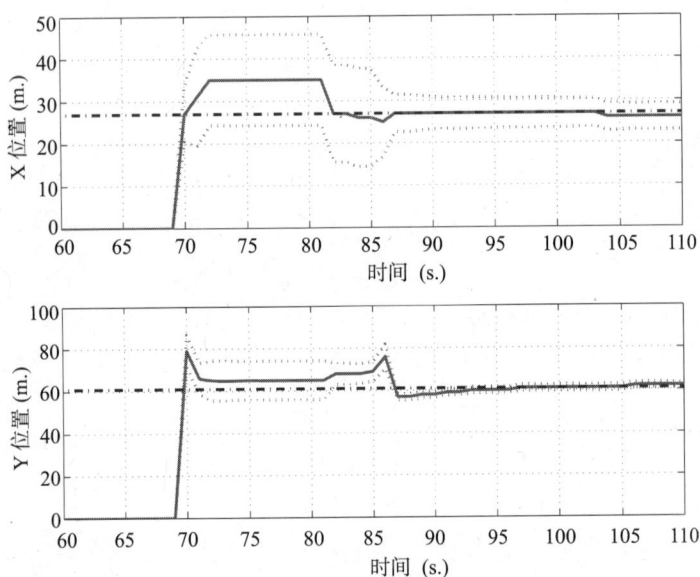

图 4.27 高概率区域的估计平均位置 (点线 — 估计协方差。点划线 — 真实火点坐标)

4.7 结论

无人机探测是一个典型的空中平台探测环境。无人机探测技术包括图像中目标运动估计、空中平台震动或波动引起的图像偏差修正、图像的目标探测、识别以及纯方位定位、在 GPS 导航条件下的无人机自身定位等。

本章介绍了解决上述问题的不同方法。

　　本章同时介绍了基于随机概率分布的联合探测、定位、跟踪算法。特别是利用随机概率分布的信息滤波算法进行多无人机协同探测、跟踪, 取得了相对较好的结果。

　　以上介绍的方法都可以归结为第 2 章介绍的决策理论的框架体系中。本书的第 8 章将会介绍森林火灾的探测监视实验。

参考文献

[1] Blobdetect software, http://www.isy.liu.se/~perfo/software/.

[2] A. Asif and J.M.F. Moura. Block matrices with L-block-banded inverse: inversionalgorithms. *IEEE Transactions on Signal Processing*, 53(2):630–642, Feb. 2005.

[3] N. Ayache and P. T. Sander. *Artificial Vision for Mobile Robots: Stereo Vision and Multisensory Perception*. The MIT Press, Cambridge, MA, USA, 1991.

[4] T. Balch and R.C. Arkin. Behavior-based formation control for mnltirobot teams. *IEEE Transactions on Robotics and Automation*, 14(6):926–939, 1998.

[5] W. Burgard, M. Moors, C. Stachniss, and F.E. Schneider. Coordinated multirobotexploration. *IEEE Transactions on Robotics*, 21(3):376–386, June 2005.

[6] F. Caballero, L. Merino, J. Ferruz, and A. Ollero. A visual odometer without 3d reconstruction for aerial vehicles. applications to building inspection. In *Proceedings of the International Conference on Robotics and Automation*, pages 4684–4689. IEEE, April 2005.

[7] D.W. Casbeer, D.B. Kingston, R.W. Bear, T.W. McLain, and S.M. Li. Cooperative forest fire surveillance using a team of small unmanned air vehicles. *International Journal of System Science*, pages 1–18, January 2005.

[8] G. Farnebäck and K. Nordberg. Motion detection in the WITAS project. In *Proceedings SSAB02 Symposium on Image Analysis*, pages 99–102, Lund, March 2002. SSAB.

[9] O. Faugeras. *Three-dimensional computer vision: a geometric viewpoint*. The MIT Press, Cambridge, MA, USA, 1993.

[10] H. J. S. Feder. J. J. Leonard, and C. M. Smith. Adaptive Mobile Robot Navigation and Mapping. *The International Journal of Robotics Research*, 18(7):650–668,1999.

[11] J.W. Fenwick, P.M. Newman, and J.J. Leonard. Cooperative concurrent

mapping and localization. In *Proceedings of the International Conference on Robotics and Automation*, pages 1810–1817, 2002.

[12] J. Ferruz and A. Ollero. Real-time feature matching in image sequences for non structured environments. applications to vehicle guidance. *Journal of Intelligent and Robotic Systems*, 28:85–123, 2000.

[13] P.-E. Forssén and A. Moe. View matching with blob features. In *2nd Canadian Conference on Robot Vision*, pages 228–235, Victoria, BC, Canada, May 2005. IEEE Computer Society.

[14] Per-Erik Forssén. *Low and Medium Level Vision using Channel Representations*. PhD thesis, Linköping University, 2004. Thesis No. 858.

[15] Robert Grabowski, L.E. Navarro-Serment, C.J.J. Paredis, and P.K. Khosla. Het erogeneous teams of modular robots for mapping and exploration. *Autonomous Robots*, 8(3):293–308. 2000.

[16] S. Grime and H. F. Durrant-Whyte. Data fusion in decentralized sensor networks. *Control Engineering Practice*, 2(5):849–863, Oct. 1994.

[17] B. Grocholsky, A. Makarenko, and H. Durrant-Whyte. Information-theoretic coordinated control of multiple sensor platforms. In *Proceedings of the International Conference on Robotics and Automation*, pages 1521–1526, September 2003.

[18] R. I. Hartley and A. Zisserman. *Multiple View Geometry in Computer Vision*. *Cambridge University* Press, second edition, 2004.

[19] A. Howard. L.E. Parker, and G.S. Sukhatme. Experiments with a Large Hetero geneous Mobile Robot Team: Exploration, Mapping. Deployment and Detection. *The International Journal of Robotics Research*, 25(5-6):431–447, 2006.

[20] E. Hygounenc, I-K. Jung, P. Soueres, and S. Lacroix. The Autonomous Blimp Project of LAAS-CNRS: Achievements in Flight Control and Terrain Mapping. *The International Journal of Robotics Research*, 23(4-5):473–51l, 2004.

[21] S. Julier and J. Uhlmann. A new extension of the Kalman filter to nonlinear systems. In *Proceedings of the 11th Int. Symp. on Aerospace/Defence Sensing, Simulation and Controls*, 1997.

[22] S.J. Julier and J.K. Uhlmann. A non-divergent estimation algorithm in the presence of unknown correlations. In *Proceedings of the Amcricrm Control Conference*, volume 4, pages 2369–2373, Jun. 1997.

[23] Tony Lindeberg. *Scale-space Theory in Computer Vision*. Kluwer Academic Publishers, 1994. 1SBN 0792394186.

[24] M.J. Mataric̀. Minimizing complexity in controlling a mobile robot popula-

tion. In *Proceedings of the International Conference on Robotics and Automation*, pages 830–835, 1992.

[25] L. Merino, F. Caballero, J. R. Martinez, J. Ferruz, and A. Ollero. A cooperative perception system for multiple uavs: Application to automatic detection of forestfires. *Journal of Field Robotics*, 23(3):165–184, 2006.

[26] L. Merino, J. Wiklund, F. Caballero, A. Moe, J.R. Martínez de Dios, P.-E. Forssén, K. Nordberg, and A. Ollero. Vision-based multi-UAV position estimation. *IEEE Robotics and Automation Magazine*, 13(3):53–62, 2006.

[27] H. Moravec. Certainty grids for sensor fusion in mobile robots. *Sensor Devices and Systems for Robotics*, pages 243–276, 1989. Also CMU Robotics Institute 1987 Annual Research Review, 1988, pp. 33-48. Also in AI Magazine v9(2), Summer 1988, pp 61-77.

[28] E. Nettleton, P.W. Gibbens, and H. Durrant-Whyte. Closed form solutions to the multiple platform simultaneous localisation and map building (SLAM) problem. In *Sensor fusion: Architectures, algorithms, and applications IV*, pages 428–437, 2000.

[29] Stepán Obdrzalek and Jirí Matas. Object recognition using local affine frames on distinguished regions. In *13th BMVC*, pages 113–122, September 2002.

[30] A. Ollero, J. Ferruz, F. Caballero, S. Hurtado, and L. Merino. Motion compensation and object detection for autonomous helicopter visual navigation in the comets system. In *Proceedings of the International Conference on Robotics and Automation, ICRA*, pages 19–24. IEEE, 2004.

[31] A. Ollero and L. Merino. Control and perception techniques for aerial robotics. *Annual Reviews in Control*, (28):167–178, 2004. Elsevier (Francia).

[32] L.-L. Ong, B. Upcroft, M. Ridley, T. Bailey, S. Sukkarieh, and H. Durrant-Whyte. Decentralized data fusion with particles. Australasian Conference on Robotics and Automation, 2005.

[33] M. Rosencrantz, G. Gordon, and S. Thrun. Decentralized sensor fusion with distributed particle filters. In *Proc. Conf. Uncertainty in Artificial Intelligence*, 2003.

[34] S. Russell and P. Norvig. *Artificial Intelligence: A Modern Approach*. Prentice Hall, second edition, 2003.

[35] M. Saptharishi, C.S. Oliver, C.P. Diehl, K. Bhat, J. Dolan, A. Trebi-Ollennu, and P. Khosla. Distributed surveillance and reconnaissance using multiple autonomous ATVs: CyberScout. *IEEE Transactions on Robotics and Automation*, 18(5):826–836. Oct. 2002.

[36] T. Schmitt, R. Hanek, M. Beetz, S. Buck, and B. Radig. Cooperative prob-

abilistic state estimation for vision-based autonomous mobile robots. *IEEE Transactions on Robotics and Automation*, 18:670–684, October 2002.

[37] B. Schumitsch, S. Thrun, G. Bradski, and K. Olukotun. The information-form data association filter. In *Proceedings of Conference on Neural Information Processing Systems (NIPS)*, Cambridge, MA, 2005. MIT Press.

[38] R. Simmons, D. Apfelbaum, W. Burgard, M. Fox, D. an Moors, S. Thrun, and H. Younes. Coordination for multi-robot exploration and mapping. In *Proceedings of the AAAI National Conference on Artifical Intelligece*, 2000.

[39] K. Singh and K. Fujimura. Map making by cooperating mobile robots, In *Proceedings of the International Conference on Robotics and Automation*, pages 254–259, 1993.

[40] R.D. Smallwood and E.J. Sondik. The optimal control of partially observable markov processes over a finite horizon. *Operations Research*, 21(5):1071–1088, 1973.

[41] P. Stepan, M. Kulich. and L. Preucil. Robust data fusion with occupancy grid. *IEEE Transactions on Systems, Man and Cybernetics, Part C*, 35(1):106–115, February 2005.

[42] L. D. Stone, T. L. Corwin, and C. A. Barlow. *Bayesian Multiple Target Tracking*. Artech House, Inc., Norwood, MA, USA, 1999.

[43] A. Stroupe, M.C. Marion, and T. Balch. Distributed sensor fusion for object position estimation by multi-robot systems. In *Proceedings of the International Conference on Robotics and Automation*, May 2001.

[44] A.W. Stroupe, R. Ravichandran, and T. Balch. Value-based action selection for exploration and dynamic target observation with robot teams. In *Proceedings of the International Conference on Robotics and Automation*, volume 4, pages 4190–4197, 2004.

[45] S. Sukkarieh, E. Nettleton, J.-H. Kim, M. Ridley, A. Goktogan, and H. Durrant Whyte. The ANSER Project: Data Fusion Across Multiple Uninhabited Air Vehicles. *The International Journal of Robotics Research*, 22(7-8):505–539, 2003.

[46] S. Thrun, W Burgard, and D. Fox. *Probabilistic Robotics*. The MIT Press, 2005.

[47] S. Thrun, Y. Liu, D. Koller, A.Y. Ng, Z. Ghahramani, and H. Durrant-Whyte. Simultaneous Localization and Mapping with Sparse Extended Information Filters. *The International Journal of Robotics Research*, 23(7-8):693–716, 2004.

[48] C. Tomasi. *Shape and motion from image streams: a factorization method.*

PhD thesis, Carnegie Mellon University, 1991.

[49] S. Utete and H.F. Durrant-Whyte. Reliability in decentralised data fusion networks. In *Proc. of the IEEE Integraion for Intelligent Systems*, pages 215–1221, Oct. 1994.

[50] R. Vidal, S. Sastry, J. Kim, O. Shakernia. and D. Shim. The berkeley aerial robot project (bear). In *Proceeding of the International Conference on Intelligent Robots and Systems, IROS*, pages 1–10. IEEE/RSJ, 2002.

[51] R. Vidal, O. Shakernia, H. J. Kim, D.H. Shim, and S. Sastry. Probabilistic pursuitevasion games: Theory, implementation, and experimental evaluation. *IEEE Transactions on Robotics and Automation*, 18(5):662–669, Oct. 2002.

[52] T. Weigel, J.-S. Gutmann, M. Dietl, A. Kleiner, and B. Nebel. CS Freiburg: coordinating robots for successful soccer playing. *IEEE Transactions on Robotics and Automation*, 18(5):685–699. October 2002.

[53] Y. Yanli, A.A. Minai, and M.M Polycarpou. Evidential map-building approaches for multi-UAV cooperative search. In *Proc. of the American Control Conference*, pages 116–121. Jun. 2005.

[54] Z. Zhang. Parameters estimation techniques. a tutorial with application to conic fitting. Technical report, INRIA, France. October 1995.

[55] Z. Zhang. A flexible new technique for camera calibration. *IEEE Trans. Pattern Anal. Mach. Intell.*, 22(11):1330–1334, 2000.

第 5 章

无人直升机

摘要: 这一章主要介绍无人直升机, 并且在此基础上重点剖析 MAR-VIN 无人直升机及其控制系统。5.1 节简述无人直升机和它的控制结构, 以及常用的控制方法, 随后又介绍了 MARVIN 无人直升机系统。5.2 节主要涉及直升机模型。5.3 节介绍了直升机控制技术。最后, 我们得出相关结论。

5.1　无人直升机简介

5.1.1　无人直升机及其控制结构的常见问题

无人直升机展现了航空机器人的许多优点。事实上, 直升机的机动性非常适合机器人的应用。更重要的是, 直升机能够保持航空器处于盘旋状态的能力更是非常适合机器人执行任务。

然而, 直升机却不易控制, 需要应用更可靠的控制理论。与此同时, 直升机还需要为它的发展和应用配置非常有经验的飞行员。

美国的几所大学已经在无人直升机的研究方面取得了一些成果。例如, 卡内基·梅隆大学 (CMU) 的机器人研究所从 20 世纪90 年代初就已经开展了一项无人直升机的研究计划。它们从小型无线电控制飞行器上发展了不同的控制系统, 并且在亚马哈 R50 平台上, 将这些控制模型应用到无人直升机上。在 1997 年, CMU 无人直升机赢得了年度航空机器人比赛。

从 1991 年开始, 南加利福尼亚大学也在进行一项无人直升机研究计划, 并且也开发了一些模型, 例如在 1994 年和 1997 年展示的自动跟踪监

测航空器 (AVATAR) 模型。

AVATAR 直升机获得了 1994 年的 AUVSI 航空机器人竞赛的大奖。

事实上, 伯克利大学也在发展一项名为 BEAR 的无人直升机计划, 在该计划中, 无人直升机是作为智能系统综合途径的测试平台来进行研究的。

佐治亚理工学院 (GIT) 拥有无人航空飞行器研究设备。在过去的十年时间里, 他们已经研究出几个无人直升机平台和航空无人系统。佐治亚理工学院也赢得过 AUVSI 航空机器人比赛。

在欧洲, Linkoping 大学已经开始了名为 WITAS 的长期性基础研究计划, 该计划涉及到要和众多其他大学和私营企业进行合作[10]。亚马哈 Rmax 直升机就被应用到该计划中。而且, 赢得过 2000 年航空机器人比赛的柏林科技大学, 马德里政治学院, 塞尔维亚大学等几所大学正在运用不同的自动控制能力来改进传统的基于无线电控制的直升机。

在本章的下一部分将介绍柏林科技大学的 MARVIN 无人直升机。

1. 控制结构

直升机 (6 个自由度) 的位置和方向通常由 5 个控制输入量决定: 转轴推力 (转轴力量), 合力输入 (对直升机的海拔高度起着直接作用), 能够影响直升机航向和抵消由主转轴产生的反扭矩的尾转轴, 可以修改直升机倾斜角和进行经度转换的纵向转动量, 影响直升机摇摆角度和横转量转换的横向转动量。该直升机是一个多元非线性非触发系统, 在一部分控制回路里采用了强耦合。

南加州大学为 AVATAR 直升机的控制开发了一种基于行动的结构[13]。低等级行动对应于直升机的 4 个输入指令(总节流, 尾部转轴, 横向和纵向转动量)。第二等级则是短期目标行动: 纵向和横向速度的改变。最高等级行动导航控制则是对长期目标负责, 例如机动到一个特殊的方位。

伯克利大学也在研究无人直升机的智能控制结构。分级结构按照计划性、环境交互和控制能力这些因素, 将控制任务分割成不同的描述层。分级飞行处理系统[25] 包括稳定性/跟踪层、轨道生成层 (负责生成一个预定的轨道或者一系列飞行模式), 和一个负责在几个决策计划之间进行切换的切换层。连续和离散事件系统都被考虑进来。为了模拟这些控制系统, 提出了混合系统理论[29]。

GTI 也开发了直升机控制系统, 在飞行控制、航空电子设备和软件系统方面也进行了研究。

2. 基于学习和驾驶知识的控制方法

随着控制方法的深入研究，许多不同的处理方法逐渐被应用起来。在东京理工学院，模糊理论被应用于控制亚马哈直升机上，该机型具有自动功能和声控人机交互功能[35]。

文献 [5] 中使用了基于人类驾驶观察和直升机专家协商的模糊规则。

文献 [41] 在 USC 结构中提出的控制结构作为一种具有增益和误差检验功能的 PD 控制环路而实现。文献 [40] 中，介绍了 "视后学习" 方法。在这种方法中，控制器是这样产生的，一个老师控制系统直到综合控制器也能控制系统达到之前预定的变现标准为止，在此期间产生的训练数据就会产生一个控制器。

在文献 [4] 里面，学习主要基于传感器通过人工神经网络输入给激励控制器的输入信号。然后，神经网络控制器就被应用于直升机空中盘旋。

从飞行测试数据中得到的主动机动完成分析是文献 [16] 中所介绍方法的基础，它提供了一个直升机的完全非线性机动模型。这种模型将被应用于无人直升机新型控制系统的设计中。

3. 建立基本控制模型

在另一方面，一些其他方法也被用于为无人机的控制建模。为无人机建立机动模型是最主要的目的。直升机的模型非常复杂，涉及转轴和机身的灵活性、启动的机动性和发动机的燃烧性。然而在大多数情况下，直升机被认为是一个刚体，输入作用力围绕质心，而输出的物体位移和线速度则在质心，如同旋转角和角速度一样。而且直升机的输入控制量与向上提升力及转矩之间的关系应作为一个模型来看待。总的来说，这些关系涉及了机体的空气动力学特性和水平尾翼的效果，而在低速情况下这些影响可以忽略[31]。

文献 [26] 中提出了一个数字模型和用于试验验证的直升机模型。主旋转桨叶与水平尾翼吊杆之间的交互模型也包括了直升机模型稳定性效果的表现。参数的识别以单变量控制系统 (SISO) 为基础，使用了一个特殊构建的因子来限制直升机在一维自由度上的运动。驾驶中往往同时需要多个输入量来保持系统的稳定性，因而无法研究各个输入控制量单独的作用效果，所以驾驶员操控飞机时采集的输入 – 输出数据是难以用来进行参数识别的。

在文献 [38] 中，作者提出了基于频域法的亚马哈 R-50 无人直升机的参数模型，并且考虑了稳定器杆。在双控制输入的悬停和前行飞行实验中，这个模型的合理性得到了验证，它可以根据直升机的反应预判时域，从而控制输入。

本章的 5.2 节将会讲述 MARVIN 无人直升机的数学模型。

需要强调的是, 在悬停状态下, 非线性系统能够线性化, 然后像 LQR 和 H 这些多元线性控制技术就能够得到应用。在文献 [25] 中, 多回路线性 PID 技术在应用到亚马哈 R-50 时也得到了非常好的使用效果。尽管如此, 如果要补偿较大的扰动, 或者需要强跟踪能力的时候, 这种方法就不再适用了。在这个系统中, 为了弥补直升机悬停状态下的严重偏离, 通过增加非线性控制条件可以得到更好的使用效果。

在文献 [23] 中, 一种基于原始非线性直升机的模糊时间增益方法被提出, 并且进行了仿真实验。

文献 [21] 融合了直升机内部姿态控制回路和外部轨迹控制回路, 再加上自适应技术, 通过阻止在内部回路中由激励限制和力度变化造成的不必要变化, 就可以抵消模型误差。

在文献 [48] 里, 分别对鲁棒多元控制、模糊逻辑控制和非线性跟踪控制技术在垂直上升和同时纵横向运动这两个模拟脚本下进行了比较。结果表明, 可反馈信息线性化的非线性控制技术具有更好的使用广泛性, 可以覆盖更大范围的飞行包络曲线, 但是这种方法却需要系统的精确信息, 并且对模型的变化非常敏感, 比如说有效载荷的改变, 或者是空气动力学的推力改变。

一般来说, 模型不确定性和抗干扰的鲁棒性并不能得到保证, 许多反馈信息线性化技术也不具有自适应的能力。但是在许多情况下, 使用滑动模式和李雅普诺夫基本控制法 [37] 可以提高非线性控制的鲁棒性。这些技术决定了应对非稳定性的控制情况, 但是需要对参数变化进行预判, 虽然有时很难做到这一点。

现在正在努力研究设计一种新的鲁棒非线性控制理论。在文献 [20] 中, 讲述了在保持纵向和横向方位以及持续姿态的情况下, 应对参考信号的直升机非线性模型的垂直模式。

直升机机载物体抗振荡的垂直模式的一致性问题变得比较突出, 参考信号是一系列的正弦曲线信号。一种非线性自适应输出控制和通过饱和控制的进退模式的系统鲁棒稳定性在仿真中也得到应用。仿真结果证明了抗模型和外生参考信号不稳定性的鲁棒性。该方法也需要对鲁棒界限进行预估计。

文献 [25] 提出了一种非线性模型预测控制的应用。在每个抽样时间点, 控制器都要计算能够得到最小二次幂的有限控制结果。考虑到期望轨迹、限定状态参量和控制运动(纵横向循环程度, 整体和尾部螺旋桨), 这个指数必须包含输出误差 (直升机坐标和航向)。梯度下降技术被用来计算控制参数的最佳值。该方法提高了在高计算负荷情况下的跟踪效果。

在文献 [14] 中, 介绍了直升机和 PlanarVTOL 的低控制系统以及下列几个控制技术, 即: 分段后退法、基本能量控制法和李雅普诺夫基本控制法。

在 CMU 中, 亚马哈 R-50 直升机使用高位线性模型进行控制。通过 MOSCA 和直升机的非线性仿真模型将这个模型提取出来。这个控制器包括 1 个多元稳定内回路、4 个速度和方位控制并行回路。在直升机进行了几次演习实验 (方位、前转、后转和循环)。这个控制器是为悬停设计的, 但是它的强鲁棒性使得即使在非最佳轨道上, 直升机在演习中也表现得非常好[37]。

本章的 5.3 节详述了 MARVIN 直升机的控制结构以及适用于 MARVIN 无人直升机的不同控制技术。

5.1.2　MARVIN 无人直升机系统

MARVIN (多目标无人智能导航飞行器)Mark II (M2) 是建造于 2005 年的无人悬浮飞行器 (图 5.1)。

图 5.1　自动飞行的 MARVIN 直升机

它的前身[42] 研制于 1997 年, 并且在 2000 年赢得了国际悬浮飞行器比赛 (IARC)[15]。从 2002 年到 2005 年, 在欧洲的研究计划 COMETS[7] 中, 它被用于和其他 UAV 的合作项目中。

1. M2 机身

M2 机身是由德国 Aero-Tec 公司制造的经济型直升机[2]。它的主要特点是直接悬挂在发动机上的全密封金属单级主旋翼,还有一个自支持装置 (图 5.2)。

图 5.2 机身结构

M2 增加的特色使得它成为无人直升机机身的不错选择。TUB 具有安装在主旋翼上的磁性传感器 (能够测量旋翼每分钟的转数) 以及具有攻击能力和电开关的高标准降落装置。

远程控制设备和陀螺仪都使用 Graupner 公司生产的标准配件[24],发动机是 Zenoah G230RC 23cm^3 双冲程汽柴油混合动力发动机,其最大输出达到 1.84kW (转速为 12500r/min)[6]。

该直升机拥有一个直径 1.84m 的双叶片主旋翼和一个直径 0.34m 的双叶片尾旋翼。主尾旋翼通过一个固定速率的传动装置连在一起。主旋翼在飞行时的转速可以稳定在 1350r/min,只要改变直升机主旋翼的斜度就可以使直升机上升,从而运动起来。在上升时是均匀改变的,而在方向变化上则是加速变化的。根据直升机改变旋翼斜度要用到一个称为旋转斜盘 (SwashPlate, SP) 的设备。

它由一个三相伺服系统驱动。尾旋翼用来补偿配合主旋翼和发动机的扭矩,并且改变直升机的飞行方向。它的斜度由一个单伺服控制,一个 1/5

伺服控制阀门。SP 和阀门的伺服可以参见 5.2 节。3 个 SP 伺服安装在直升机的黑色前箱里，但是它们之间的联动装置是可见的。

2. 远程控制模型直升机

该直升机的伺服由阶跃宽调制信号控制，这个信号和伺服轴的位置是成比例的。在无线电控制的飞行中，该伺服则像从 RC 接收信号一样被 RC 驱动。领航装置没有直接控制伺服，而是使用一种更高层次的方法。领航装置有两条支路，一条控制周期度 (左右各 2 度的自由度)，另外一条控制主旋翼和尾旋翼(各 1 度自由度)。阀门要调整在一定的基本水平上。RC 根据领航装置的命令驱动每个伺服信号。RC 也会补偿一些耦合，也就是当总距增大时，它会增大阀门。M2 的机身抽象度非常低，因为有一个专门的总距伺服会带动另外两个伺服。

多数情况下，RC 领航装置都使用单自由度陀螺仪控制尾旋翼的斜度，以此来克服主转轴上不必要的旋转。所有这些自动控制都必须调校到适合直升机模型的每个装置，包括伺服、旋翼叶片、燃料、天气等等。RC 发送单向信号，所以只有飞行直升机的视觉反馈。

3. 远程直升机和自动 UAV

为了实现模型无人直升机的飞行就必须实现它的自动控制。自动控制必须在从远程控制到伺服的每个节点上都能实现。基于以上的控制理论，我们决定从最低水平开始直接连接直升机上的各个伺服，并且放弃所有的 RC 自动理论。为了达到这个目的，我们应用一种微控制器。微控制器的程序可以实现自动模型和远程控制模型之间的切换，但会为了安全原因而忽略 RC 上的信号。

因为在微控制器上使用两个不同的电池，再加上 RC 接收器和伺服，所以当微控制器的电池用完后，硬件就会返回远程控制飞行状态。另外，在远程领航飞行时，微控制器可以监测传给伺服的信号，因为它们是可以记录的。在 MARVIN 的早期型号中，所有的伺服和接收器的接口都是通过专门定制硬件和微控制器实现的。在 M2 中就无需这样了，因为它的接收系统内置了这项功能。M2 也可以通过机载电控开关自动启动发动机。

Infineon C167 微处理器是仅有的装在直升机上实现自动控制的 CPU。因此，所需的传感器都与它相连，并且运行程序以执行控制、获取和计算传感器数据段。为了实现直升机的自动控制，微控制器的控制程序需要获取直升机的当前方位和姿态信息。另外，当前主旋翼每分钟的转数被用来控制发动机的阀门，还有一个探距声呐用来着陆时探距。

该系统使用一个差分全球定位系统，它可以获取精确的连续方位信息、3 个转速的融合值、3 个加速度和运动探测的三磁场传感器。通过原始数据，使用一个融合函数计算直升机的姿态[43]。主旋翼的转速是用超声波传感器与地面的方位信息，通过测量旋翼轴的磁场变化获得的。每个这样的传感器都直接连在微处理器上。为了将微差加入到 GPS 中，需要从地面基站发出的一连串校正数据。在 M2 中，这些数据被嵌入到地面基站和直升机的普通数据转换中，然后使用 TUB 的实时通信系统将这些数据从微处理器传输到机载 GPS 上[46,47]。

图 5.3 描绘了 M2 的整体嵌入结构，包括一个由在所有节点都使用相同通信系统的网络计算机的基站。该结构包含图像获取系统和自动飞行所需的元器件。

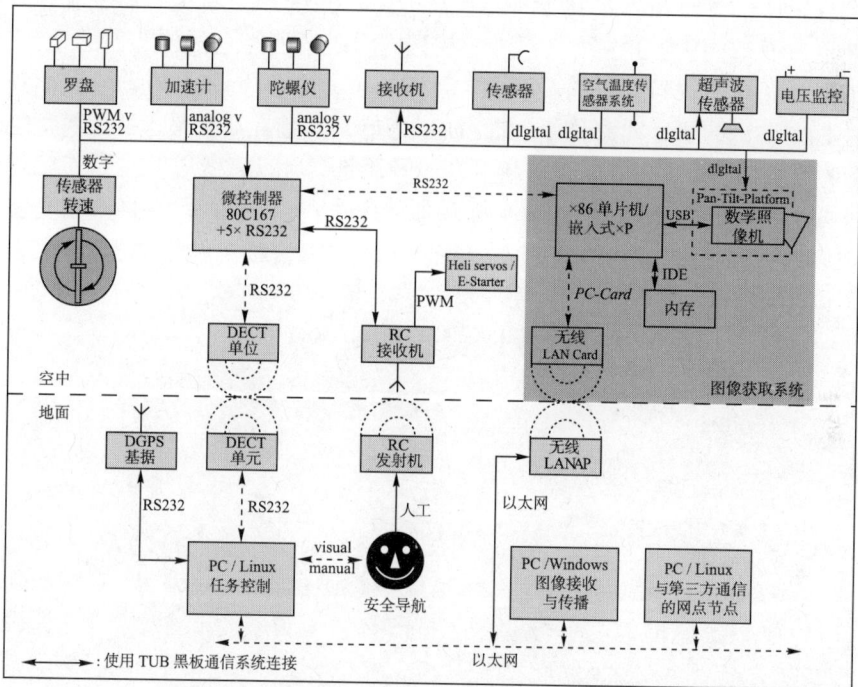

图 5.3　完整的自动 M2 系统，包括地面基站和备用图像获取系统

4. 硬件实现

决定采用一种更灵活合适的方法供研究、发展和维护，即在直升机下方安装一个盒子，盒子里装有许多计算机系统、传感器、能源和电池。这种设计的另一个优点是在维修机身时可以快速替换。这个盒子与铝敷板背面的碳纤维是一样的，被用在许多连接器上或者作为能源的散热板。图 5.4

描绘了 M2 的包括图像采集系统的完整电子盒, 其中 M2 的大多数器件都是可见的。

M2 使用 Hoft & Wessel 公司生产的电子无绳欧洲/加强电话 OEM 模块[3], 通过一个基站将其作为通信的串行连接。为了改善数据融合, 使用了一种用户终端。电子无绳欧洲/加强电话调制解调器的一个优点就是它含有一个外置天线连接器和一个自带电源, 该电源可以满足 OEM 模块的要求。与以前使用过的西门子 M101 数据调制解调器相比, 这些调制解调器更容易融合与使用, 但是实际使用效果却并不稳定。

图 5.4 中的盒子就是一个用来测量微应变的惯性测量单元 (IMU) GX1[39]。这个 IMU 融合了所有需要用到的传感器 (旋转、加速和 3D 中的磁性) 和通过 RS-232 的微处理器接口。乍一看去, 将这些传感器集成在一起非常有效, 因为在 M2 上不可能找到同时放置所有这些传感器的地方。加速计和陀螺仪最好去耦安放在直升机的重力中心, 而磁感应器容易被双冲程发动机的感应线圈严重干扰, 所以最好是安装在离它最远的位置。在 M2 里, 这个最远的位置就是指直升机的尾部。所以将微应变装置安放在如图 5.4 所示位置时, 就非常有必要加装一个罗盘, 或者仅仅将微应变装置当做罗盘使用 (装在尾部时), 而在盒子里使用另外一个惯性测量单元。

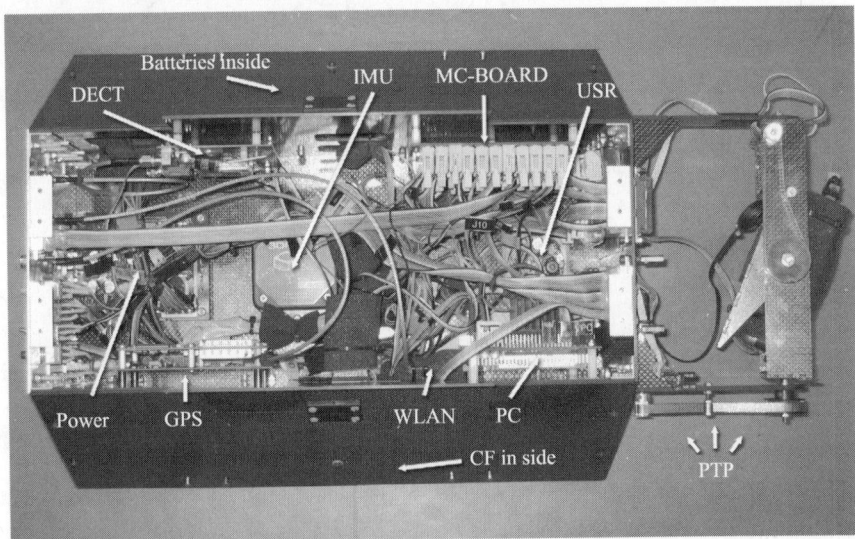

图 5.4　M2 的融合电子设备

这个系统的核心就是一个定制的 MC 母版, 它包含有融合了 Frenzel+Berg[12]、温度和电压监控器, 以及许多可关闭连接器的 C167 MC 模块。

C167 是一个 16bit 的微控制器, 具有良好的连接性, 包含有捕获/比较单元、AD 转换器和 GPIO。Frenzel+Berg 模块含有外部闪存、外部随机存储器和 4 个额外的 RS – 232 串口。

Novatel 介绍使用的 GPS 是一个高精度的 OEM-4G2L[18]。这个 GPS 配合一个比较旧的二手地面接收装置 (OEM-3) 在地面不同的模式下使用。一个二手的现有 M2 直升机也使用老一代的 OEM-3 模块。OEM-4 的最大方位更新速率是 20Hz, OEM-3 是 5Hz, 但是两个系统的精度却只相差 1 cm。M2 系统分别使用 5 Hz 和 10 Hz。直接面朝下安装在盒子的金属板上的是一个由 SmartSens 制造的超声速测距仪。它主要用来在自动着陆时探测陆地。自动模式下, 安装在底部金属板上的 4 个高强度 LED 探照灯可以给出目前飞行模式的反馈信息 (比如: 直升机转向, 悬停, 开始加速和着陆信息)。

薄铝板上的动力装置单元从电池那得到可变的电压, 然后使用 Lambda 公司生产的 DC-DC 转换器 PL10S 将电压转变为 5V 和 3.3V[32]。这些模块可以生成更易控制的、相对更适合所有电子系统的低噪声输出。另外还有针对类似系统、尤其是传感器和 A/D 转换器的低噪声线性控制器。完整的 M2 系统使用来自 Kokam 公司的可充电锂聚合体电池输出动力[27]。一个 11.1V, 3A.h, 235g 的电池可以驱动包括图像获取系统在内的系统使用至少 90min。M2Z 直升机可以携带 3 块电池, 并且在卸下时也能自动保持平衡。

没有内置这个盒子的是由 ACT 公司制作的 DDS-10 RC 接收器[1]。因为这个接收器是为了手动遥控而安装在直升机上的, 所以就把它安装在直升机的前端, 由一个专门的电池驱动。这个接收器有一个特点叫做差异同步连接系统 (DSL-S), 它能够使 C167 通过 RS-232 控制伺服, 或者读取由 RC 发出的数值。主从设置使得在 RC 上可以进行安全超越控制。这个接收器的设计鲁棒性非常强, 当为控制器停止发送数据包的时候, 它能够自动回归到 RC 控制, 但是仍会保持使用微控制器的数据, 以防 RC 无法使用或者失去控制。另外, 接收器可以监控实时受力强度和电池电压。

在盒子里还植入了 PC 机的图像获取系统。这个 PC 机嵌入了国家半导体公司 (现 AMD) 的 SB-i686 芯片。它由嵌入式 Windows XP 系统控制, 一个通过 USB 口连接的数码相机, 并且 IDE 上有一个微型闪存卡。这个 PC 自带一张无线网卡可以将图像传送到地面基站。但是这个无线网卡也能够将由 MC 传来的数据传送给地面基站, 以防 DECT 失败。嵌入的这个 PC 机对于自动飞行来说并不是非常必要的。WLAN、CF、PTP 和照相机都是有效载荷。

另外一个特殊任务传感器就是隐藏在直升机最前部的白色小盒子里的热传感器。这个火情或者说是热传感器是宾松生产的 UV-TronR2868[44]。在探测热能方面, 这个传感器非常敏感, 但是对其他的热源和光源又是绝对的不敏感, 比如太阳。这个传感器用来探测强度。在 M2 系统中, 这个传感器被隐藏在垂直飞机的一个非常小的开角当中, 并且看上去就在飞行方向的前部。这种结构使直升机可以有效避免飞入战火中, 并且可以对它们进行三角测量。

5. 基站

M2 的基站由几个部分组成, 但是最显著的部分是任务控制, 这主要是因为它包含一个 GUI, 并且代表了基站的使用视野。

这个程序可以用来计划和观察一次飞行任务, 包括设定目的地, 发出开始和中止命令。它也能够显示一些基本电子地图数据、直升机的方位、姿态信息以及飞行路径, 同时也能够显示一些状态信息和飞行参数。在场景后面, MC 能够向直升机的系统发出原始命令, 并且这些命令要被单独执行, 使得中止 MC 的时候不会结束自动飞行。

6. MARVIN 直升机的飞行

MARVIN 直升机的飞行路径就是指从三维坐标空间的 $(i-1)$ 位置飞到 (i) 位置, 它有两种飞行模式, 一个是直线飞行, 另一个是曲线飞行。

图 5.5 所示为任务控制程序。

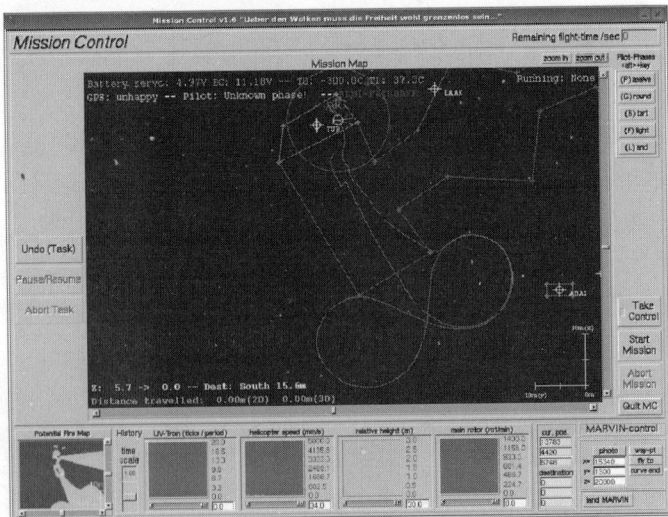

图 5.5　任务控制程序

　　直线飞行模式下, 系统会选择一条从 $(i-1)$ 到 (i) 的最短距离。当到达 (i) 位置后, 它就会停下来, 然后转向飞往 $(i-1)$ 位置, 并且加速。MARVIN 直升机能够以一个设定的巡航速度飞行。

　　在曲线飞行模式下, 直升机保持巡航速度直到最后一个节点, 在中间节点不会停止。为了达到这个目的, 当直升机非常接近节点 i (几乎要减速才能在 i 点停止) 时, 控制器就从节点 i 跳到节点 $i+1$。这样就能在节点之间平滑转换。图 5.6 描绘了双模式比较的仿真飞行。

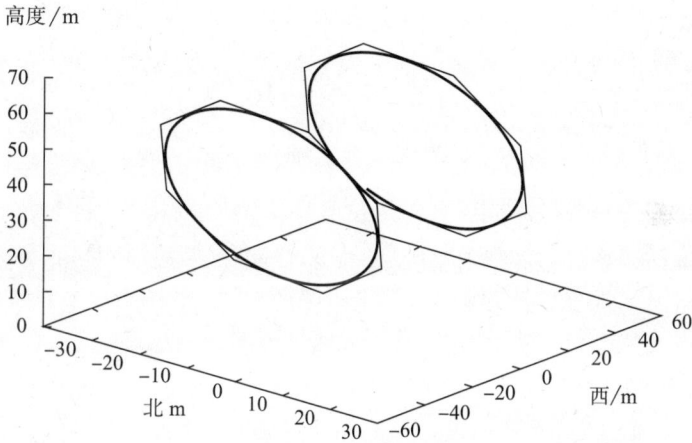

图 5.6　仿真飞行

　　这种方法是可行的, 但是很少用于调整 MARVIN 直升机的方向。典型标准飞行速度为 $2\,\mathrm{m/s}$ 到 $5\,\mathrm{m/s}$, 但是成功飞行时的速度却可以达到 $14\,\mathrm{m/s}$。

　　由于两个因素的限制, 直升机在现行状态下的飞行范围是 $300\,\mathrm{m}$。一是为了在突发情况下直升机飞行员能够在第一时间赶到直升机处, 而且可视距离只有 $150\,\mathrm{m}$, 直升机就必须停在场地中央; 二是 DECT 和 WLAN 的作用距离是 $300\,\mathrm{m}$ 以内, 但是这只是一个小问题, 很容易解决。

　　最大飞行高度非常难确定, 虽然最大攀升速度可以达到 $2\,\mathrm{m/s}$, 但是在 $50\,\mathrm{m}$ 以上的高度飞行是非常危险的, 因为那是飞行员的最大飞行高度。如果不考虑安全因素而只考虑电波因素的话, 就只能达到 $300\,\mathrm{m}$。

　　安全性是件非常重要的事。该直升机看上去非常小巧可爱, 但是考虑它的技术参数, 就知道它的旋翼转速可以达到 $1350\,\mathrm{r/min}$, 直径 $1.84\,\mathrm{m}$, 每个叶片的质量达到 $0.25\,\mathrm{kg}$。所以, 叶片顶端的速度可以达到 $450\,\mathrm{km/h}$, 而每个叶片的推力可以达到 2800 N。

5.2 直升机模型

建立数学模型对于设计控制系统和直升机仿真非常重要。下面的数学模型没有描绘文献 [26,28] 中直升机的机械部分。因此，文献 [9] 公布的模型能够很方便地移植到不同机械类型的直升机当中。另外，相比真实飞行测试，这个模型比较简单，但是在许多应用中，它的效果还是非常好的。在文献 [8] 中，详细介绍了包含旋翼动力学处理方法的完整模型。

5.2.1 并行系统

该模型使用两种不同的并行模型:

• 基本并行系统 (BCS) 作为 Newtonian 基准框架应用于导航节点中，它被定义为地理坐标北和垂直方向 (见图 5.7)。使用者可以选择基本并行系统的基点，这是 GPS 基准天线坐标的常用选择。

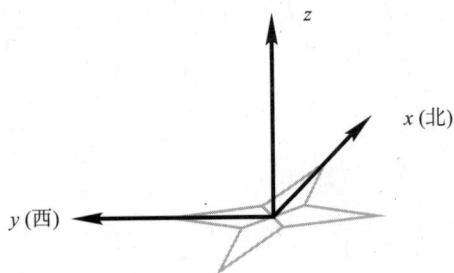

图 5.7　基本并行系统 (BCS)

• 直升机并行系统 (BCS) 要调整到适合直升机，并且被定义为向前的 X 坐标、旋翼轴线的正方向和起点，也非常接近飞行器的质心 (见图 5.8)。

5.2.2 直升机状态量

直升机的状态量 x 可以描述位置、速度和其他值 (见表 5.1)，这些量随时间变化，也可以用于计算将来时刻的值。状态量可以通过标准系统输

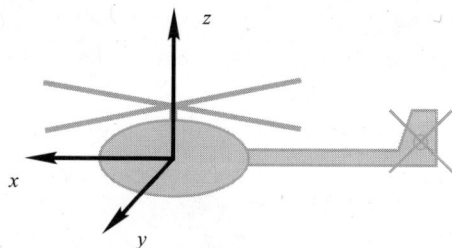

图 5.8   直升机并行系统 (HCS)

入量 u 和函数 f 计算出来:

$$\dot{x} = f(x, u) \tag{5.1}$$

表 **5.1**   直升机状态量

$s, v = \dot{s}$ 位置, 重心速度
$\varphi, \omega = \dot{\varphi}$ 方位角, 角速度
ω_M 主旋翼角速度
P_c, P_z, P_y 主旋翼集体周期变距
p_t 尾桨间距
th 引擎油门

5.2.3   运动物理量

为了对运动进行仿真, 在知道当前状态和动力的前提下, 可以使用运动方程描述方位和速度改变量。在仿真时, 这些方程结合在一起可以计算直升机的状态量。

平移运动可以用简单的牛顿方程来表示 (动力 F, 直升机的质量 m)。

$$^{\text{BCS}}F = m \, ^{\text{BCS}}\ddot{S} \tag{5.2}$$

旋转运动可以用角动量方程 L 描述。仿真效果值 M 可以用下面的等式表示:

$$^{\text{BCS}}M = \, ^{\text{BCS}}\dot{L} \tag{5.3}$$

由于这个方程只能在 BCS 这样的惯性坐标系中才有效, 所以它必须经过以下转换才能应用于 HCS。根据文献 [36], 其结果就是 Euler 方程。

$$^{\text{HCS}}\boldsymbol{M} = {}^{\text{HLS}}\dot{\boldsymbol{L}} + {}^{\text{HLS}}\boldsymbol{\omega} \times {}^{\text{HLS}}\boldsymbol{L} \tag{5.4}$$

在下面的方程中, 指数 HCS 被省略掉。

该变量可以分为 3 个部分: 直升机 $\boldsymbol{L}_{\text{H}}$, 主旋翼 $\boldsymbol{L}_{\text{M}}$, 尾旋翼 $\boldsymbol{L}_{\text{T}}$。

$$\boldsymbol{L} = \boldsymbol{L}_{\text{H}} + \boldsymbol{L}_{\text{M}} + \boldsymbol{L}_{\text{T}} \tag{5.5}$$

要计算机动量, 可以将其分为转动惯量和角速度。主旋翼可以写成 $\boldsymbol{L}_{\text{M}} = J_{\text{M}}\boldsymbol{\omega}_{\text{M}}$, 其中 J_{M} 为惯性力矩。尾旋翼也采用同样的方法处理。即使是引擎的旋转部分也可以用这种方法建立模型。

直升机的主要部分能够绕每个轴旋转, 所以它的转动惯量必须设置为张量 J_{H}。这个张量可以将机身和旋翼的质量分布结合在一起。后者可以被均匀分布在整个旋翼的面积上。整个角动量的完整表示为

$$\boldsymbol{L} = \boldsymbol{J}_{\text{H}} \cdot \boldsymbol{\omega} + J_{\text{M}}\boldsymbol{\omega}_{\text{M}} + J_{\text{T}}\boldsymbol{\omega}_{\text{T}} + J_{\text{E}}\boldsymbol{\omega}_{\text{E}} \tag{5.6}$$

为了简化未来的方程, 将旋转方向定义为转动惯量 (如: $\boldsymbol{J}_{\text{M}} = J_{\text{M}} \dfrac{\boldsymbol{\omega}_{\text{M}}}{|\boldsymbol{\omega}_{\text{M}}|}$)。因为所有的旋转部分都用适当的速率连在一起, 这样就可以将角速度定义为 $\omega_{\text{M}} > 0$。使用固定速率可以计算 ω_{T} 和 ω_{E} (如 $n_{\text{T}} = \dfrac{|\boldsymbol{\omega}_{\text{T}}|}{|\boldsymbol{\omega}_{\text{M}}|}$):

$$\boldsymbol{L} = \boldsymbol{J}_{\text{H}} \cdot \boldsymbol{\omega} + (\boldsymbol{J}_{\text{M}} + n_{\text{T}}\boldsymbol{J}_{\text{T}} + n_{\text{E}}\boldsymbol{J}_{\text{E}})\omega_{\text{M}} \tag{5.7}$$

直升机旋转运动的最终方程可以用式 (5.4) 和式 (5.7) 组成。

$$\begin{aligned}
\boldsymbol{M} = {} & \boldsymbol{J}_H \cdot \dot{\boldsymbol{\omega}} + (\boldsymbol{J}_{\text{M}} + n_T\boldsymbol{J}_{\text{T}} + n_{\text{E}}\boldsymbol{J}_{\text{E}})\dot{\omega}_{\text{M}} + \boldsymbol{\omega} \\
& \times (\boldsymbol{J}_H \cdot \boldsymbol{\omega} + (\boldsymbol{J}_{\text{M}} + n_T\boldsymbol{J}_{\text{T}} + n_{\text{E}}\boldsymbol{J}_{\text{E}})\omega_{\text{M}})
\end{aligned} \tag{5.8}$$

等式 (5.8) 可以不用简化而直接得出, 并且能够应用在仿真当中。但是如果一定要对该等式进行简化 (例如要得到一个控制理论), 这也是有可能的, 因为 ω_{M} 要远远大于 ω, 而且是近似连续的。与 $\boldsymbol{J}_{\text{M}}$ 相比, $n_{\text{T}}\boldsymbol{J}_{\text{T}}$ 和 $n_{\text{E}}\boldsymbol{J}_{\text{E}}$ 都比较小。由此可以得到:

$$\boldsymbol{M} \approx \begin{cases} \boldsymbol{J}_{\text{H}} \cdot \dot{\boldsymbol{\omega}} & (\omega \Box \text{HCS}_z) \\ \boldsymbol{\omega} \times \boldsymbol{J}_{\text{M}}\omega_{\text{M}} & (\omega \perp \text{HCS}_z) \end{cases} \tag{5.9}$$

这个结果可以描述旋转陀螺绕 HCS-x 和 HCS-y 轴倾斜和旋转运动的过程。由于向量积的作用, 这个运动过程所得到的扭矩 $\boldsymbol{M}$ 要移动 90°, 而且扭矩 $\boldsymbol{M}$ 和角速度 $\boldsymbol{\omega}$ 是成比例的, 与文献 [26] 中的描述不一样的是它和加速度没有比例关系。在文献 [17,26] 中, 转轴的作用几乎被完全忽视, 但是文献 [28] 指出转轴的作用占了整个系统的 90%以上, 所以是绝对不能忽略的。

为了解式 (5.8) 和 (5.9), 就需要知道 ω_{M} 的大小。而旋转速度又取决于引擎的扭矩 M_{E} 和旋翼的拖拽力, 这个力也可以看做是在旋转运动中旋翼的扭矩 $(\boldsymbol{M}_{\mathrm{M}} \cdot \dfrac{\boldsymbol{J}_{\mathrm{M}}}{|\boldsymbol{J}_{\mathrm{M}}|})$。在引擎的扭矩设计中, 它的摩擦力已经考虑在内, 而这个摩擦力可以决定 M_{E} 的大小。因为引擎是通过它们的轴来驱动旋翼, 所以只需考虑与这些轴平行的运动。

$$M_{\mathrm{E}} - \boldsymbol{M}_{\mathrm{M}} \cdot \frac{\boldsymbol{J}_{\mathrm{M}}}{|\boldsymbol{J}_{\mathrm{M}}|} - \boldsymbol{M}_{\mathrm{T}} \cdot \frac{\boldsymbol{J}_{\mathrm{T}}}{|\boldsymbol{J}_{\mathrm{T}}|}$$

$$= \sum_{i \in \{\mathrm{M,T,E}\}} J_i^{\mathrm{BCS}} \dot{\boldsymbol{\omega}}_i \cdot \frac{\mathrm{BCS}_{\boldsymbol{\omega}_i}}{|\mathrm{BCS}_{\boldsymbol{\omega}_i}|}$$

$$= \sum_{i \in \{\mathrm{M,T,E}\}} J_i (\mathrm{HCS}_{\dot{\boldsymbol{\omega}}_i} + \mathrm{HCS}_{\dot{\omega}_i}) \cdot \frac{\mathrm{HCS}_{\omega_i}}{|\mathrm{HCS}_{\omega_i}|}$$

$$= \sum_{i \in \{\mathrm{M,T,E}\}} (\boldsymbol{J}_i \cdot \mathrm{HCS}_{\dot{\boldsymbol{\omega}}_i} + |\boldsymbol{J}_i|\dot{\omega}_i)$$

$$= (\boldsymbol{J}_{\mathrm{M}} + \boldsymbol{J}_{\mathrm{T}} + \boldsymbol{J}_{\mathrm{E}}) \cdot \dot{\boldsymbol{\omega}} + (|\boldsymbol{J}_{\mathrm{M}}| + n_{\mathrm{T}}|\boldsymbol{J}_{\mathrm{T}}| + n_{\mathrm{E}}|\boldsymbol{J}_{\mathrm{E}}|)\dot{\omega}_{\mathrm{M}} \qquad (5.10)$$

5.2.4 力和力矩

为了求得 $\ddot{\boldsymbol{s}}$, $\dot{\boldsymbol{\omega}}$ 和 $\dot{\omega}_{\mathrm{M}}$ 的值, 必须解式 (5.2)、式 (5.8) 和式 (5.10), 而它们又依赖于力 $\boldsymbol{F}$ 和扭矩 $\boldsymbol{M}$ 的大小, 具体描述如下:

$\boldsymbol{F}$ 是两个旋翼动力 $(\boldsymbol{F}_{\mathrm{M}}, \boldsymbol{F}_{\mathrm{T}})$ 和机身所受空气阻力 $\boldsymbol{F}_{\mathrm{F}}$ 的合力, 最终计算时, 直升机的重力 $^{\mathrm{BCS}}\boldsymbol{F}_{\mathrm{g}} = (0,0,m_{\mathrm{g}})^{\mathrm{T}}$ (重力加速度为 g) 也必须考虑在内。

$$\boldsymbol{F} = \boldsymbol{F}_{\mathrm{M}} + \boldsymbol{F}_{\mathrm{T}} + \boldsymbol{F}_{\mathrm{F}} + \boldsymbol{F}_{\mathrm{g}} \qquad (5.11)$$

下面讲述 $\boldsymbol{F}_{\mathrm{M}}$ 和 $\boldsymbol{F}_{\mathrm{T}}$ 的计算过程。$\boldsymbol{F}_{\mathrm{F}}$ 的计算必须从与直升机速度 V_{ω} 相对应的空气速度计算起, 它包括风速 W 和直升机自身的运动, 计算式为 $V_{\omega} = W - V$。

和许多关于空气动力学的书中介绍的一样 (例如文献 [33]), 通过空气密度 ρ、阻力系数 C_{ω}, 以及与空气速度相关的特定区域就可以计算出空气阻力。在每个方向上都要这样计算 (用绝对值来计算正确方向上的力)。

$$F_{\mathrm{F}} = \frac{1}{2}\rho \begin{pmatrix} C_{wx} & A_{\mathrm{H}x} & v_{wx} & |v_{wx}| \\ C_{wy} & A_{\mathrm{H}y} & v_{wy} & |v_{wy}| \\ C_{wz} & A_{\mathrm{H}z} & v_{wz} & |v_{wz}| \end{pmatrix} \tag{5.12}$$

总扭矩 M 包括了由两个旋翼 (M_{M}、M_{T}) 所产生的所有扭矩。另外,当两旋翼的力 F_{M} 和 F_{T} 偏离重力中心线 (P_{M}, P_{T}) 时,就会产生一个扭矩。最后,当空气阻力 F_{F} 处在重力中心线上时,它也会产生一个扭矩 M_{F}。

$$M = M_{\mathrm{M}} + M_{\mathrm{T}} + P_{\mathrm{M}} \times F_{\mathrm{M}} + P_{\mathrm{T}} \times F_{\mathrm{T}} + M_{\mathrm{F}} \tag{5.13}$$

知道了 $P_{\mathrm{F}i}$ 和 $F_{\mathrm{F}i}$,M_{F} 就能够通过计算得出。

$$M_F = P_{Fx} \times \begin{pmatrix} F_{Fx} \\ 0 \\ 0 \end{pmatrix} + P_{Fy} \times \begin{pmatrix} 0 \\ F_{Fy} \\ 0 \end{pmatrix} + P_{Fz} \times \begin{pmatrix} 0 \\ 0 \\ F_{Fz} \end{pmatrix} \tag{5.14}$$

5.2.5　旋翼的空气动力学原理

这一部分主要讲述主旋翼的空气动力学方程组,但是这个方程组对于尾旋翼也是适用的。这个模型的建立主要依赖于 Blade Element 理论(见文献 [33, 22, 11]),并且不考虑风速的影响。

在旋翼的一个旋转周期里,单个旋转叶片产生的力是不连续的。由于风和周期变化的原因,在一个周期里升力和拖拽力是变化着的。为了实现控制,这些力和产生的扭矩会统一设定为一个均值。MARVIN 直升机有两片旋叶,主旋翼的转速可以达到近 1300r/min,有效频率也能达到 40Hz。这就意味着使用先前控制理论是得不到这个值的,必须使用上面讨论的力的均值才能得到这样一个值。

根据图 5.9 提到的方法,每一片旋翼的所有参数都要融合在一起才能决定这个力的均值。同时,我们还认为叶片没有任何弯曲,从半径 R_1 到 R_2 叶片的弦也是连续的。

要计算单叶片的力 dF 就必须考虑相应的空气速度 u。它可以被分为两部分: 垂直分量 u_z 和水平正交分量 u_r。由于第三个分量是和叶片平行的,所以在计算时可以不予考虑。

$$u_{\mathrm{r}} = \omega_{\mathrm{M}}r - \cos(\alpha)v_{wy} + \sin(\alpha)v_{wx} \tag{5.15}$$

$$u_{\mathrm{z}} = v_{wz} \tag{5.16}$$

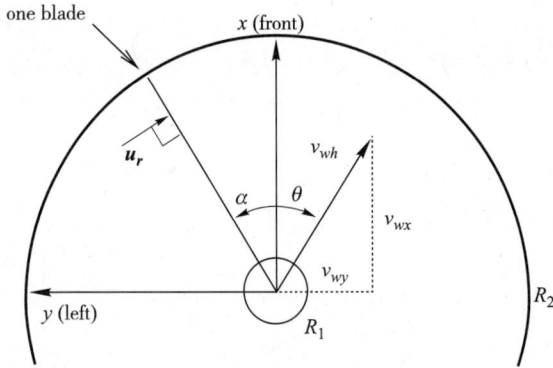

图 5.9 旋翼参数的融合

图 5.10 所示为 ϕ 角和这个力的对应关系。这个倾斜角 ϕ (包括总倾角 P_c 和两个循环倾角 P_x 和 P_y) 以及气流 γ 都需要计算, 这样才能够得到攻击角 δ。

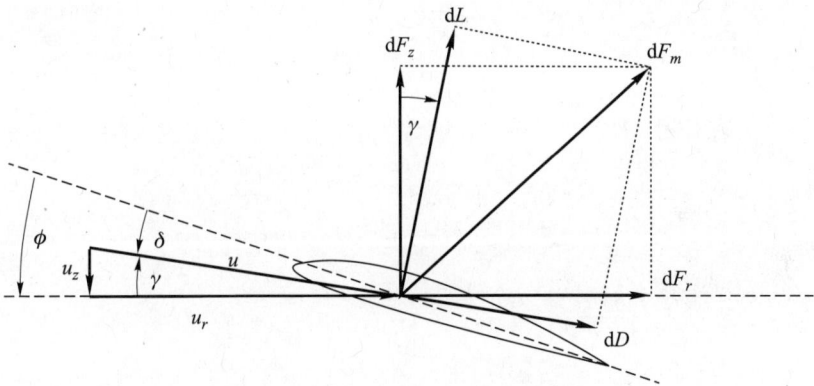

图 5.10 单个桨叶的角度与空气速度

$$\phi = P_c \cos(\alpha) + \sin(\alpha) P_y \tag{5.17}$$

$$\gamma = a \tan 2(u_z, u_r) \tag{5.18}$$

$$\delta = \phi + \gamma \tag{5.19}$$

在文献 [33,22] 中, 设定上升力 dL 和输入气流方向是垂直的。图 5.11 所示为上升力和攻击角之间的关系。在已知旋翼数目 N 和翼宽 b 以后, 可以由下面给出的公式计算出升力和拖曳力。图 5.11 中的倾斜度可以近似用系数 C_{l0}, C_{l1}, C_{d0} 和 C_{d2} 表示。在实验中可以用仪器确定它们的值。因为在每个等式中都有两个未知参数, 所以至少要在不同的执行点上放置两套测量设备。

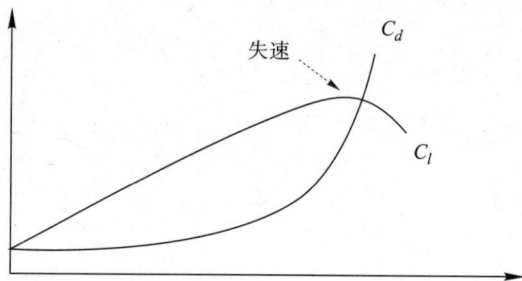

图 5.11 上升力与拖曳力的系数

$$dL = \frac{1}{2}\rho Nb(C_{l0} + C_{l1}\delta)u^2 \tag{5.20}$$

$$dD = \frac{1}{2}\rho Nb(C_{d0} + C_{d2}\delta^2)u^2 \tag{5.21}$$

对于直升机, dF_r 和 dF_z 是有相关性的, 并且可以用流入角 γ 得到:

$$dF_r = dL\sin(\gamma) - dD\cos(\gamma) \tag{5.22}$$

$$dF_z = dL\cos(\gamma) - dD\sin(\gamma) \tag{5.23}$$

得到这些量以后就可以计算向量 $\boldsymbol{F}_M$、$\boldsymbol{M}_M$:

$$d\boldsymbol{F}_M = \begin{pmatrix} -dF_r\sin(\alpha) \\ dF_r\cos(\alpha) \\ dF_z \end{pmatrix} \tag{5.24}$$

$$d\boldsymbol{M}_M = \begin{pmatrix} dF_z\sin(\alpha) \\ -dF_z\cos(\alpha) \\ dF_z r \end{pmatrix} \tag{5.25}$$

最终这些向量都会综合计算在旋翼叶盘上, 数学计算式为

$$\boldsymbol{F}_M = \frac{1}{2\pi}\int_0^{2\pi}\int_{R_1}^{R_2} d\boldsymbol{F}_M dr d\alpha \tag{5.26}$$

$$\boldsymbol{M}_M = \frac{1}{2\pi}\int_0^{2\pi}\int_{R_1}^{R_2} dM_M dr d\alpha \tag{5.27}$$

5.2.6 仿真结果

现有的简单模型在做预测攻击控制下的飞行动作时效果非常好。至少在 5.3.1 节中讲述的控制器下, 预测轨道和实际飞行实验中的轨道是非常接近的。图 5.12 所示为一段单程远距离飞行的轨道。

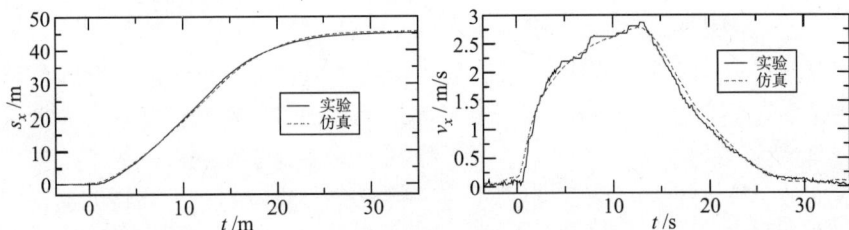

图 5.12 实验和仿真结果的比较

预测的位置非常精确。相对速度的测量也只有极小的误差, 这也主要是由于风的影响。在诸如计划或者校验一个完整任务的这种应用中, 此模型是足够用的。

当然, 有些影响是此模型无法描述的。图 5.13 中就举出这样一个例子。

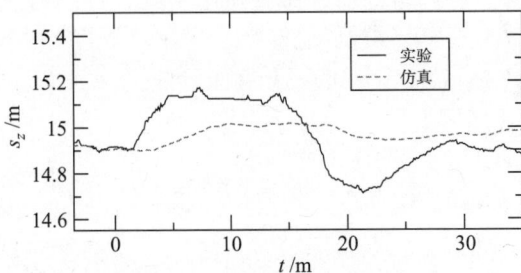

图 5.13 远程飞行时的垂直位置

瞬变升力可以描述水平移动转轴的上升增加量, 由于它的作用, 当直升机已经升起 20cm 时, 控制器可能还没察觉到。当直升机减速时, 就会产生反作用, 因为在低速情况下额外的升力就会消失。正因为如此, 现在讨论的模型并不是最终模型, 在文献 [8] 中, 我们会讨论一种更详细的模型。

5.3 控制技术

5.3.1 MARVIN 控制器

由于直升机自身的不稳定性原因, 它需要一个控制器来保持自身稳定。与文献 [31, 45] 中的方法相比, 这一节要讲述一种非常简单的直升机模型。

1. 基本控制器模型设计

直升机的完整控制层级包含好几个基本控制器, 每一个控制器控制一个状态参数。这些基本控制单元都是线性的, 但是包含有两个离散部分。"轨道控制" 部分实现了将闭环控制里的控制参数进行一级或二级低通滤波。"误差补偿" 部分实现了将现行模型误差里的一级高通滤波进行控制点修正。

对于任何参数, 这个控制器的设计非常稳定, 没有震荡发生, 每一步也不会出现超调现象。这是对简单的 PID 控制器的改进, 简单 PID 控制器经常积分超调。

2. 轨道和系统模型

设定 x 为因变量, u 为自变量。第一步要考虑的就是与它成比例关系的二重积分 f:

$$\ddot{x}(t) = \frac{1}{f} u(t) \tag{5.28}$$

当给系统建立一个理想轨道参数 $x(t)$ 以获得控制量 $x_r(t)$ 时, 就需要两个自由参数, 这两个参数要能够修正现在时刻给定的初始量 $x(t_0)$ 和 $\dot{x}(t_0)$。根据式 (5.28), $\ddot{x}(t_0)$ 是可以选择的。

为了得到一个平滑的极值, 建议要做的一步就是:

$$x(t) = x_{\mathrm{r}}(t) + A\mathrm{e}^{-k_1 t} + B\mathrm{e}^{-k_2 t} \tag{5.29}$$

式中: 常数 $k_1, k_2 > 0$ 可以调节收敛函数 x_{r}, A, B 代表初始状态。

有了式 (5.28) 和式 (5.29), 就可以确定基本控制原理, 即

$$u(t) = f\ddot{x}^*(t) \tag{5.30}$$

$$\ddot{x}^*(t) = -k_1 k_2(x(t) - x_{\mathrm{r}}(t)) - (k_1 + k_2)(\dot{x}(t) - \dot{x}_{\mathrm{r}}(t)) \tag{5.31}$$

$$C_2 = -k_1 k_2 - s(k_1 + k_2) \tag{5.32}$$

式 (5.31) 定义的量可以理解为理想加速度, 它能够根据式 (5.29) 产生

一个既定轨道。根据含复杂变量 s 的拉普拉斯变换, C_2 表示频域内的变换函数。

这些参数的定义为: f 是一个可测量的系统参数, k_1 和 k_2 定义了由控制器决定的收敛速度以及指数函数的半周期。

需要考虑的第二个方程就是一个简单综合系统:

$$\dot{x}(t) = \frac{1}{f}u(t) \tag{5.33}$$

在这个方程中, 初始量 $x(t_0)$ 必须是已知的, 这样才能使轨道方程只需一个未知量:

$$x(t) = x_r + Ae^{-k_0 t} \tag{5.34}$$

相应的控制理论就是:

$$u(t) = f\dot{x}^*(t) \tag{5.35}$$

$$\dot{x}^*(t) = -k_0(x(t) - x_r) \tag{5.36}$$

$$C_1 = -k_0 \tag{5.37}$$

3. 瞬态和稳态

在这个控制方法中, 控制量 x_r 没有被用来制定一个以连续导引信号出现的预期轨道。控制量要能指示出一些最终目的, 这样 x_r 就能服从于临时的真实跳变。轨道方程式 (5.29) 和 (5.34) 定义了相应的系统反映。

为了防止控制命令的剧烈跳变, 就需要做到区分保持位置状态 (位置控制) 和机动状态 (速度控制)。

为了做到这一点, 一种很好的方法就是在预定速度 $v_{r_0} > 0$ 的情况下, 使用具备预期加速度 (式 5.36) 的速度控制器在前进或后退机动中作为位置控制器 (式 5.31) 的最佳速度。

$$a^- = -k_0(\dot{x}(t) - (-v_r))$$

$$a^+ = -k_0(\dot{x}(t) - (+v_r))$$

$$a = -k_1 k_2(x(t) - x_r(t)) - (k_1 + k_2)(\dot{x}(t) - \dot{x}_r(t)) \tag{5.38}$$

$$\ddot{x}^*(t) = \begin{cases} a^- & (a \leqslant a^-) \\ a & (a^- \leqslant a \leqslant a^+) \\ a^+ & (a \geqslant a^+) \end{cases}$$

式 (5.38) 的状态变化方程保证了一个连续输入信号。另外, 速度控制器的输出所决定的削波提供了一个有益的制约条件给可能的结果控制输出, 该输出只由 v_r 和 k_0 决定。

4. 操作点和模型误差

为了达到降低稳态误差的目的, 有必要寻求一些调校控制器操作点的方法。这样做的主要原因就是实际系统和理想方程式 (5.28)、式 (5.23) 有着很大的区别。线性方程中的任何偏移量或者外部干扰都没有被考虑在内。就拿双综合系统为例, 在式 (5.28) 中加入模型误差 $z(t)$, 以使其更符合实际系统:

$$\ddot{x}(t) = \frac{1}{f}u(t) - z(t) \tag{5.39}$$

文献 [30] 中的控制器被模型误差估计值 $z_{est}(t)$ 延长了, 并且将其加入到控制器的输出中:

$$u(t) = f(\ddot{x}^*(t) + z_{est}(t)) \tag{5.40}$$

通过不断融合当前预期值 $\ddot{x}^*(t)$ 和实际观测值 $\ddot{x}(t)$ 之间的误差, 估计值 $z_{est}(t)$ 以一个可选择的速率被不断调整。

$$\dot{z}_{est}(t) = a(\ddot{x}^*(t) - \ddot{x}(t)) \tag{5.41}$$

5. 初级控制器概要

图 5.14 所示为一个双综合系统的初级控制器结构图, 并将轨道控制和误差补偿部分分别作为抽象的阻塞对象 C_2 和 EC 进行了说明。

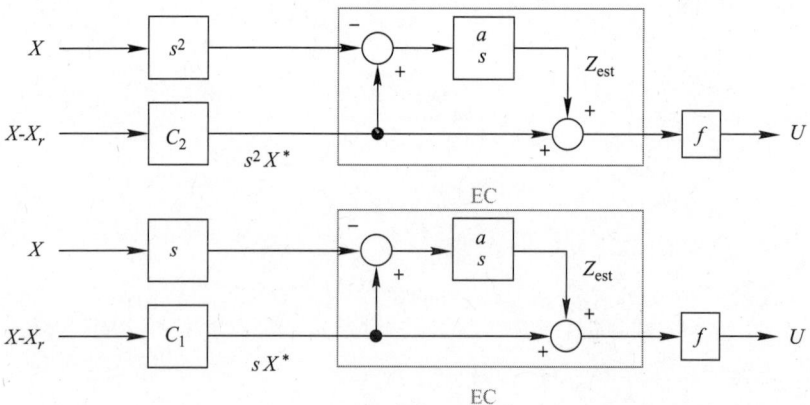

图 5.14 初级控制器的阻抗模板 (轨道和操作点), 大写字母表示拉普拉斯变换新号

上面构建的单融合式初级控制器也已经说明。需要注意的是根据等式 (5.38)，导数阶数是逐渐被一个控制器提高的，所以两个可选择的轨道控制阻抗 C_1 和 C_2 共同分享一个 EC 阻抗。

这两张图表揭示了它和 PID 控制器的不同之处。后者只接受控制偏移量 $x - x_r$ 的输入，但是在图 5.14 中，直接使用 x。所以，目前的初级控制器使用两种输入信号 x 和 $x - x_r$，而 PID 控制器只能用 $x - x_r$。得到的结果就是一个没有超调的轨道，这在单个或双控制器设置的 PID 控制器里是不可能得到的。除此之外，其他的参数例如 f, a 和 k_i 都有直接定义，很容易确定。

6. 控制层级

直升机的控制层级使用的是一种专门的并行系统。分段并行系统是根据目前的进程分段来定义的，这种分段进程就像是一条通过两个点 (P_{from} 和 P_{to}) 的直线 (见图 5.15)，x 和这条航向线平行，y 保持水平，z 则在 BCS 上半空间。下面的矢量坐标用单词头字母表示 (例如 $^B S$ 表示 BCS 的位置)。

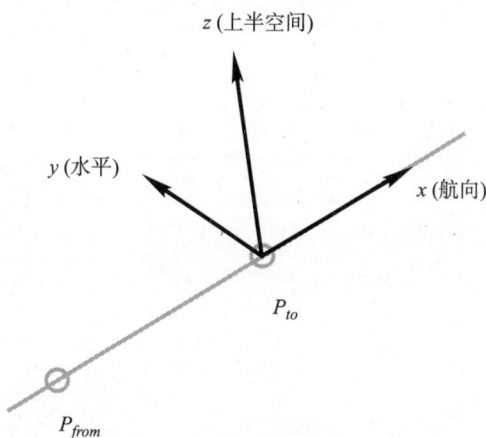

图 5.15　并行系统片段 (SCS)

图 5.16 展示了 MARVIN 飞行控制器的全部功能层级。这一节会解释层级的意义，并且会把它和以前章节中出现过的正式情况联系在一起。

完整的层级是在控制频率 $T^{-1} = 40\,\text{Hz}$ 下进行的，频率为 $T^{-1} = 20\,\text{Hz}$ 的飞行也在同步进行，并且在控制性能上没有明显降低。即使在频率 $T^{-1} = 10\,\text{Hz}$ 下的表现也没有任何瑕疵。高于 $40\,\text{Hz}$ 的频率并不能在

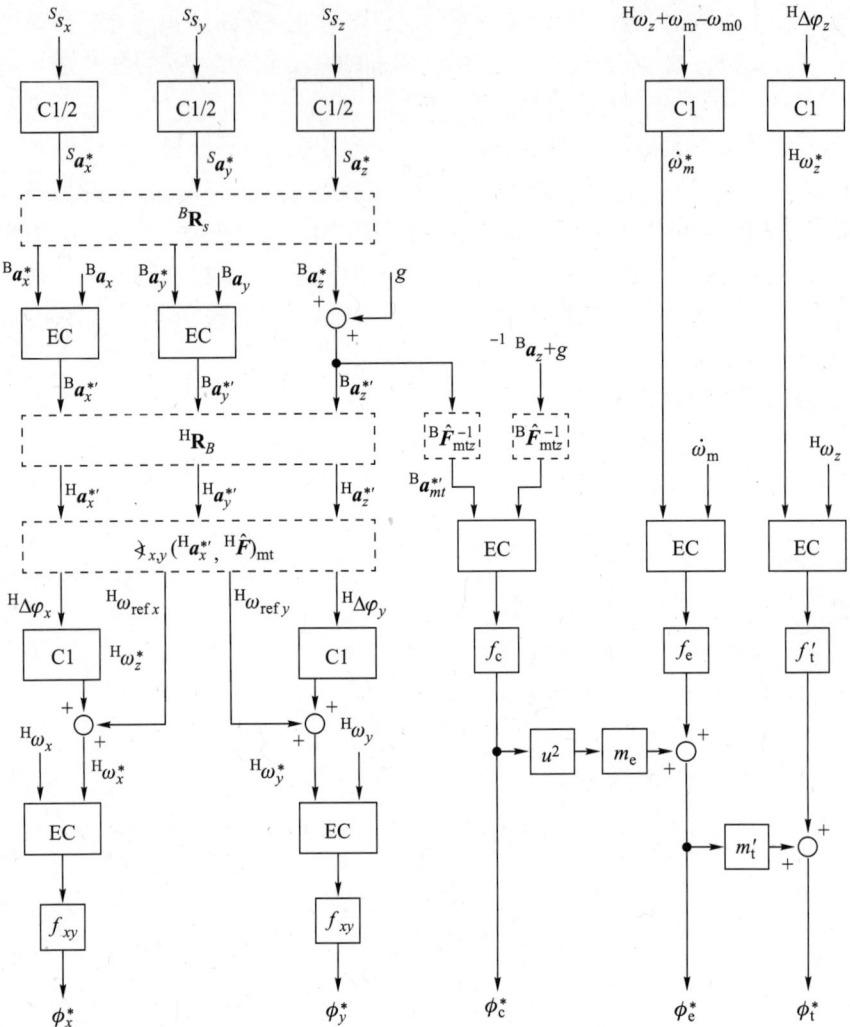

图 5.16　MARVIN 直升机飞行控制器的整体层级

控制结果上带来显著提高, 这主要是由两个原因造成的。第一个原因是主旋翼的两个叶片以大约 20 Hz 的频率旋转, 这就意味着力和力矩平均下来的频率大概就是 40 Hz。第二个原因就是伺服所能达到的旋转速度的上限。传统的类似伺服设备会以大约 50 Hz 的频率收到方位信号, 所以更高频率的控制命令也无法发送给激励器。

在图 5.14 中, 两个盒子分别标记为 $C1/2$ 和 $C1$, 而 EC 表示的是相应的控制器和误差补偿模块。尤其是 $C1/2$ 代表式 (5.38) 中特别指出的状态转换控制器。用虚线画出的所有阻抗对系统动力学没有任何影响, 都只会进行并列转移。为了避免在拉普拉斯域中使用新的标志符标志单个信号, 我们在图中还是使用时间域标志符。

在左上角, SCS 的位置和速度是由 3 个状态转换控制器 $C1/2$ 进行反馈。它们之间的根本物理关系就是牛顿定律, 实际它们就是基本控制器的一个简单的线性双融合器。$^S\boldsymbol{S}$ 已经和参考方位 $\boldsymbol{P}_{to}$ 进行了融合, 所以它可以直接用做输入, 得到的结果就是理想的 SCS 加速度矢量 $^S\boldsymbol{a}^*$。一定要注意的是飞行路径部分经常是这样给出的, 原因就是只有 $SCS - x$ 控制器会在最远距离从 $\boldsymbol{P}_{to}$ 进行速度控制, 而 y 和 z 控制器只会用方位控制来保证直升机的横向也在方位线上。

下一步会把期望加速度转换为 BCS 方位, 定义为 $^B\boldsymbol{a}^*$, 它表示在轨道控制和误差补偿这两个阶段之间存在提供给期望相应变量的并行转换。

BCS 水平分量 $^B\boldsymbol{a}^*$ 随后会由误差补偿阻抗进行反馈, 这样做就可以和操作点的偏移量进行融合。这些偏移量主要用来补偿风的影响, BCS 是唯一引入这些偏移量的正确并行系统。所得结果标记为 $^B a_x^{*\prime}$ 和 $^B a_y^{*\prime}$, 这表示它们将实际所得的加速度表达成带有所需 "力" 的虚拟加速度 (通常力和加速度通过质量 m 联系起来)。

BCS 的垂直分量 $^B a_z^*$ 的处理方法会有所不同。垂直力的偏移量基本上是连续的 (重力加速度 g), 模型误差主要出现在旋翼实际动力 $\boldsymbol{F}_{mt}$ 的改变上, 并不会造成因为补偿风的影响而改变所需力。$\boldsymbol{F}_{mt}$ 改变的大小在空气动力学上主要是由速度造成的。所以, 通过增加 g 可以得到 $^B a_z^*$, 在总倾斜度控制中需要用到的模型误差补偿。换句话说, $^B\boldsymbol{a}^{*\prime}$ 的执行点是在由 $BCS - x$、$BCS - y$ 和 $\boldsymbol{F}_{mt}$ 定义的非正交匹配上进行的。

在讨论总体倾斜之前, 首先要讨论一下循环倾斜控制。循环倾斜角 ϕ_x 和 ϕ_y 需要把动力 $\boldsymbol{F}_{mt}$ 的方向和期望加速度 $\boldsymbol{a}^{*\prime}$ 的方向联系在一起, 因为这是上面提到的 SCS 导航控制所要求的。

由于姿态信息被 HCS 当中的循环倾斜所控制, $\boldsymbol{a}^{*\prime}$ 首先就被转换为 HCS。下一个转换阻抗要计算旋转矢量 $^H\Delta\varphi = (^H\Delta\varphi_x, {}^H\Delta\varphi_y, 0)^T$, 该矢量表明了要用到的 HCS $- x$, $\boldsymbol{F}_{mt}$ 和 $\boldsymbol{a}^{*\prime}$ 之间的旋转关系。

$^H\Delta\varphi$ 包括循环倾斜控制器的控制误差和两个下一阶段要用到的 C_1 阻抗。由于 $^H\Delta\varphi$ 是一个二维的控制参数, 所以有必要根据式 (5.36) 确定由控制器的执行所引起的动力学影响。两个 C_1 控制器都使用相同的 k_0, 所以由此产生的旋转速度 $^H\omega$ 和 $^H\Delta\varphi$ 的变化速率是相同的。而且, 矢量

信号 $^{\mathrm{H}}\Delta\varphi(t)$ 遵循收敛定律式 (5.34)。

只有在 $a^{*\prime}$ 的基准方向不变的前提下，以上所述才是正确的。因为以前的转换阻抗也计算基准方向 $^{\mathrm{H}}\omega_{\mathrm{ref}}$ 的变化速率。这个变化速率和必需的循环倾斜是成比例的，它刚好能和轨道控制器 $^{\mathrm{H}}\omega^{*}$ 的输出联系在一起，如图所示。两个误差补偿 (EC) 阻抗、最终转换成控制输出的 ϕ_x^* 和被 f_{xy} 增加的 ϕ_y^* 最终决定了循环倾斜控制器。

旋翼力的方向 (用单位矢量 $\hat{\boldsymbol{F}}_{mt}$ 表示) 是由循环倾斜控制器决定的，而总体倾斜控制决定 $|F_{mt}|$ 的模。在数学上，$^{\mathrm{B}}F_{\mathrm{mtz}}$ 要和 $m\,{}^{\mathrm{B}}a_z^{*\prime}$ 相等。具体表示为

$$
^{\mathrm{B}}F_{\mathrm{mtz}} = |\boldsymbol{F}_{mt}|\,{}^{\mathrm{B}}\hat{F}_{\mathrm{mtz}} = m\,{}^{\mathrm{B}}a_z^{*\prime}
$$
$$
a_{\mathrm{mt}}^{*\prime} = \frac{|\boldsymbol{F}_{\mathrm{mt}}|}{m} = \frac{^{\mathrm{B}}a_z^{*\prime}}{^{\mathrm{B}}\hat{F}_{\mathrm{mtz}}} \tag{5.42}
$$

在图中，这个量被描述为 EC 阻抗总体倾斜 ϕ_c^* 的期望输入。得到的误差补偿的输入量 $^{\mathrm{B}}a_z + g$ 必须反向以后才能够加入到 $\boldsymbol{F}_{mt}$ 的方向量中，这样它才能够合理地在 EC 阻抗中和期望值进行比较。模型参数的乘法系数 f_c 最终决定总体倾斜控制。

Rpm (节流 ϕ_e^*) 是一个简单的 C_1 和 EC 单积分器形式的控制器，它的控制量 ω_{m0} 是在整个飞行状态中都是连续的。另外，在得到模型因子 f_c 后，还要将一个融合因子 $m_e\phi_e^{*2}$ 加入到节流输出 ϕ_e^* 中，这个量用来修正补偿主旋翼扭矩上的总体倾斜改变量所造成的影响，在远程控制模型直升机当中使用这种总体倾斜与节流的融合是很常见的。

图 5.16 描述了尾翼硬件回转装置模块在回路中的控制过程。另外在结构上，尾旋翼信号 ϕ_t^* (实际上就是一个商业回转装置模块) 的控制器和节流控制器是一样的。在这个过程当中也要用到一个混频器，它能够将线性节流 — 尾翼 — 因数 m_t 融合在一起。在远程控制直升机中，这种方法也是常见的。

如果没有硬件回转装置模块，根据图 5.14 用 C_2 控制器结构代替尾控制器也是可行的。但是该硬件控制器的性能表现非常好，而且在运行过程中的故障潜在风险很低，所以建议还是使用该装置。

尾翼控制的航向误差源需要深入研究。飞行期间，控制器要使直升机的航向和当时航向器的水平方位一致。这表示直升机要经常向前直飞。也就是说，期望航向 (BCS 坐标系中) 要转换成 HCS，投影到 $HCS - xy$ 坐标系中，它在 $HCS - x$ 轴上的角作为控制误差 $^{\mathrm{H}}\Delta\varphi_z$。

7. 实验结果

MARVIN 直升机在飞行实验中使用了先前描述的控制器。在和地面站点联动的情况下,MARVIN 直升机可以完成所有飞行任务。图 5.17 所示为这样的飞行实验轨迹。

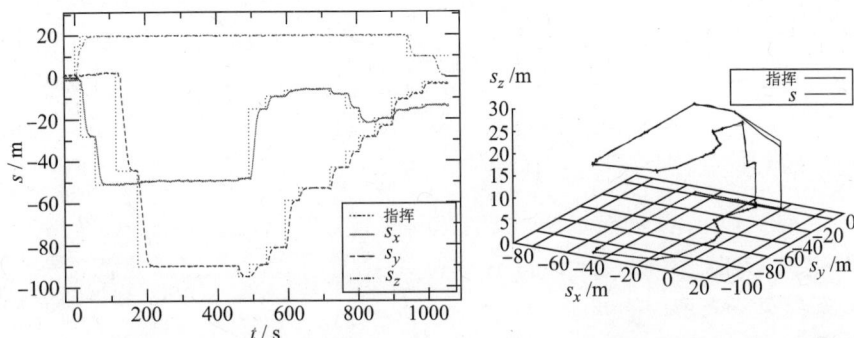

图 5.17   分别用独立坐标系和立体图描绘一个完整的任务飞行

左图描绘了由点状命令值组成的在三独立 BCS 坐标系中的轨迹, 而这些命令则是根据式 (5.29) 采用指数逼近的方法得到的。右图描绘了同次飞行的立体图。

现在讲述的控制方法可以控制直升机精确飞行, 并且按照预定轨道飞行。如果仅仅是为了达到控制的目的, 那么就没有必要建立更精确复杂的模型, 因为并没有难度更高的飞行任务。

5.3.2   MARVIN 直升机的其他控制技术

如本章第一节所述, 在关于 UAV 的控制文献中讲述了好几种控制方法, 分别用在仿真和车辆中。可适用的控制方法高度依赖搭载的硬件性能。在 MARVIN 直升机中, 一系列控制方法在仿真或者飞行中得到执行和评估, 包括 5.3.1 节中讲述的初级线性控制层级结构、LQR、H_∞、非线性控制和模糊控制。考虑到 MARVIN 直升机搭载的固定微控制器的有限, 而以上所讲的几种方法在性能、鲁棒性、设计流程和可用性等方面具备各自的优缺点。所以, 需要考虑在各个优缺点之间取得一个平衡。

综上所述, HELC 结构和模糊控制是最简单的方法, 它表现出非常好的性能和鲁棒性, 并且计算量也很小。其实还有一些性能更好但更复杂的控制理论可以应用, 但是考虑到 MARVIN 直升机搭载的微控制器, 这些复杂理论的实用性就要大打折扣。

前一节讲述的 HELC 结构可能是最简单的方法。这种控制方法具有良好的性能,能够应用于悬停状态和轨道跟踪,并且表现出很强的鲁棒性。而且,即使不用直升机模型来调整控制器,也能够利用现有的模型 (见本章 5.2 节),因为这些模型已经在 MARVIN 直升机中应用过,只要在仿真中调整控制参数就可以获得理想的性能。它的另外一个优点就是计算量很小,这就可以将该方法应用在固定指向的微控制器当中。另外,受传递作用和大误差的影响,就必须在该方法中使用低增益,虽然使用不同的控制器进行方位和速度控制可以部分降低这种影响。

另一方面,模糊控制器的优点就是可以把它们当做非线性控制器,因为它们能够在不同的控制点上使用相对应的控制理论来提高控制效果,这样就能处理传递性的问题,使得在直升机飞行中发生非线性行为。例如,在模糊控制中就可以根据操作状态执行不同的控制理论,以提高整个控制效果。再举一个例子,在 HELC 控制方案中,每一个控制器的参数在全执行范围内都是确定的。但是在模糊控制器中,这些参数就可以根据执行状态进行变化,进而得到最高效的无传递控制效果。另一方面,它们的执行计算量也很低,有点类似于 HELC 结构。

1. MARVIN 直升机的模糊控制

还需要指出的是,从实用性的角度讲,现在 HELC 结构的性能已经完全能够满足 MARVIN 直升机的需要。因此,在模糊控制的设计中,提高性能并不是首要目标。另外,HELC 结构控制器可以看做是伪模糊控制器。另一方面,当目的点非常接近初始点时,就要采用 "状态保持" 位置控制,因为合成输入并不意味着高速。如果离目的点的距离 (极限距离是 10 m) 太大,就要采用 "状态逼近" 位置控制器来提高速度,但是这种方法又会导致直升机稳定性下降。因此,在这种 "状态逼近" 方法中进行了速度控制。这两种控制器都通过选择最小控制行为而联合使用。

因此,通过比较分别在仿真和场地实验中得到的结果,MARVIN 直升机的模糊控制主要适用于测试模型在非线性条件下的性能,而不是一味地提高控制效果。也就是说,模糊控制必须用来产生非线性行为 (包括多元平衡和有限循环等),以此提高非线性情况下 MARVIN 直升机模型的飞行有效性。最终,计划涉及的模糊控制理论 (一个 Takagi-Sugeno 类型) 就是 HELC 结构在垂直动力学中的变化形式。

Takagi-Sugeno 模糊控制器一般是这样组成的:

$$R_i: \text{ IF } x_1 \text{ IS } F_i^1 \text{ AND} \ldots \text{AND } x_n \text{ IS } F_i^n \text{ THEN} u_i = f_i(x_i \ldots, x_n),\ for$$
$$i = 1, \ldots, M$$

这里 F_i^j 是模糊设置描述变量 x_j, $f_j(\ldots)$ 是线性仿射或非线性函数。考虑所有的条件, 得到非线性控制论如下所示:

$$u = \sum_{i=1}^{M} \frac{\prod_{j=1}^{n} \mu_{F_i^j}(x_j) f_i(x_1 \ldots, x_n)}{\sum_{i=1}^{m} \prod_{j=1}^{n} \mu_{F_i^j}(x_j)}$$

在这里函数 $\mu_{F_i^j}(x_j)$ 代表变量 x_j 和模糊设置量 F_i^j 之间的从属度关系。在 MARVIN 这个例子中, 设计的 Takagi-Sugeno 模糊控制器是由以下一组准则组成的:

$$\text{IF Altitude\_Error IS Medium THEN} pc_i = k_{pi}e_z + k_{di}\dot{e}_z + k_{ii}\int e_z dt$$

在此每一个准则中都使用不同的控制增量 k_{xi}。综合控制量是由取每个 pc_i 输出的平均数得到的。同样, 模糊准则也应用在尾旋翼的控制中。值得注意的是在 MARVIN 直升机的应用中, 对控制器的编码进行最小改动的情况下, 可以通过使用模糊系统选择 HELC 设计中控制参数 k_2 的值得到相似的效果, 这也受高度误差的影响。

高度模糊控制器也用同样的方法设计, 这个系统在图 5.18 中表现出的性能和 "高度误差 VS 垂直速度误差" 是相对应的。通过观察可以发现, 这个系统有 5 个平衡点, 它们被一个稳定的有限循环包围。起始点是唯一的一个稳定点, 但也只是局部稳定, 其余则是两个不稳定点和处在稳定与不稳定之间的两个鞍型点。

在这种状态下, 如果直升机非常接近目标高度, 并且只有极小高度误差的时候, 它就能够到达初始点 (零误差)。尽管如此, 如果误差较大 (见图 5.18 中的虚线部分) 或者干扰量使得直升机远离目标点, 它就会找不到原点并逐渐远离。还得注意稳定有限循环的存在使得直升机变得完全不稳定。与此相反的确是 MARVIN 表现出持久的振动稳定性。即使误差再大一些, 稳定误差循环也能保证直升机不会进入不稳定状态 (见图 5.18)。图 5.19 描述了局部稳定模糊控制器的非线性控制表面。

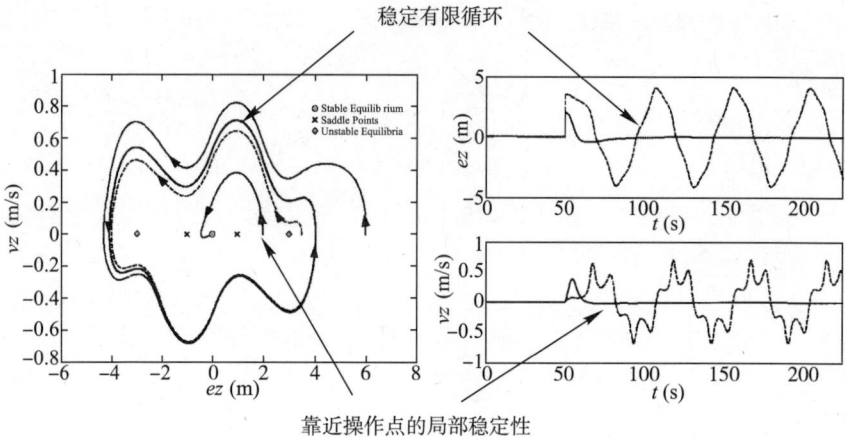

稳定有限循环

靠近操作点的局部稳定性

图 5.18 不同初始高度误差时的高度误差和垂直速度的比较相平面与时间响应

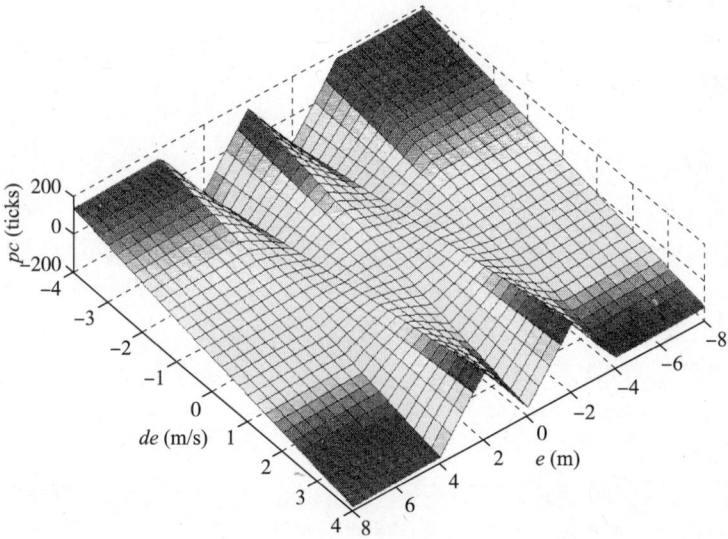

图 5.19 局部稳定高度模糊控制器的非线性控制表面

从模型合理性的角度看，在真实直升机上进行这样的控制器测试有几个好处。一方面可以在非全局稳定控制器的情况下比较实际直升机和模型的反映和表现。另一方面也能够测试模型的性能，通过比较预测振动值和真实值来反映出 MARVIN 的非线性表现。而且，如果模型不够好的话，预测有限循环在真实直升机中是不会出现的。

2. 实验结果

为了验证之前仿真结果的合理性, 我们用模糊控制器在 MARVIN 直升机上进行了一系列的飞行实验。有些实验也在图 5.20 中画了出来。考虑到安全因素, 低垂直速度只在真实飞行的振动中进行测试, 这些都是在低综合倾斜控制条件下进行的。

仿真直升机由模糊控制器控制速度, 初始高度误差为 5m, 和真实 MAR-VIN 直升机相比, 仿真 MARVIN 的进展速度要更快。图 5.20 所示为相应的 "高度误差和 z 速度" 平面态势图。

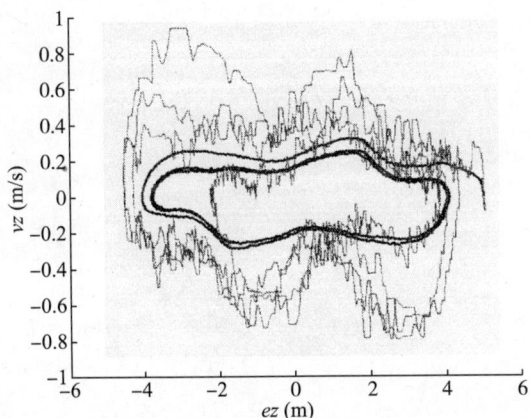

图 5.20　初始高度误差为 5m 时 MARVIN 直升机的仿真 (灰线) 和真实 (亮线) 状态

尽管如此, 可以看出仿真 (深灰) 和真实实验 (浅灰) 都同样表现出开始远离执行点的性质。

为了分析靠近初始点的状态, 在离平衡点 2.66 米的地方进行了一项新的实验。从图 5.21 可以看出, 当 MARVIN 在离初始点 2.66m 时, 它就开始向平衡点靠拢。但是这种稳定也只是局部的。在真实飞行中出现的扰动使得 MARVIN 直升机远离初始点, 所以它的稳定有限循环和前面 5m 初始误差时是一样的。

由此可以得出结论, 带模糊控制器的 MARVIN 直升机的非线性状态和真实 MARVIN 直升机是非常相似的。尽管如此, 在速度的状态量上还是存在不一样的地方, 可能是非模诱导速度效应。

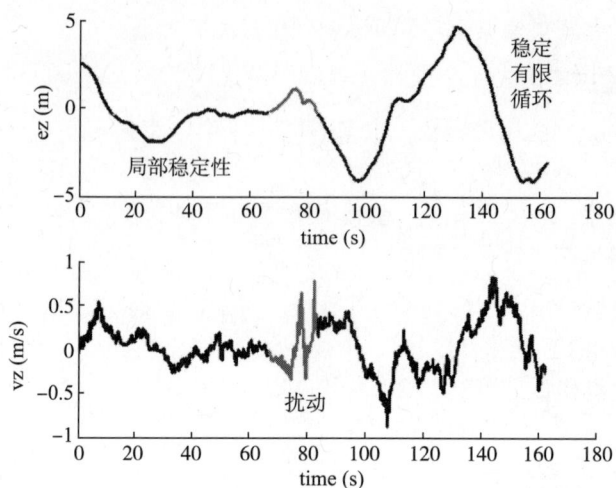

图 5.21 离初始点 2.66m 时的真实飞行

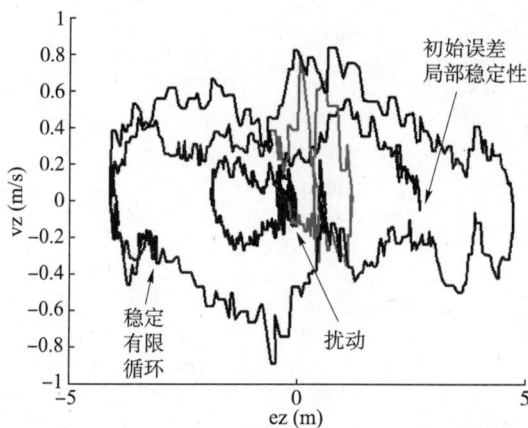

图 5.22 初始高度误差为 2.66m 时的真实飞行

5.4 结论

多无人机系统的性能取决于每一个无人机的性能, 而这种性能又取决于各无人机的类型 (直升机、舰载、机载)、搭载的传感器 (姿态和方位估计) 和无人机自带的控制器。事实上, 每一个无人机控制器的性能都对无人机的性能有着很大影响, 都能影响到任务的完成。

　　这一章主要讲述了直升机, 包括关于其控制方法和结构的概述、无人直升机的模型改进、直升机物理模型的由来和控制器的设计。

　　通过改进 MARVIN 直升机, 阐明了将一架远程有人直升机改造成无人直升机所需要的硬件和软件。

　　同时, 不同的控制水平也需要考虑: 最尖端的轨迹跟踪控制可以使无人机按照给定的轨道行驶; 低水平控制就是让直升机在外界干扰条件下保持稳定。通常情况下, 低水平控制负责稳定直升机的姿态和位置以达到悬停的目的。

　　所有的这些控制技术都是在无人机模型的基础上改变控制器参数。需要指出的是好的无人机模型有利于提高控制性能, 这一章也介绍了一个MARVIN 直升机模型。

　　在 MARVIN 中, 一系列控制技术都得以实现。在考虑 MARVIN 搭载固定的微处理器的情况下, 每一项技术在性能、鲁棒性、设计流程和应用能力方面都有各自的优缺点。所以, 在各优缺点之间实现一个平衡是要着重考虑的。

　　HELC 结构和模糊控制是最简单的方法, 在低计算量的前提下表现出很强的性能和鲁棒性。而且模糊控制还能够响应非线性状态, 使 MARVIN直升机在非线性状态下的实验飞行时保持有效性。

参考文献

[1] ACTeurope. Germany. http://www.acteurope.de.

[2] Aero-Tec, CB-5000, Germany. http://www.aero-tec-helicopter.de.

[3] Höft & Wessel AG. Hw8615. http://www.hoeft-wessel.com.

[4] G. Buskey, G. Wyeth, and J. Roberts. Autonomous helicopter hover using an artifical neural network. In *Proceedings of the IEEE International Conference on Robotics & Automation*, pages 1635–1640, Seoul, Korea, May 2001.

[5] C. Cavalcante, J. Cardoso, J.G. Ramos, and O.R. Nerves. Design and tuning of a helicopter fuzzy controller. In *Proceedings of IEEE International Conference on Fuzzy Systems*, volume 3, pages 1549–1554, 1995.

[6] KOMATSU ZENOAH CO. Japan. http://www.zenoah.net.

[7] COMETS consortium. Real-time coordination and control of multiple heterogeneous unmanned aerial vehicles. IST 34304, 5th Framework Program, 2002. http://www.comets-uavs.org.

[8] C. Deeg. *Modeling, Simulation, and Implementation of an Autonomously Flying Robot*. PhD thesis, Technische Universität Berlin, dissertation.de - Verlag im Internet GmbH, July 2006.

[9] C. Deeg, M. Musial, and G. Hommel. Control and simulation of an autonomously flying model helicopter. In *Proceedings of the 5th IFAC Symposium on Intelligent Autonomous Vehicles*, Lisboa, Portugal, 2004.

[10] P. Doherty, G. Granlund, K. Kuchcinski, E. Sandewall, K. Nordbery, E. Skarman, and J. Wiklund. The WITAS unmanned aerial vehicle project. In *Proceedings of the 14th European Conference on Artificial Intelligence*, pages 747–755, Berlin, Germany, 2000.

[11] G. Done and D. Balmford. *Bramwell's Helicopter Dynamics*. Butterworth Heinemann, second edition, April 2001.

[12] Frenzel + Berg Elektronik. Germany. http://www.frenzel-berg.de.

[13] A. H. Fagg, M. A. Lewis, J. F. Montgomery,and G. A. Bekey. The USC autonomous flying vehicle: An experiment in real-time behaviour-based control. In *Proceedings of the IEEE/RSJ International Conference on Intelligent Robots and Systems*, pages 1173–1180, July 2003.

[14] I. Fantoni and R. Lozano. *Non-linear Control for Underactuated Mechanical Systems*, chapter 13: Helicopter on a platform. 2002.

[15] Association for Unmanned Vehicles International. International Aerial Robotics Competition: The Robotics Competition of the Millennium. http://avdil.gtri.gatech.edu/AUVS/.

[16] V. Gavrilets, E. Frazzoli, B. Mettler, M. Piedmonte, and E. Feron. Aggressive maneuvering of small autonomous helicopters: A human-centered approach. *The International Journal of Robotics Research*, 20(10):795–807, 2001.

[17] V. Gavrilets, B. Mettler, and E. Feron. Non-linear model for a small-size acrobatic helicopter. In *Proceedings of the AIAA Guidance, Navigation and Control Conference*, Montreal, Canada, August 2001.

[18] Novatel Inc. Canada. http://www.novatel.ca.

[19] SensComp Inc. USA. http://www.senscomp. com/600smartsensor.htm.

[20] A. Isidori, L. Marconi, and A. Serrani. Robust nonlinear motion control of a helicopter. In *Proceedings of the 40th IEEE Conference on Decision and Control*, pages 4586–4591, Orlando, Florida, USA, December 2001.

[21] E.N. Johnson and S. K. Kannan. Adaptive flight control for an autonomous unmanned helicopter. In *Proceedings of the AIAA Guidance, Navigation and Control Conference*, number AIAA-2002-4439, Monterey, CA, August 2002.

[22] Wayne Johnson. *Helicopter Theory*. Dover Publications, Inc., New York, USA,

1994.

[23] B. Kadmiry, P. Bergsten, and D. Driankov. Autonomous helicopter using fuzzygain scheduling. In *Proceedings of the IEEE International Conference on Robotics & Automation*, volume 3, pages 2980–2985, Seoul, Korea, May 2001.

[24] Graupner GmbH & Co. KG. Germany. http://www.graupner.de.

[25] H.J. Kim and D.H. Shim. A flight control system for aerial robots: algorithms and experiments. *Control Engineering Practice*, 11:1351–1515, 2003.

[26] S.K. Kim and D.M. Tilbury. Mathematical modeling and experimental identification of a model helicopter. *Journal of Robotic Systems*, 21(3):95–116, 2004.

[27] Kokam. Korea. http://www.kokam.co.kr/english/index.html.

[28] K. Kondak, C. Deeg. G. Hommel, M. Musial, and V. Remuß. Mechanical model and control of an autonomous small size helicopter with a stiff main rotor. In *Proceedings of the IEEE/RSJ International Conference on Intelligent Robots and Systems*, pages 2980–2985, 2004.

[29] T.J. Koo, F. Hoffman, H. Shim, B. Sinopoli, and S. Sastry. Hybrid control of model helicopters. In *Proceedings of the IFAC Workshop on Motion Control*, pages 285–290, Grenoble, France, 1998.

[30] T.J. Koo, Y. Ma, and S. Sastry. Nonlinear control of a helicopter based unmanned aerial vehicle model . *IEEE Transactions on Control Systems Technology*, 2001.

[31] T.J. Koo and S. Sastry. Output tracking control design of a helicopter model based on approximate linearization. In *Proceedings of the 37th IEEE Conference on Decision and Control*, pages 3635–3640, Tampa, Florida, USA, 1998.

[32] Lambda. Europe. http://www.lambdaeurope.com.

[33] J. Gordon Leishman. *Principles of Helicopter Aerodynamics*. Cambridge University Press, 2000.

[34] CompuLab Ltd. Israel. http://www.compulab.co.il.

[35] M.F. Griffin M. Sugeno and A. Bastian. Fuzzy hierarchical control of an unmanned helicopter. In *Proceedings of the 17th IFSA World Congress*, pages 179–182, 1993.

[36] E. Madelung. *Die mathematischen Hilfsmittel des Physikers*. Springer, Heidelberg, 7 edition, 1964.

[37] D.Y. Maharaj. *The application of non-linear control theory to robust behaviourbased control*. PhD thesis, Dept of Aeronautics, Imperial College of

Science, Technology and Medicine, 1994.

[38] M. Mettler, M. B. Tischler, and T. Kanade. System identification modeling of a small-scale unmanned rotorcraft for flight control design. *American Helicopter Society Journal*, 2002.

[39] Microstrain. GX1, USA. http://www.microstrain.com.

[40] J.F. Montgomery and G.A. Bekey. Learning helicopter control through "teaching by showing". In *Proceedings of the 37th IEEE Conference on Decision and Control*, December 1998.

[41] J.F. Montgomery, A.H. Fagg, and G.A. Bekey. The USC AFV-i: A behavior-based entry in the 1994 international aerial robotics competition. *IEEE Expert*, 10(2):16–22, 1995.

[42] M. Musial, U.W. Brandenburg, and G. Hommel. MARVIN – technische universität berlin's flying robot for the IARC Millennial Event. In *Proc. Symposium of the Association for Unmanned Vehicle Systems 2000*, Orlando, Florida, USA, 2000.

[43] M. Musial, C. Deeg, V. Remuß, and G. Hommel. Orientation sensing for helicopter UAVs under strict resource constraints. In *Proceedings of the First European Micro Air Vehicle Conference (EMAV)*, pages 13–14, Braunschweig (Germany), July 2004.

[44] Hamamatsu Photonics. Japan. http://www.hamamatsu.com.

[45] Rüdiger Reichow. *Ein robuster Hubschrauber–Flugregler*. PhD thesis, Technische Universität Carolo-Wilhelmina zu Braunschweig, Fakultät für Maschinenbau und Elektrotechnik, 29, September 1995.

[46] V. Remuß and M. Musial. Communication system for cooperative mobile robots using ad-hoc networks. In *Proceedings of the 5th IFAC Symposium on Intelligent Autonomous Vehicles*, Lisbon, Portugal, 2004. Elsevier Science, ISBN 008-044237-4.

[47] V. Remuß, M. Musial, and U.W. Brandenburg. BBCS – robust communication system for distributed systems. In *Proc. IEEE International Workshop on Safety, Security and Rescue Robotics (SSRR)*. ISBN 3-8167-6556-4, May 2004.

[48] H. Shim, T.j. Koo, F. Hoffman, and S. Sastry. A comprehensive study of control design of an autonomous helicopter. In *Proceedings of the 37th IEEE Conference on Decision and Control*, pages 3653–3658, Tampa, Florida, USA, July 1998.

第 6 章

飞艇控制

摘要: 本章主要介绍控制小型飞艇按预定轨迹达到指定目的地的方法。前两节主要介绍建模和模型辨识: 当飞艇速度稳定时, 可以去除横向和纵向动力之间的耦合作用从而简化飞艇的模型。然后提出并分析了用于稳定速度、高度和航向的各种不同的控制器, 接着介绍了产生可行性轨迹的方法和一种控制飞艇按生成轨迹飞行的控制器。最后给出了仿真结果, 以及用两种不同飞艇进行实验所得的实验结果。

6.1 引言

当前从舵机、传感器、计算设备到能量和材料等各种技术日新月异的发展让轻型空中飞行器有了一个非常广阔的前景。毫无疑问, 就像当前在重载荷运输、高空长航时平台和监视应用等工业领域的发展中所体现的那样, 人们对这个领域的兴趣正在日益增长。一些体积只有几十立方米的小型无人遥控模块常用来完成广告和航拍任务。它们易于操作, 能以非常低的高度 (低至几米) 安全飞行, 并能在特定地点悬空相当长的时间, 而且能以每小时几十公里的速度飞行而只消耗较少的能量。它们主要的敌人是风, 更多关于小型直升机、小型飞机前景的详细介绍见文献 [19]。无人飞艇的某些特定应用正在受到全世界越来越多的关注, 从行星探索到军事应用等, 这一点在美国飞机工业协会的轻型飞机会议和欧洲飞艇会议的许多文献中已经得到了证实 [2,1]。

最早提出开发无人自主式小型飞艇的文献出现在 20 世纪 90 年代早期[8], 但是直到最近才陆续有不同的项目得到了有效的成果。Aurora 应该属于其中最先进行列, 它是由巴西坎皮纳斯信息技术研究所开发的一个项目, 其主要目的在于研究飞行控制[15,5]。其他一些大学, 例如, 弗吉尼亚大学[40], 斯图加特大学[32], 威尔士大学[6] 和 Evry 大学[25] 等也在进行一些相关的研究工作, 这些项目一个有趣的共同点是它们都结合了大量的新技术和基础研究的成果。

本章概述和纲要

飞行控制是使飞艇具备自主完成各种任务能力所必须首要解决的问题。它的主要难点在于飞艇模型的非线性特征和严重影响飞行的风力干扰。本章我们主要关注飞行控制问题, 以便找到一些能控制小型飞艇按指定航迹到达指定目的地的方法。6.2 节提出了一个完整的飞艇动力学模型, 为减轻后续求解控制律的压力, 我们对该模型进行了一定程度的简化。假设飞艇的速度是稳定的 ("巡航飞行假设"), 这些简化可以将横向和纵向动力分开, 从而允许产生两个子模型。6.3 节介绍了几种所建模型参数估计的方法, 以便得到正确的控制律。

控制飞艇按指定轨道航行至目的地的整个方法依赖于 3 个独立的控制器, 它们分别用于控制速度、航向和高度, 航向基准通过路径跟随控制回路来设置。6.4 节将讨论巡航过程中用于稳定速度、高度和航向的控制律。6.5 节主要介绍如何规划合适的航路并依据此航路航行。这部分参考了以前的工作。图 6.1 所示为 Karman 和 UrAn 飞艇仿真实验结果。

图 6.1　两个飞艇: UrAn (安第斯大学, 28 m³) 和 Karma (LAAS, 18 m³)

6.2　飞艇建模

这里所考虑的飞艇具有一个典型的 "雪茄型" 结构。可用的控制参数显示在图 6.2 中: 主推进器安装在一个矢量化的轴上, 这样既能垂直起飞,又能在没有气动升力的地方, 以较慢的速度提供附加的升力。舵可以在横向和纵向两个平面上进行控制, 另外, 在无效的地方, 附加的尾部螺旋桨可以以较慢的速度进行横向控制 (只有 UrAn 装配了这样一个推进器)。

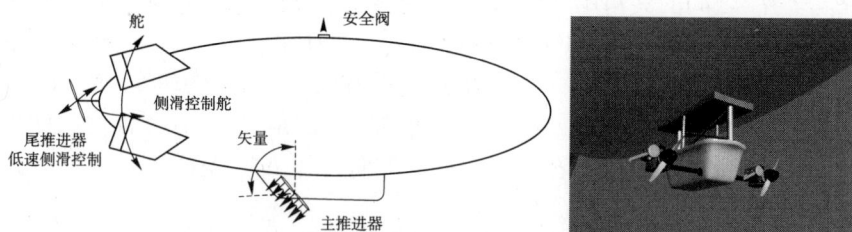

图 6.2 可用的控制参数。右: UrAn 矢量推进器的详图

6.2.1 坐标轴系和运动学模型

为了描述小型飞艇的运动, 我们定义了 3 个坐标系 (见图 6.3)。地面坐标系 R_0 固定在地球上的任意一点, 并指向传统的 NED 方向。飞艇艇体坐标系 R_d 以艇身体积的中心 (CV) 为原点[22]。选择 CV 作为该坐标系的原点是因为我们假设它与浮力的中心点是一致的, 这里的浮力是指空气

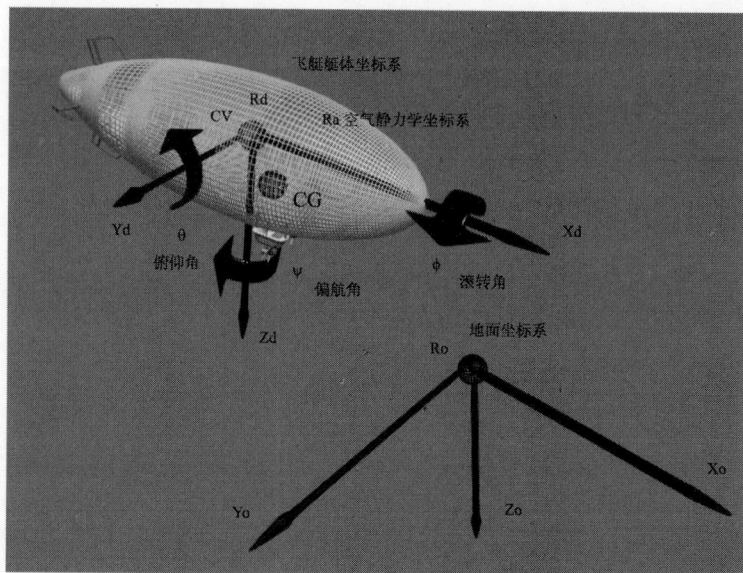

图 6.3 所考虑的坐标轴系

静力学升力。最后是沿着运动方向的空气静力学坐标系 R_a (也称气流坐标系, 或速度坐标系)。

R_d 的 x_d 轴和艇体的对称轴一致, 而 (x_d, z_d) 平面与经度平面一致, R_d 与 R_0 之间的夹角用欧拉角表示, 包括滚转角 ϕ、俯仰角 θ 和偏航角 ψ。R_a 的 x_a 轴和飞艇的气动速度 $v_{A|R_a} = (M_d^a)^{-1}(v_{dl} - v_w)$ 一致, 这里 v_{dl} 和 v_w 分别代表飞艇关于 R_d 的速度以及风关于 R_d 的速度, 而 M_d^a 利用 (6.2) 式表示。α 是 (x_d, y_d) 平面内的迎角。β 是 (x_d, y_d) 平面内的侧滑角。在地面坐标系和艇体坐标系之间的方向矩阵 M_o^d 表示如下:

$$M_o^d = \begin{pmatrix} c\psi c\theta & -s\psi c\phi + s\phi c\psi s\theta & s\phi s\psi + s\theta c\psi c\phi \\ c\theta s\psi & c\psi c\psi + s\phi s\psi s\theta & -s\phi c\psi + s\theta s\psi c\phi \\ -s\theta & c\theta s\phi & c\theta c\phi \end{pmatrix} \tag{6.1}$$

艇体坐标系 R_d 和气流坐标系 R_a 之间的转换矩阵 M_d^a 用式 (6.2) 表示:

$$M_d^a = \begin{pmatrix} c\alpha c\beta & -c\alpha s\beta & -s\alpha \\ s\beta & c\beta & 0 \\ s\alpha c\beta & -s\alpha s\beta & c\alpha \end{pmatrix} \tag{6.2}$$

式中 $sx(\text{resp}.cx)$ 表示函数 $\sin(x)$ $(\text{resp}.\cos(x))$。

6.2.2 动力学模型

飞艇的动力学模型建立在以下假设的基础上:

- 艇身是实心的: 忽略气动弹性现象和船体内氦气的运动 (不考虑由于这种运动造成气体增加导致惯性变化的现象)。
- 软式飞艇的质量和体积是常量。
- 飞艇忽略体积变化: 气体增加导致惯性和质量的变化是微不足道的 (正比于艇体排除气体体积的变化量)。
- 假设浮力的中心和 CV 是一致的。
- 就速度而言, 小型软式飞艇一般比较低 (低于对比值), 热现象和动力之间的耦合作用可以忽略, 系统运动不会造成局部空气密度的改变。
- 忽略地球曲率影响, 视地面为平面, 即在所飞行的区域内地面是平整的。

这些假设对于我们所考虑的飞艇是合理的, 因而可以使用刚体力学理论。通过运用牛顿力学原理, 以及空气动力学的 Kirshoff 原理和 Bryson 理

论[7], 建立关于 R_d 坐标系的空气动力学模型如下:

$$M_D\dot{v} + -T_D(v_{dlr}) + T_a(v_A) + g_a + T_p \tag{6.3}$$

式中:

v 是 R_d 坐标系内飞艇速度的状态向量, 它由线速度 $v_{dl} = [u, v, w]^T$ 和角速度 $v_{dr} = [p, q, r]^T$ 组成。为了控制的需要, 它用 R_0 坐标系表示。6×6 矩阵 M_d 由质量、惯性和对应的乘积项组成: 这里 (x_g, z_g) 是质心位置。

$$M_d = \begin{pmatrix} m\tau_3 & -m\tilde{A} \\ m\tilde{A} & I_N \end{pmatrix} = \begin{pmatrix} m & 0 & 0 & 0 & mz_g & 0 \\ 0 & m & 0 & -mz_g & 0 & mx_g \\ 0 & 0 & m & 0 & -mx_g & 0 \\ 0 & -mz_g & 0 & I_x & 0 & -I_{xz} \\ mz_g & 0 & -mx_g & 0 & I_y & 0 \\ 0 & mx_g & 0 & -I_{xz} & 0 & I_z \end{pmatrix} \tag{6.4}$$

T_d 是动力向量, 它包含离心力和地转偏向力项:

$$T_d(v_{dlr}) = \begin{pmatrix} mwq - mvr - mx_g q^2 + mz_g pr - mx_g r^2 \\ mur - mwp + mz_g qr - mx_g pq \\ mvp - muq - mz_g p^2 + mx_g qr - mz_g q^2 \\ -mz_g ur + mz_g wp - I_{xz} pq - (I_y - I_z)qr \\ m(z_g wq - z_g vr - x_g vp + x_g uq) + I_{xz}(p^2 - r^2) - (I_z - I_x)pr \\ -mx_g wp + mx_g ur - (I_x - I_y)pq + I_{xz} qr \end{pmatrix} \tag{6.5}$$

g_a 结合了重力和浮力 (F_G 是飞艇的质量, F_B 是浮力):

$$g_a = \begin{pmatrix} -(F_G - F_B)s\theta \\ (F_G - F_B)c\theta s\phi \\ (F_G - F_B)c\theta c\phi \\ -z_g F_G c\theta s\phi \\ -z_g F_G s\theta - (x_g F_G - x_c F_B)c\theta c\phi \\ (x_g F_G - x_c F_B)c\theta s\phi \end{pmatrix} \tag{6.6}$$

T_p 代表应用在飞艇上的控制量: 它包括矢量推力 F_M 在 (O_x, O_z) 处的转力矩和尾部螺旋桨推力 F_{rc} 在 (x_{rc}, z_{rc}) 处的转力矩。推进器的标称工作量和方向 μ 在纵向平面内是可调节的, 尾螺旋桨推进的方向在横向平面内可进行调节。

$$T_p = \begin{pmatrix} F_M c\mu \\ F_{rc} \\ -F_M s\mu \\ F_{rc} z_{rc} \\ F_M O_z c\mu + F_M O_x s\mu \\ F_{rc} x_{rc} \end{pmatrix} \tag{6.7}$$

$T_a = A\dot{v}_A - D\left(v_{dr}\right) v_A + T_{sta}\left(v_a^2\right)$ 是空气动力和力矩向量。

$$A\dot{v}_A = \begin{pmatrix} a_{11} & 0 & 0 & 0 & a_{15} & 0 \\ 0 & a_{22} & 0 & a_{24} & 0 & a_{26} \\ 0 & 0 & a_{23} & 0 & a_{35} & 0 \\ 0 & a_{42} & 0 & a_{44} & 0 & a_{46} \\ a_{51} & 0 & a_{53} & 0 & a_{55} & 0 \\ 0 & a_{62} & 0 & a_{64} & 0 & a_{66} \end{pmatrix} \begin{pmatrix} \dot{V}_{X_a|R_d} \\ \dot{V}_{Y_a|R_d} \\ \dot{V}_{Z_a|R_d} \\ \dot{p} \\ \dot{q} \\ \dot{r} \end{pmatrix} \tag{6.8}$$

其中 A 是一个由质量增量, 飞艇质心 (CG) 的惯性以及与气体的乘积项 (虚拟的质量和惯性项 —— 文献 [39] 中介绍了如何估计这些系数) 组成的 6×6 对称矩阵。$v_A = [v_a, v_{dr}]$, 这里 $v_a = v_{dl} - v_w$ 是气动平移速度。$v_w = [u_w, v_w, w_w]$ 是 R_d 内的风速。文献 [3] 中给出了风对飞艇影响情况的研究。$D\left(v_{dr}\right) v_A$ 是包含离心力和地转偏向力的向量:

$$D_1\left(v_{dr}\right) v_A = \begin{pmatrix} 0 & a_{22}r & -a_{33}q \\ D_{1z1} & 0 & a_{33}p \\ (a_{11} - xm_{22})q & -a_{22}p & 0 \\ D_{1z2} & -(a_{62} + a_{35})q & D_{1z3} \\ (a_{35} + x^2 m_{22})q & -a_{42}ra_{62}p & -a_{15}q \\ D_{1z4} & (a_{15} + a_{42})q & -a_{53}p \end{pmatrix}$$

$$\begin{pmatrix} a_{24}r & -a_{35}q & a_{26}r \\ a_{35}q & -a_{15}q & 0 \\ -a_{24}p - a_{26}r & a_{15}q & 0 \\ -a_{64}q & (a_{55} - a_{66})r & 0 \\ D_{1z5} & 0 & -a_{64}r \\ (a_{44} - a_{55})q & a_{46}r & 0 \end{pmatrix} \begin{pmatrix} V_{X_a|R_d} \\ V_{Y_a|R_d} \\ V_{Z_a|R_d} \\ p \\ q \\ r \end{pmatrix} \tag{6.9}$$

其中 $D_{1z1} = pm_{13} + r(xm_{11} - a_{11})$, $D_{1z2} = pm_{33} + r(xm_{13} + a_{15})$, $D_{1z3} = (a_{62} + a_{35})r + a_{24}p$, $D_{1z4} = -(a_{62} + a_{35} - xm_{13})p - (a_{26} - x^2m_{11})r$ y $D_{1z5} = a_{64}p + (a_{66} - a_{44})r$

$\boldsymbol{T}_{sta}(v_a^2)$ 表示空气动力及在 CG 的力矩向量, 它正比于艇体的体积和气动速度的平方。

$$\boldsymbol{T}_{sta}(v_a^2) = \begin{pmatrix} \frac{1}{2}\rho v_a^2 S_{ref} C_T \\ \frac{1}{2}\rho v_a^2 S_{ref} C_L \\ \frac{1}{2}\rho v_a^2 S_{ref} C_N \\ -\frac{1}{2}\rho v_a^2 S_{ref} L_{ref} C_l \\ -\frac{1}{2}\rho v_a^2 S_{ref} L_{ref} C_m \\ -\frac{1}{2}\rho v_a^2 S_{ref} L_{ref} C_n \end{pmatrix} \begin{pmatrix} F_x \\ F_y \\ F_z \\ L_0 \\ M_0 \\ N_0 \end{pmatrix} \tag{6.10}$$

这里 S_{ref}, L_{ref} 依赖于飞艇的几何形状。$C_T, C_L, C_N, C_l, C_m, C_n$ 分别是切线、正交、横向、横摇、俯仰和偏航静态系数。

6.2.3 简化模型

为了得到可解的动力学模型, 通过严格限制工作域, 并将横向控制和纵向控制进行分解后, 我们可以对模型进行简化。在无风的巡航飞行状态下, 链接飞艇速度和推力调节的等式表示如下:

$$\dot{u}\frac{1}{(m - a_{11})}\left(F_m \cos\mu + \frac{1}{2}\rho v_a^2 S_{ref} C_T\right) \tag{6.11}$$

假设飞艇的速度是稳定的 $(u = u_0)$, 并沿直线飞行 $(\delta_g = 0, v = 0)$, 高度的变化模型可以简化。模型中涉及的变量 $z, w, u, \theta, q, \delta_e$: 考虑到 $w \ll u, \alpha \approx 0$, 有

$$\dot{z} = -u\sin\theta$$

$$\dot{\theta} = q$$

$$\dot{q} = \frac{1}{I_y - a_{55}}\big[(mx_g - a_{35} - x^2m_{22})\,uq$$

$$-z_g F_G \sin\theta - (x_g F_G - x_c F_B)\cos\theta$$

$$+F_m O_z \cos\mu + F_m O_x \sin\mu - \frac{1}{2}\rho u^2 S_{ref} Lref C_{mN} \tag{6.12}$$

在工作点线性化, $-(x_g F_G - x_c F_B)\cos\theta + F_m O_z \cos\mu \approx 0$, $\theta \approx 0 \rightarrow \sin\theta \approx \theta$ 和 $\cos\theta \approx 1$, 有

$$\dot{z} = -u\sin\theta$$

$$\dot{\theta} = q$$

$$\dot{q} = k_{2|\delta_e} q + k_{1|\delta_e}\theta + k_{3|\delta_e}\delta_e \tag{6.13}$$

这里, $k_{2|\delta_e} = \frac{(mx_g - a_{35} - x^2 m_{22})u}{I_y - a_{55}}$, $k_{1|\delta_e} \approx \frac{-z_g F_G}{I_y - a_{55}}$, $k_{3|\delta_e} \approx \frac{-\rho u^2 S_{ref} L_{ref} C_{mN}}{2(I_y - a_{55})}$。等式 (6.13) 对应于 θ 的一个二阶控制系统, z 的三阶控制系统。把 θ 的一阶导数作为一阶项, 则高度 z 的模型可以认为是一个一阶系统加上一个积分项。

现在考虑 (x, y) 平面内的匀速运动, 其中 $\delta_e = 0$, $w = 0$, 飞艇的动力学方程和它在水平平面内的位置可以写为

$$\dot{x} = u\cos\psi - v\sin\psi$$

$$\dot{y} = u\cos\psi - v\sin\psi$$

$$\dot{\psi} = r$$

$$\dot{r} = \frac{ur(mx_g + a_{26} - x^2 m_{11}) + F_{rc} x_{rc} - \frac{1}{2}\rho u^2 S_{ref} L_{ref} C_{nN}}{(I_z - a_{66})} \tag{6.14}$$

该模型包括的变量有 $x, y, u, v, \psi, r, \delta_g$。考虑到 $v << u, \beta \approx 0$, 并且 $F_{rc} = 0$, 则式 (6.14) 可以简化为

$$\dot{x} = u\cos\psi$$

$$\dot{y} = u\sin\psi$$

$$\dot{\psi} = r$$

$$\dot{r} = k_{2|\delta_g} r + k_{1|\delta_g}\delta_g \tag{6.15}$$

注意系数 $k_{1|\delta_g}$、$k_{2|\delta_g}$ 可以采用和上面高度模型简化过程类似的方法确定(文献 [21] 提出了在巡航条件下简化飞艇动力学模型的一个类似的应用)。

6.3 模型辨识

一种估计动力学模型参数的方法是利用 Munk 的艇体方程的风洞实验[35]。Jones 和 DeLaurier[30] 从理论结果和风洞实验数据估计飞艇的动力

学系数。Gomes 和 Ramos[22] 提出利用 Munk 的艇体方程初步估计虚拟质量和惯性, 然后再利用风洞中直接测量的数据、飞艇的几何特征或者空气动力学稳定性微分方程得到等式 (6.10) 的空气动力学系数。Hygounene 和 Soueres[28] 利用 Karma 的微缩模型和风洞测试来确定 (见图 6.4)。

图 6.4　Karma 缩小模型

目前研究利用真实的飞行数据来估计飞艇空气动力学模型参数的文献不多。文献 [20] 提到了飞艇动力学模型辨识的问题, 作者以 Munk 理论和 Jones、Delaurier 的研究为基础得到了在飞艇参考操作条件下的一般性空气动力学模型。Yamasaky 和 Goto[11] 为了构建获得控制律的模型进行了两次实验, 为了确定飞艇飞行动力学模型, 这些实验由有约束的飞行测试和室内自由飞行测试所组成。

下一节 (6.3.1 节) 将给出一种从飞艇巡航飞行数据估计空气动力参数的方法。6.3.2 节分析参数的变化过程和 6.2 节中简化模型的有效性。

6.3.1　空气动力参数的估计

为了避开风洞中实验性的空气动力测定, 采用一种通过拟合由系统状态测量得到的时间序列来确定系统系数 λ 的数值技术。其主要难点在于所获得的数据常被噪声污染: 这里给出一种方法 —— 当飞艇处于巡航飞行状态时, 以 $T_a(v_A)$ 的减小为基础利用卡尔曼滤波器作为参数辨识器来辨识参数。未知参数作为滤波器的状态向量, 在特定的稳定状态下是常量:

$\lambda_k = \lambda_{k-1}$。因此, 状态空间为

$$x_{k+1} = f(x_k, \lambda_k, u_k) + \varepsilon_k$$
$$\lambda_k = \lambda_{k-1} + \varepsilon_i \qquad (6.16)$$

式中: x, y, u, λ 分别为状态系统、输出系统、输入系统和未知系数, $e_{k,i}$ 为高斯噪声。

观测函数为

$$y_k = h(x_k) + v_k \qquad (6.17)$$

$T_a(v_A)$ 的表达式比较笨重。在 6.2 节 (巡航飞行) 的假设条件下, 简化 $T_a(v_A)$ 并得到包含空气动力现象的一般表达式, 即

$$T_a(v_A) = \begin{pmatrix} k_1(c_{T1} + c_{T2}\alpha + c_{T3}\delta_e) \\ k_1(c_{L1} + c_{L2}\beta + c_{L3}\delta_g) \\ k_1(c_{N1} + c_{N2}\alpha + c_{N3}\beta) \\ k_2(c_{l1} + c_{l2}\alpha + c_{l3}\delta_e) \\ k_2(c_{m1} + c_{m2}\beta + c_{m3}\delta_g) \\ k_2(c_{n1} + c_{n2}\alpha + c_{n3}\beta) \end{pmatrix} \qquad (6.18)$$

式中: $k_1 = \dfrac{1}{2}\rho S_{ref}$, $k_2 = \dfrac{1}{2}\rho S_{ref}L_{ref}$ 是由飞艇几何尺寸决定的常量。在巡航飞行情况下简化的飞艇空气动力学模型可以简化控制律的推导过程。

1. 利用仿真数据估计参数

为了确定模型的性能和可靠性, 对它进行了仿真测试, 并以扩展卡尔曼滤波器和 UKF 滤波器 (文献 [14] 利用 UKF 估计飞行器的姿态) 作为参数辨识器, 将所得的结果与已知的系统参数进行比较。正如在文献 [28] 中 Hygounene 和 Soueres 所提到的, 认为真实的这些参数将通过风洞实验来辨识。

采用 $N=1500$ 个样本, 并利用欧拉法以步长 $\Delta T=0.1$ 对这些微分方程求积分。注意, 这里积分步长可能与采样时间不同。状态测量受到一个加性高斯噪声的污染 (与真实的机载传感器类似)。结果显示在表 6.2 左侧, 表 6.1 显示了飞艇状态 (R_d 内的速度向量 $[u, v, w, p, q, r]^T$ 和 R_0 内的位置向量 $[x, y, z, \phi, \theta, \psi]^T$) 误差 $e = \dfrac{|x - \hat{x}|}{x}$ 的均值和方差。由此可见, 无论是模型还是参数, UKF 方法都比 EKF 方法收敛更快, 而且能得到更好的估计值。

表 6.1 误差表

参数	UKF 均值	UKF 方差	EKF 均值	EKF 方差
u	0.0177	0.0004	0.0190	0.0006
v	0.0034	0.0006	0.0058	0.0007
w	0.0156	0.0003	0.0287	0.0007
p	0.0016	0.0001	0.0017	0.0002
q	0.0019	0.0001	0.0023	0.0002
r	0.0057	0.0001	0.0020	0.0002
x	0.0439	0.0015	0.0639	0.0016
y	0.0670	0.0025	0.0209	0.0027
z	0.0217	0.0038	0.0086	0.0040
ϕ	0.0626	0.0009	0.0651	0.0009
θ	0.0179	0.0001	0.0209	0.0003
ψ	0.0153	0.0171	0.0603	0.0018

2. 利用 Karma 的真实数据估计参数

一旦利用仿真数据完成了算法, 下一步要做的便是利用 GPS 以及 Karma 机载罗经所获得的真实数据对算法进行测试。GPS 以 1Hz 的速率提供 R_0 内 $(x, y, z, \dot{x}, \dot{y}, dotz)$ 的估计值, 而罗经则以 10Hz 的速率提供 R_0 内 (ϕ, θ, ψ) 的估计值。利用一段 923s 长的航程中所获得的数据并利用 UKF 方法估计飞艇模型的参数。表 6.2 右侧显示了所有 Karma 模型参数的估计值以及它们的协方差 (P_{ii})。

6.3.2 简化模型有效性分析

在 6.3.1 节中介绍的在巡航飞行条件下估计飞艇参数的方法让得到了简化模型的参数。为了确保从简化模型中推导出的控制律是合理的, 需要对简化模型做一个有效性分析。根据许多用于系统辨识的经典技术, 如阶跃响应和扩展最小二乘等, 知道飞艇的全局动力学模型可以用简化模型来代表。本节主要介绍使用扩展卡尔曼滤波器估计每一个简化模型的状态以及它们参数的变化过程来完成对简化模型的有效性分析。

1. 速度与转向螺旋桨之比 v_a/T

考虑状态估计为 $\boldsymbol{X} = [x, k, \tau]^{\mathrm{T}}$ 的模型 (6.11), 相应的欧拉模型表示

表 **6.2** 左侧: 从模拟数据估计的参数; 右侧: 从真实数据估计参数

参数	真实	EKF	UKF	参数	UKF	协方差 (P_{ii})
a_{11}	1.5276	1.2633	1.9660	a_{11}	11.2428	0.1580
a_{22}	21.0933	20.8660	21.1896	a_{22}	90.4922	0.0925
a_{33}	20.4220	20.2018	21.4239	a_{33}	70.5811	0.0922
a_{44}	16.3905	15.9151	16.8548	a_{44}	42.3387	0.0901
a_{55}	382.1290	380.0030	380.1463	a_{55}	383.7979	0.0837
a_{66}	388.0972	379.9988	384.0155	a_{66}	419.9314	0.0872
$a_{15}=a_{51}$	0	0.1309	0.0001	$a_{15}=a_{51}$	6.9013	0.1309
$a_{24}=a_{42}$	0	−0.0958	0.1628	$a_{24}=a_{42}$	1.2382	0.1240
$a_{26}=a_{62}$	−69.6939	−59.9030	−69.89784	$a_{26}=a_{62}$	−195.3407	0.1269
$a_{35}=a_{53}$	67.7045	70.0684	70.3361	$a_{35}=a_{53}$	59.4323	0.1053
a_{46}	0	0.0801	0.0101	a_{46}	−28.5030	0.1053
m_{13}	1.2801	2.0621	1.5235	m_{13}	33.7772	0.0621
m_{33}	−49.7019	−48.0249	−48.5013	m_{33}	−93.7707	0.0982
xm_{11}	25.6919	23.0748	24.5183	xm_{11}	76.4093	0.0905
xm_{22}	23.6878	20.0129	21.0075	xm_{22}	54.7163	0.0192
xm_{13}	−4.5582	−9.1165	−5.4699	xm_{13}	75.3240	0.0962
x^2m_{11}	−173.4906	−150.0044	−170.8227	x^2m_{11}	−201.9972	0.0335
x^2m_{22}	−166.3538	−149.9994	−158.8524	x^2m_{22}	−224.8353	0.0896
C_{T1}	—	−1.8974	−6.579	C_{T1}	−2.9074	0.1290
C_{T2}	—	0.1071	0.1069	C_{T2}	−0.2250	0.0446
C_{T3}	—	−2.8752	−0.6877	C_{T3}	−0.7970	0.0767
C_{L1}	—	50.8756	15.4789	C_{L1}	15.0799	0.0744
C_{L2}	—	−15.9874	−11.5582	C_{L2}	−7.6177	0.0644
C_{L3}	—	−1.2234	−7.2243	C_{L3}	−3.2706	0.0294
C_{N1}	—	−0.0417	−0.0664	C_{N1}	−2.1196	0.0676
C_{N2}	—	0.5487	0.5789	C_{N2}	−13.9818	0.0949
C_{N3}	—	1.0258	0.389	C_{N3}	0.6837	0.0508
C_{l1}	—	0.0205	0.0304	C_{l1}	5.1576	0.0538
C_{l2}	—	−0.1919	−0.1271	C_{l2}	2.9208	0.1509
C_{l3}	—	0.0170	0.0266	C_{l3}	1.0168	0.0582
C_{m1}	—	−0.0405	−0.0415	C_{m1}	−0.0725	0.1442
C_{m2}	—	0.7975	0.9982	C_{m2}	−1.8937	0.0814
C_{m3}	—	0.2930	0.2173	C_{m3}	1.1017	0.0762
C_{n1}	—	1.0833	0.6207	C_{n1}	−0.1082	0.0942
C_{n2}	—	−0.8574	0.7589	C_{n2}	−0.5101	0.0415
C_{n3}	—	0.0450	−0.0010	C_{n3}	0.0115	0.0227

如下:

$$x(k+1) = x(k) + \frac{T_m}{\tau(k)}(\kappa(k)u(k) - x(k))$$
$$\tau(k+1) = \tau(k) \tag{6.19}$$
$$\kappa(k+1) = \kappa(k)$$

矩阵 $\boldsymbol{F}$(f 的状态方程的线性化形式) 可以写成如下形式:

$$\boldsymbol{F} = \begin{pmatrix} \left(1 - \dfrac{T_m}{\tau}\right) & \dfrac{T_m u}{\tau} & \dfrac{T_m}{\tau^2}(-ku + x) \\ 0 & 1 & 0 \\ 0 & 0 & 1 \end{pmatrix} \tag{6.20}$$

图 6.5 所示为状态估计的变化过程。图 6.6 所示为在仿真中得到的稳定性和统计分析。

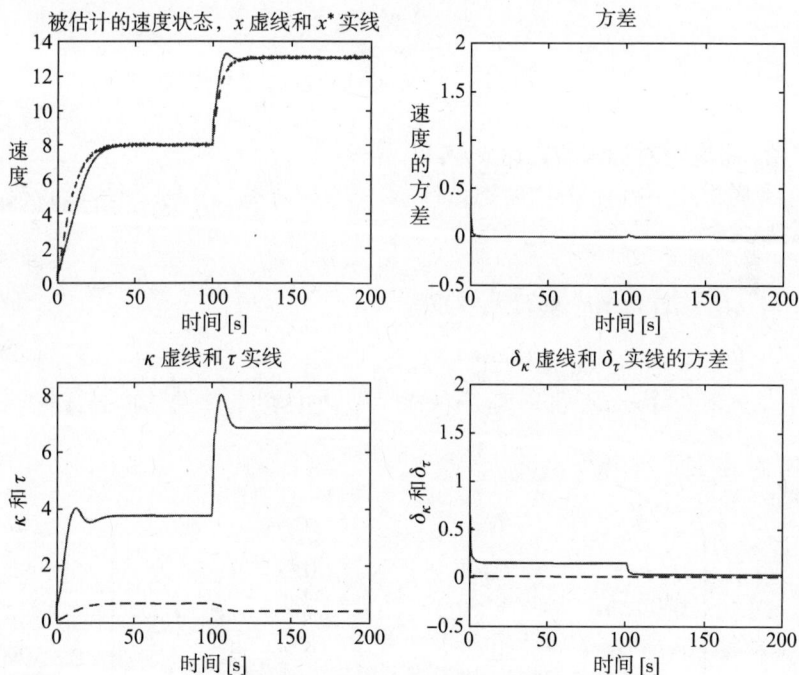

图 6.5　速度、τ 和 k 的变化过程

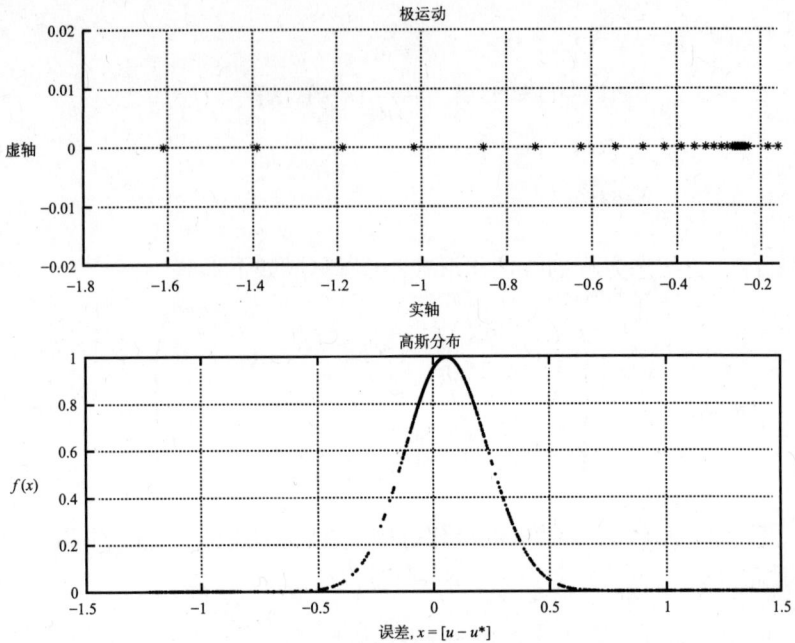

图 6.6 分析: 速度状态的极点移动和统计误差

2. 高度与对称偏转之比 z/δ_e

考虑模型 (6.13), 其中状态估计 $X_1 = [z, \theta, q, k_z, k_1, k_2, k_3]^\mathrm{T}$, 欧拉模型表示如下:

$$
\begin{aligned}
z(k+1) &= z(k) + T_m k_z(k)\theta(k) \\
\theta(k+1) &= \theta(k) + T_m q(k) \\
q(k+1) &= q(k)(1 + T_m k1(k)) + T_m(k_2(k)\theta(k) + k_3(k)\delta_e(k))
\end{aligned}
\tag{6.21}
$$

矩阵 F 由下式给出:

$$
F = \begin{pmatrix}
1 & T_m k_z & 0 & T_m\theta & 0 & 0 & 0 \\
0 & 1 & T_m & 0 & 0 & 0 & 0 \\
0 & T_m k_2 & (1 + T_m k1) & 0 & T_m q & T_m\theta & T_m\delta_e \\
0 & 0 & 0 & 1 & 0 & 0 & 0 \\
0 & 0 & 0 & 0 & 1 & 0 & 0 \\
0 & 0 & 0 & 0 & 0 & 1 & 0 \\
0 & 0 & 0 & 0 & 0 & 0 & 1
\end{pmatrix}
\tag{6.22}
$$

图 6.7 和图 6.8 显示了所得到的结果。它们显示了模型的参数收敛性。

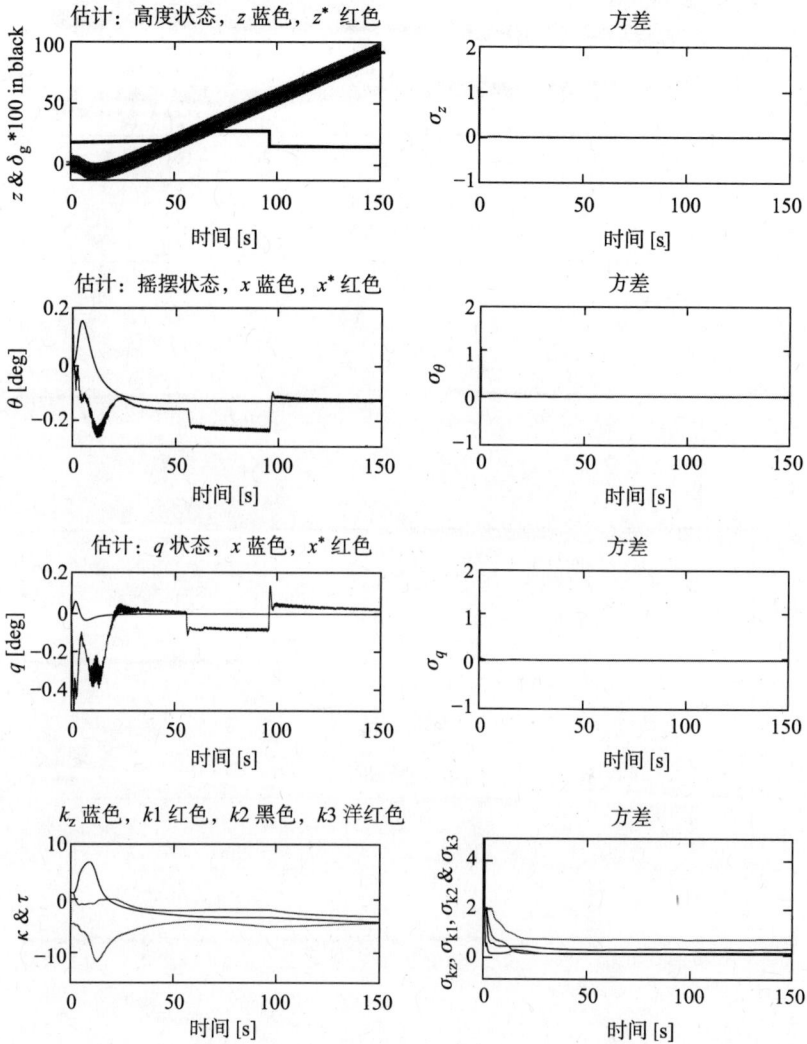

图 6.7   状态 $z, \theta, q, k_z, k_1, k_2, k_3$ 的变化过程

3. 航向与非对称偏转之比 ψ/δ_g

对于模型 (6.15)，状态估计 $X_1 = [\psi, r, k_1, k_2]^T$，欧拉模型表示如下：

$$\psi(k+1) = \psi(k) + T_m r(k)$$
$$r(k+1) = r(k)(1 + T_m k_2(k)) + T_m k_1(k)\delta_g(k) \qquad (6.23)$$

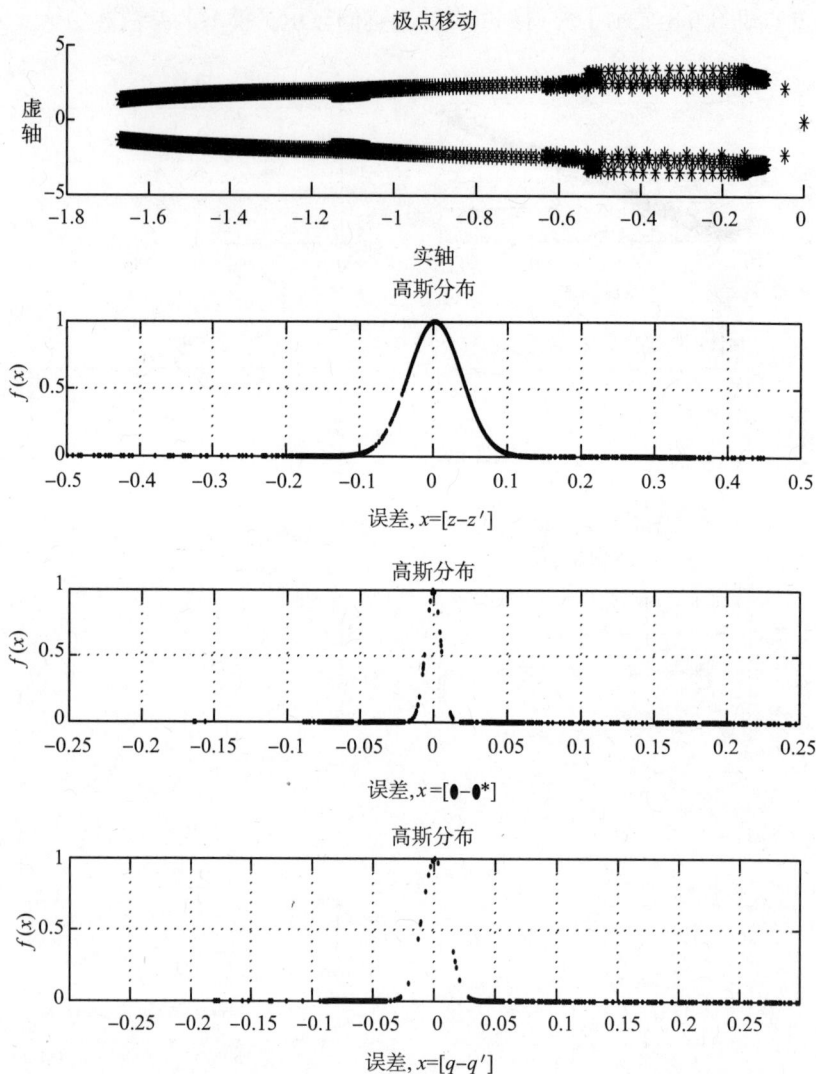

图 6.8 z, θ, q 状态的极点移动和统计误差

矩阵 $\boldsymbol{F}$ 由下式给出:

$$
\boldsymbol{F} = \begin{pmatrix} 1 & T_m & 0 & 0 \\ 0 & (1 + T_m k_2) & T_m \delta_g & T_m r \\ 0 & 0 & 1 & 0 \\ 0 & 0 & 0 & 1 \end{pmatrix} \tag{6.24}
$$

图 6.9 中所示为系统状态 (ψ 和 r)。在图 6.10 中可以看到估计误差的分析和极点的移动。

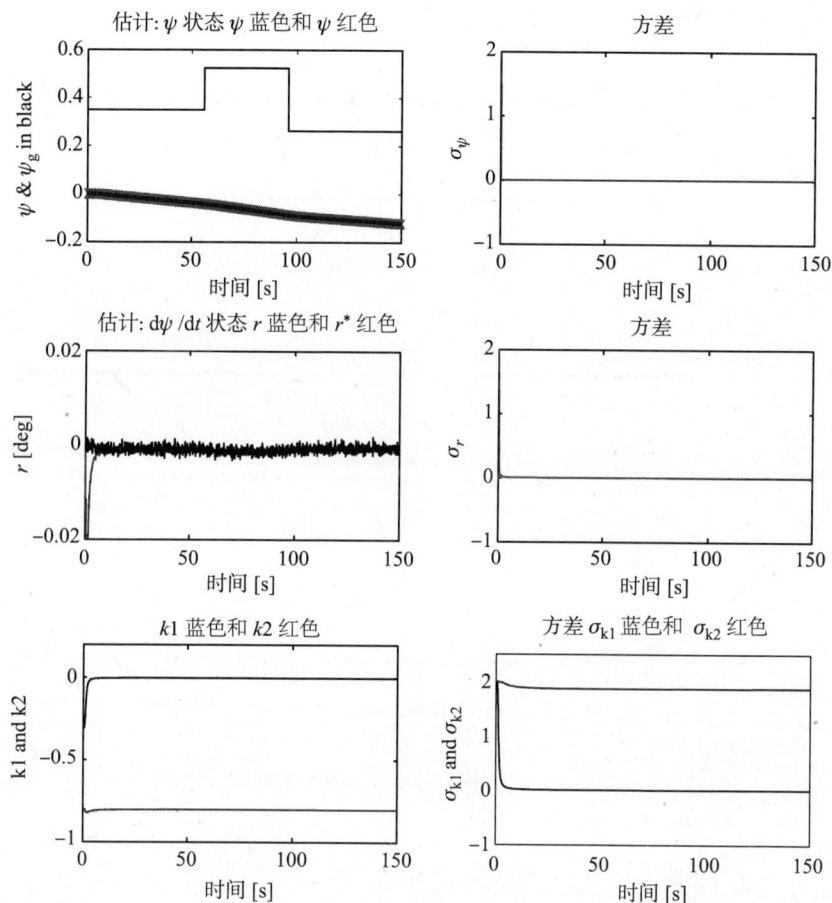

图 6.9 状态 ψ, r, k_1, k_2 的变化过程

总的来说, 图 6.5、图 6.7 和图 6.9 分别显示了简化的速度、高度和航向模型的有效性: 被估计的参数都会收敛到一个固定值。图 6.6、图 6.8 和图 6.10 显示当系统运行在巡航状态下时, 极点一直保持在复平面的左侧。

一旦完成了简化模型的研究工作, 并对它进行了仿真测试, 就可以使用真实数据来进一步进行分析验证, 图 6.11 和图 6.12 所示为速度状态的变化过程以及当飞艇在巡航阶段飞行时对应的稳定性分析。

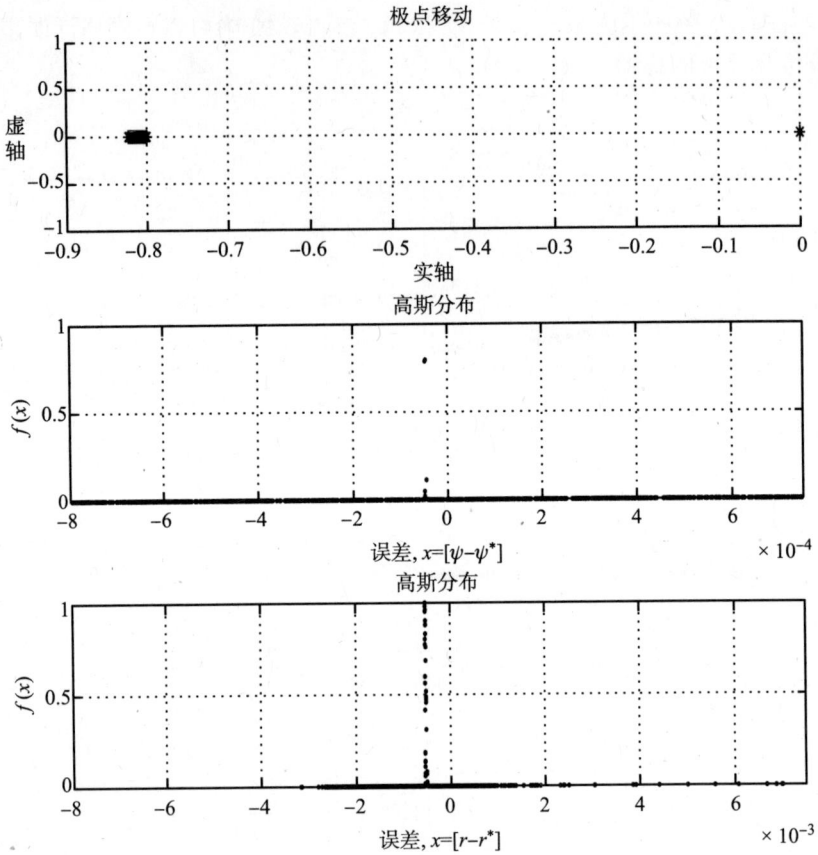

图 6.10 ψ, r 状态的极点移动和统计误差

6.4 控制

既然已经得到了一个易处理的模型, 并对它的参数进行了估计, 现在就可以开始处理控制问题了。在许多文献中, 研究人员通过不同的方式解决了飞艇飞行控制问题。例如, Elfes 等人[20] 提出了一种控制方式, 它以 PI 和 PID 控制器的自适应调节为基础对飞艇的偏航角、俯仰角和高度进行控制。Paiva 等人[16] 描述了一种利用 PID 控制器控制纵向速度, 利用 PD 控制器控制高度和航向的控制策略。Azinheira 等人[4] 提出了基于 H_∞ 控制技术的航向调节器, 并在路径跟随策略中进行应用。Moutinho 和 Azinheira 等人[34] 提出了一种用于横向和纵向控制的动态反向控制器 (反

测量状态（虚线）和估计状态（实线）

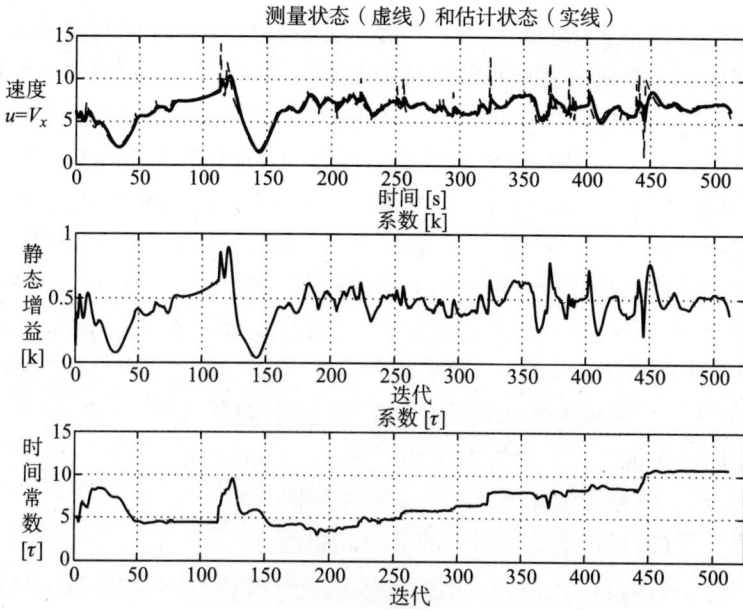

图 6.11 根据真实数据得到的速度、τ 和 k 的变化过程

极点移动

高斯分布

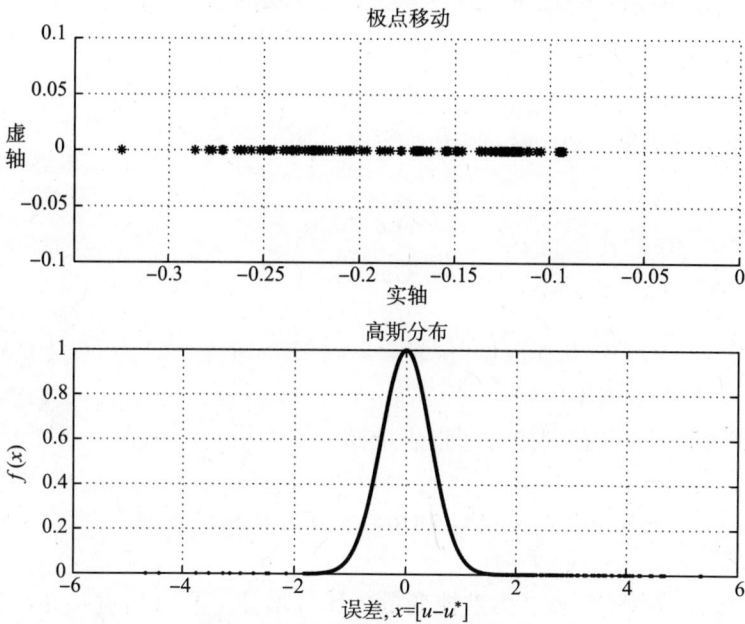

图 6.12 基于真实数据的速度状态的极点移动和统计误差

馈线性化)。Zhang 和 Ostrowski[43] 提出另一种结合 PID 控制器的反馈线
性化方法。一些研究者选择使用模糊控制方法,例如, Rao 等人[23] 提出
在利用遗传算法优化的模糊控制技术的基础上采用航向控制器完成导航
任务, Diaz 等人[17] 建议在模糊技术的基础上对巡航飞行阶段进行并行分
布式补偿。Yong-Hwan Mo 等人[42] 提出一种用于偏航运动的鲁棒增稳系
统。Hygounene 和 Soueres[28] 提出了一种具有后向技术的控制策略。

本节将介绍和分析 3 种不同类型的控制飞艇的方法,即 PID 控制,广
义预测控制 (GPC) 以及采用扩展线性化的非线性控制方法。所有这些调
节器都是单输入单输出系统。这些控制器都将整个系统分解为两个独立的
子系统[26]——横向子系统和纵向子系统,分别如下:

- 作用在主推进器上的气动速度控制器。
- 通过 δ_e 信号作用在尾翼上的高度控制器。
- 通过 δ_g 信号作用在尾翼上的航向控制器。

因此,考虑到简化模型有效性的巡航飞行假设,该问题实际上等同于
设计一个控制律,通过该控制律能让飞艇的输出尽可能地接近 u_r, z_r, ψ_r 参
考信号,这和开环方案中的行为类似 (关于飞艇的自然运动)。

6.4.1 PID 控制

6.3.2 节中提出的所有简化模型都可以用下式表示:

$$\dot{x} = Ax + Bu$$
$$y = Cx \tag{6.25}$$

式中:x 为 $n \times 1$ 的状态向量,y 为 $p \times 1$ 的输出向量,u 为 $q \times 1$ 的输入
向量:A, B, C 分别为 $n \times n, n \times p, q \times n, q \times p$ 矩阵。
PID 控制器定义的控制律 u 可以表示如下:

$$u = K_p u_m + K_i \int (u_{ref} - u_m) dt + K_d \frac{d u_m}{dt} \tag{6.26}$$

式中:u_{ref} 为参照,u_m 为被控变量。比例增益、积分增益和导数增益
K_p, K_i, K_d 可以通过状态反馈和极点配置理论确定。

最后,为了避免积分作用项饱和,推荐使用抗饱和策略。图 6.13 所示
为抗饱和 PID 控制的方案。

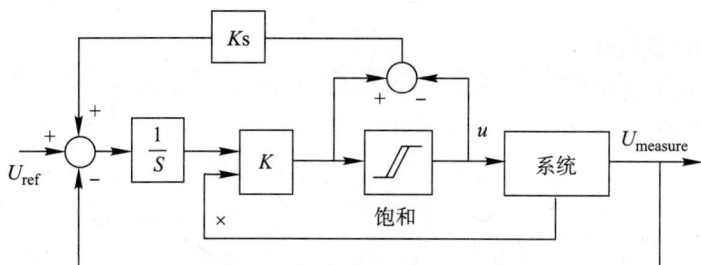

图 6.13 PID 调节器的框图

1. 速度控制

气动速度的开环控制模型如下:

$$H(s) = \frac{v_a(s)}{T(s)} = \frac{\kappa}{\tau s + 1} \tag{6.27}$$

控制输入 T 由下式给出:

$$T(s) = K_p v_\alpha + \frac{k_i}{s}(v_r - v_\alpha) \tag{6.28}$$

这里 v_r 是参考速度, 闭环特征多项式变成:

$$s^2 - \frac{1}{\tau}(1 + \kappa k_p)s + \frac{\kappa}{\tau}k_i \tag{6.29}$$

现在, 在性能标准的基础上定义多项式 $s^2 + 2\zeta w_n s + w_n^2$, 令其等于 (6.29), 可以解得系数式 k_p, k_i。

2. 高度和航向控制器

高度控制模型如下:

$$H(s) = \frac{z(s)}{\delta_e(s)} = \frac{k_z k_3}{s^3 - k_2 s^2 - k_1 s} \tag{6.30}$$

控制输入

$$\delta_e(s) = k_p z + \frac{k_i}{s}(z_r - z) + k_d \theta + k_{2d} q \tag{6.31}$$

这里, z_r 是参考高度, 闭环特征多项式变成:

$$s^4 - s^3(k_2 + k_3 k_{2d}) - s^2(k_1 + k_3 k_{2d}) - s(k_p k_3 k_z) + k_p k_3 k_z \tag{6.32}$$

按性能判据建立多项式 $(s^2 + 2\zeta w_n s + w_n^2)(s + 1/\tau_1)(s + 1/\tau_2)$。令其等于式 (6.32), 可以解得控制高度的系数 k_p, k_d, k_i, k_{2d}。

航向控制的增益可以按上面同样的方法导出。

3. 仿真结果

图 6.14 所示为三个 PID 控制器的仿真结果。每一个输出状态的稳定态以及控制器之间的耦合关联也显示在其中。当飞艇返航时高度有一些丢

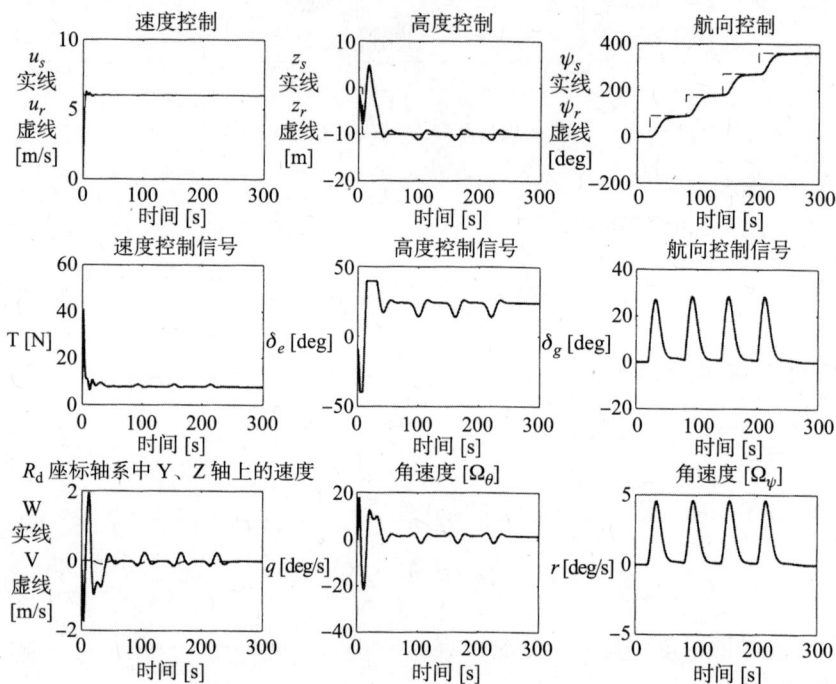

图 6.14　PID 控制器的结果: 从上到下, 控制参数相对参考值的变化过程, 控制输入变化过程, 控制参数导数的变化过程

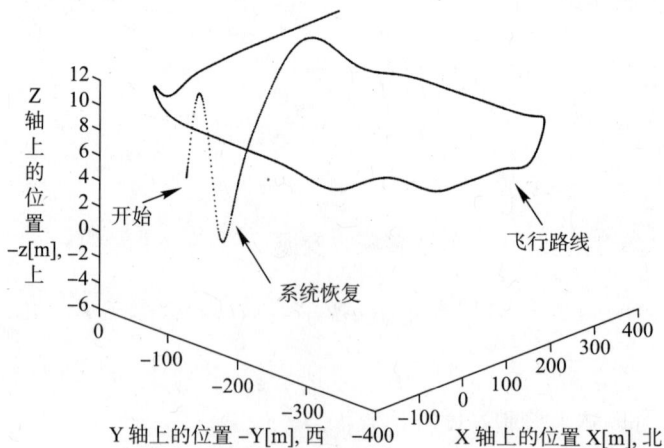

图 6.15　采用 3 个 PID 控制器和图 6.14 中稳定状态的运动结果

失, 这是因为考虑到安全因素飞艇一般带少量负载飞行 (重力大于浮力)。
图 6.15 在 3D 空间内显示了当操作员给出 4 个不同的航向参考时控制器
如何控制飞艇稳定巡航飞行。

6.4.2 广义预测控制

广义预测控制由 Clarke 等人[13] 引入, 并且在学术界和工业部门得到
广泛重视[12,11,33], 它是一种基于最小化目标函数产生控制律的预测控制方
法。

SISO 系统可以用以下一般形式描述:

$$A(z^{-1})y(t) = z_{-d}B(z^{-1})u(t-1) + C(z^{-1})e(t) \tag{6.33}$$

式中: $u(t)$ 和 $y(t)$ 为系统的控制和输出信号, $e(t)$ 为均值为 0 的白噪声;
A, B, C 为关于 z 的多项式; d 为系统的停滞时间。

该模型称为 "控制器自回归移动平均 (CARMA)" 模型。如果干扰是非
稳定的, 则不适用 CARMA 模型, 必须考虑积分 CARMA 模型 (CARIMA)[13]。
按照 Camacho[11] 中同样的符号, 则 CARIMA 模型变成如下形式:

$$A(z^{-1})y(t) = z_{-d}B(z^{-1})u(t-1) + C(z^{-1})\frac{e(t)}{\Delta} \tag{6.34}$$

其中

$$\Delta = 1 - z^{-1} \tag{6.35}$$

GPC 算法由一个最小化代价函数的控制序列组成:

$$J(N_1, N_2, N_u) = E\left\{ \sum_{J=N_1}^{N_2} \delta(j)[y(t+j|t) - \omega(t+j)]^2 \right. $$
$$\left. + \sum_{j=1}^{N_1} \lambda(j)[\Delta u(t+j-1)]^2 \right\} \tag{6.36}$$

式中: $E\{*\}$ 为期望运算符, $\hat{y}(t+j|t)$ 为根据到 t 时刻为止的数据向前预测
j 步后得到的最佳系统输出; N_1, N_2 为最小、最大代价界限; N_n 时控制界
限。$\delta(j)$、$\lambda(j)$ 为加权序列, $w(t+j)$ 为将来参考轨迹。

GPC 控制的目的是找到预测控制序列 $u(t), u(t+1), \cdots$ 这样未来的
系统输出 $y(t+j)$ 将尽可能的接近 $w(t+j)$, 当然这需要通过最小化代价
函数 $J(N_1, N_2, N_3)$ 来实现 (见图 6.16)。

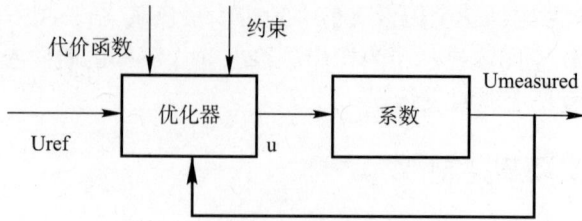

图 6.16　GPC 调节器的框图

1. 速度控制器

当以采样周期 $t_s = 0.1\,s$ 对简化速度模型进行离散化时, 可以得到以下离散等式

$$H(z^{-1}) = \frac{0.0198z^{-1}}{1 - 0.9802z^{-1}} \tag{6.37}$$

注意对于本系统, 延迟 d 等于 0, 噪声多项式为 1。

根据 Camacho[11] 提出的算法, 并令参数 $N_1 = 1, N_2 = N = 10, \lambda = 1.2$, 则控制律变成

$$T(k) = T(k-1) - 4.7404v_a(k) + 4.0845v_a(k-) + 0.0151v_{a|ref}(k+1)$$
$$+0.0288v_{a|ref}(k+2) + \cdots + 0.1084v_{a|ref}(k+10) \tag{6.38}$$

2. 高度控制器

下面考虑离散高度模型:

$$H(z^{-1}) = \frac{0.000603z + 0.002424z^{-1} + 0.000609z^{-2}}{1 - 3.021z^{-1} + 3.041z^{-2} + 1.02z^{-3}} \tag{6.39}$$

若 $d = 0, C(z^{-1}) = 1$, 参数 $N_1 = 1, N_2 = N = 10, \lambda = 15$, 则所计算的控制律变成

$$\delta_e(k) = 0.9484\delta_e(k-1) - 0.0516\delta_e(k-2) - 24.2363z(k)$$
$$+65.6447z(k-1) - 59.8995z(k-2) + 18.3751z(k-3)$$
$$+0.00004z_{ref}(k+1) + 0.00031z_{ref}(k+2) + \cdots + 0.0384z_{ref}(k+10) \tag{6.40}$$

3. 航向控制器

下面考虑离散航向模型:

$$H(z^{-1}) = \frac{0.001839z^{-1} + 0.001722z^{-2}}{1 - 1.822z^{-1} + 0.8219z^{-2}} \tag{6.41}$$

已知 $d = 0$, $C(z^{-1}) = 1$, 参数 $N_1 = 1, N_2 = N = 10, \lambda = 0.6$, 则航向控制律可写为

$$\delta_g(k) = 0.9717\delta_g(k-1) - 0.0282\delta_g(k-2) - 38.5727\psi(k) +$$
$$+ 64.3467\psi(k-1) - 26.4822\psi(k-2) + 0.0029\psi_{\text{ref}}(k+1) +$$
$$+ 0.0108\psi_{\text{ref}}(k+2) + \cdots + 0.1609\psi_{\text{ref}}(k+10) \qquad (6.42)$$

4. 仿真结果

采用 6.4.1 节中相同的飞艇模型和参考, 图 6.17 和 6.18 显示了 GPC 控制器的结果。

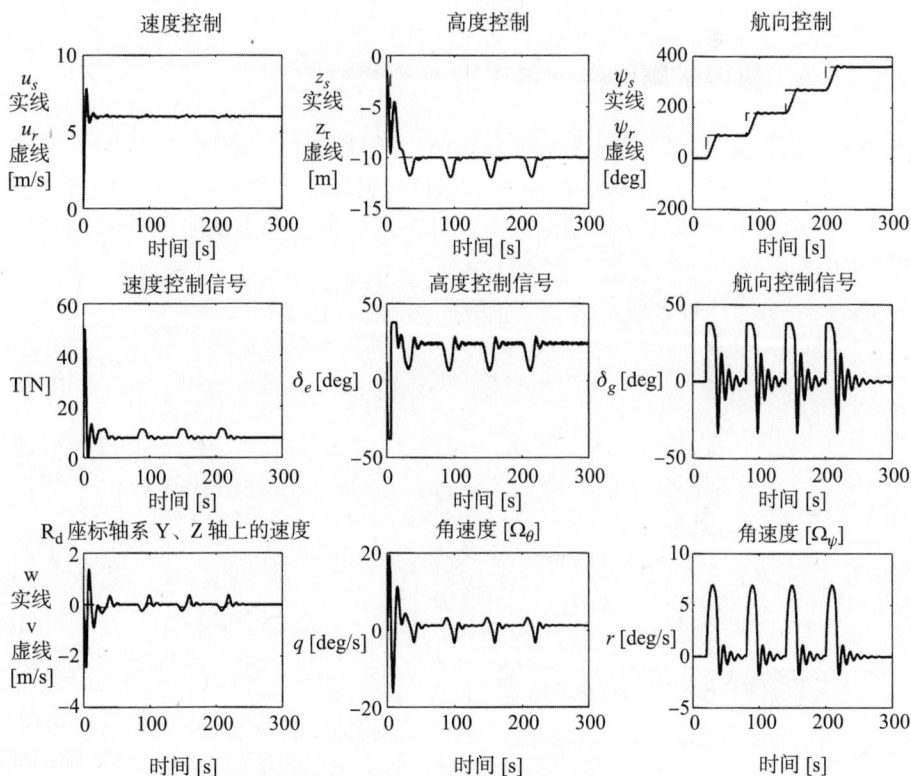

图 6.17　GPC 控制器的结果

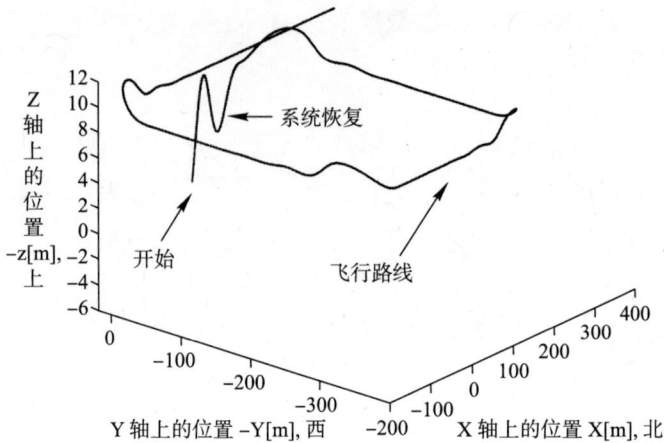

图 6.18　使用 GPC 控制器的运动结果

6.4.3　采用扩展线性化方法进行非线性控制

在平衡点上对非线性系统方程进行线性化是一项应用在控制引擎中非常有用的技术。最近的控制技术都是根据局部或全局有效性构建的。如果得到的不是线性化模型, 需要对应于系统各工作点的不同的线性化模型。这些线性化模型集合称为 TLM。

一个非线性系统可以如下描述:

$$\dot{x} = f(x, u) \tag{6.43}$$

这里 f 是由输入 u 和状态 x 参数化的矢量场。使用泰勒近似, 并考虑系统工作在操作点或平衡点 (x_0, u_0), f 的近似线性函数如下:

$$f(x, u) = f(x_0, u_0) + \frac{\partial f}{\partial x}(x_0, u_0)(x - x_0)$$
$$+ \frac{\partial f}{\partial u}(x_0, u_0)(u - u_0) + \xi(x - x_0, u - u_0) \tag{6.44}$$

若忽略高次项, 式 (6.44) 变成:

$$\delta\dot{x} = \frac{\partial f}{\partial x}(x_0, u_0)\delta x + \frac{\partial f}{\partial u}(x_0, u_0)\delta u \tag{6.45}$$

这是式 (6.34) 的线性表示。线性化的模型集可以表示如下:

$$\delta\dot{x} = F(x_0, u_0)\delta x + G(x_0, u_0)\delta u \tag{6.46}$$

考虑式 (6.46) 及极点配置反馈理论, 可以得到局部控制律:

$$\delta u = -K(x_0, u_0)\delta x + \delta v \tag{6.47}$$

结合该局部控制律, 可以在整个系统工作空间上找到一个非线性控制律[21]。最终, 该控制律可表示为

$$u = \Omega(x, v) \tag{6.48}$$

注意这个控制律仅仅当参考信号变化很小时有效。图 6.19 所示为通过扩展线性化法进行抗饱和非线性控制的框图。

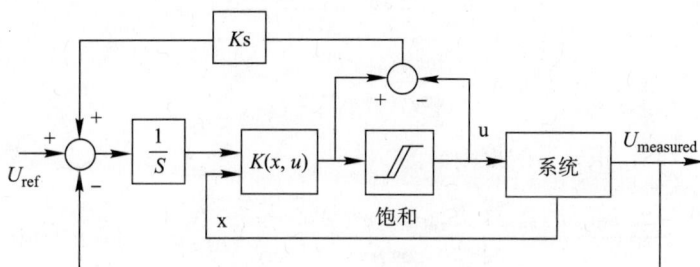

图 6.19 扩展线性控制器的框图

为了能利用扩展线性化方法计算控制律, 必须保证控制模型仅仅依靠期望状态变量, 并满足局部支配律 $\frac{\partial f}{\partial u}(x_0, u_0) \neq 0$。下面的讨论要求这两个条件必须满足。

1. 速度控制器

速度动力方程可以表示为

$$m\dot{u} = F_m \cos\mu + \frac{1}{2}\rho u^2 S_{ref} C_{Tt} \tag{6.49}$$

式中: u 为一个状态变量, F_m 为控制输入, 平衡点 $(du/dt = 0)$ 由下式给出:

$$u_0^2 = \frac{2F_{m0}\cos\mu}{\rho S_{ref} C_{Tt}} \tag{6.50}$$

TLM 模型可表示为

$$\delta\dot{u} = \frac{\rho S_{ref} C_{Tt} u_0}{m}\delta u + \frac{\cos\mu}{m}\delta F_m$$
$$\delta\dot{u} = a(u_0)\delta u + b(u_0)\delta F_m \tag{6.51}$$

若期望的系统性能表示为

$$s^2 + 2\xi w_0 s + w_0^2 \tag{6.52}$$

控制律为

$$\delta F_{\mathrm{m}}(t) = -K(u_0, F_{\mathrm{m}0})\delta u + \int (\delta u_{\mathrm{ref}} - \delta u)\mathrm{d}t \tag{6.53}$$

式中: δu_{ref} 为速度参考值, 考虑极点配置反馈理论, 这样可以得到该闭环系统的特征多项式, 考虑式 (6.52), 系数值可以由下式确定:

$$k(u_0) = \frac{-2\xi w_0 m - \rho S_{\mathrm{ref}} C_{\mathrm{Tt}} u_0}{\cos \mu} m$$

$$k_{\mathrm{a}}(u_0) = \frac{w_0^2 m}{\cos \mu} \tag{6.54}$$

根据式 (6.48), 积分后的控制律为

$$F_{\mathrm{m}}(t) = \frac{-2\xi w_0 m u(t)}{\cos \mu} - \frac{1}{2}\frac{\rho S_{\mathrm{ref}} C_{\mathrm{Tt}} u^2(t)}{\cos \mu} + \frac{m w_0^2}{\cos \mu}\int (u_{\mathrm{ref}}(t) - u(t))\mathrm{d}t \tag{6.55}$$

2. 高度控制器

让考虑下面的高度模型:

$$\dot{z} = -u\sin\theta$$

$$\dot{\theta} = q$$

$$\dot{q} = k_2 q + k_1 \theta + k_3 \delta_{\mathrm{e}} \tag{6.56}$$

工作点为

$$\delta_{\mathrm{e}0} = 0$$

$$\theta_0 = 0$$

$$q_0 = 0 \tag{6.57}$$

TLM 模型变成

$$\delta\dot{z} = -u\cos\theta_0\delta\theta$$

$$\delta\dot{\psi} = \delta q$$

$$\delta\dot{q} = k_2\delta q + k_1\delta\theta + k_3\delta\delta_{\mathrm{e}} \tag{6.58}$$

若控制律表示为

$$\delta\delta_e = -K(z_0, \theta_0, q_0, \delta_{e0})\delta x + \int (\delta z_{ref} - \delta z)dt \tag{6.59}$$

这里 δx 为状态向量的变化量。$K = [k_z, k_\theta, k_q]^T$，期望性能表示为

$$(s^2 + 2\varsigma w_n s + w_n^2)(s + 1/\tau_1)(s + 1/\tau_2) \tag{6.60}$$

积分后的闭环控制律为

$$\delta_e = \frac{w_n^2}{-u\cos\theta k_3 \tau_1 \tau_2} \int (z_{ref} - z)dt - \frac{\tau_1 + \tau_2 + 2\varsigma w_n}{\tau_1 \tau_2 k_3}q +$$
$$-\frac{1 + 2\varsigma w_n(\tau_1\tau_2) + \tau_1\tau_2(w_n^2 + k_1)}{\tau_1\tau_2 k_3}\theta + \frac{\tau_1 + \tau_2 + 2\varsigma w_n}{\tau_1\tau_2 k_3 u \cos\theta}z \tag{6.61}$$

3. 航向控制

和高度控制器类似，期望性能 $(s^2 + 2\xi w_n s + w_n^2)(\tau s + 1)$ 的航向控制器可以表示为

$$\delta_g = \frac{w_n^2}{k_1\tau} \int (\psi_{ref} - \psi)dt - \frac{2\xi w_n\tau + 1}{k_1\tau}r - \frac{w_n^2\tau + 2\xi w_n}{k_1\tau}\psi \tag{6.62}$$

4. 仿真结果

采用 6.4.1 节相同的飞艇模型和参考值，图 6.20 和 6.21 显示了 ELC 控制器的结果。

一般而言，即使当被控状态间存在耦合时，控制器仍能接近参考值 (速度、高度和航向控制)。这几种控制器在性能方面最主要的区别是它们所产生的控制信号不同。GPC 控制器试图最小化追随误差和控制信号的能量，最终得到更短的反应时间。PID 和非线性控制器都产生较小的控制信号 (见图 6.14 和图 6.20)。然而，非线性控制器的好处在于它可以根据系统工作点自动调节参数。

6.4.4 实验结果

1.UrAn 实验

在巡航飞行条件下，利用 UrAn 飞艇对速度和高度控制器进行测试。UrAn 是由 MiniZep 公司制造的一艘 $28\,m^3$ 的飞艇，主要用于支持 De los Andes 大学的研究工作 (波哥大，哥伦比亚)。它装备了利用 Wifi 链路与地面进行通信的微型电脑、与舵机互相连接的 RF 接收器、计算机地面遥控

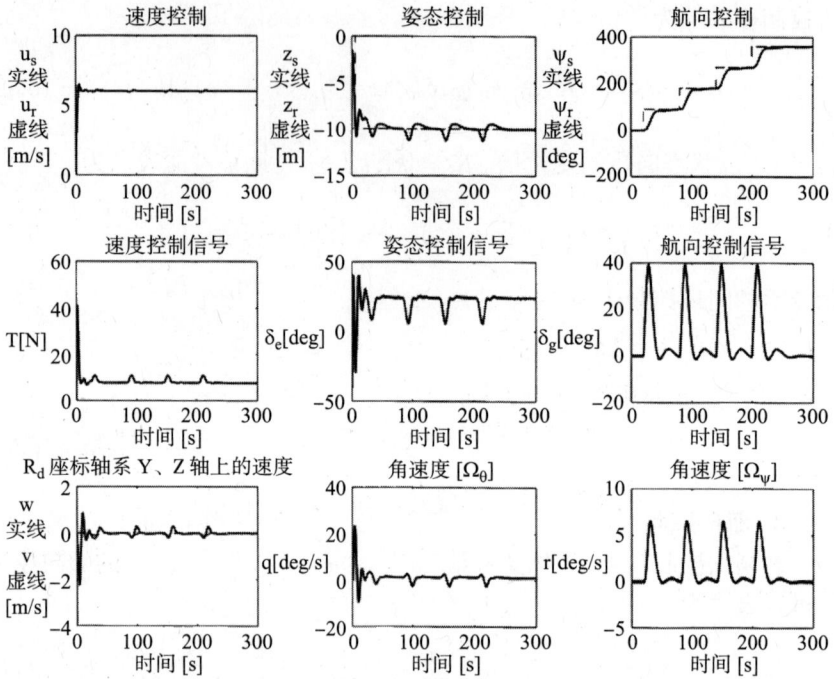

图 6.20 ELC 控制器的结果

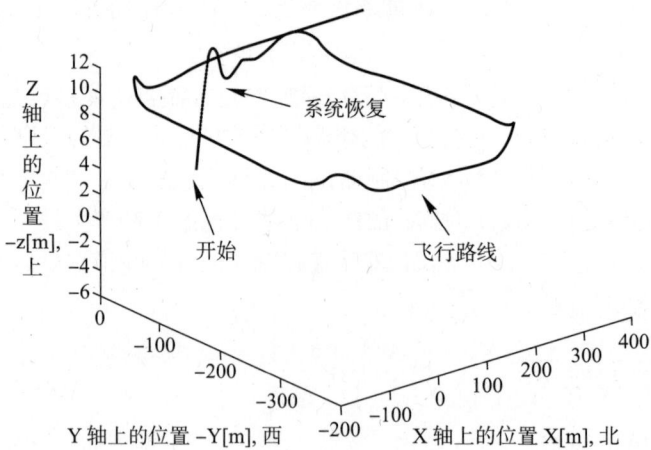

图 6.21 使用 ELC 控制器的运动结果

台、GPS、气压高度表, 用于提供飞艇姿态、航向的惯性传感器和自制的风速计。

图 6.22 所讨论的 3 个控制器的气动速度 v_a 和控制信号 T。由图可见, 飞行非常混乱, 系统有时很难达到参考速度, 而且会产生一些饱和控制信号。不过, 非线性控制器是其中表现最好的一个。

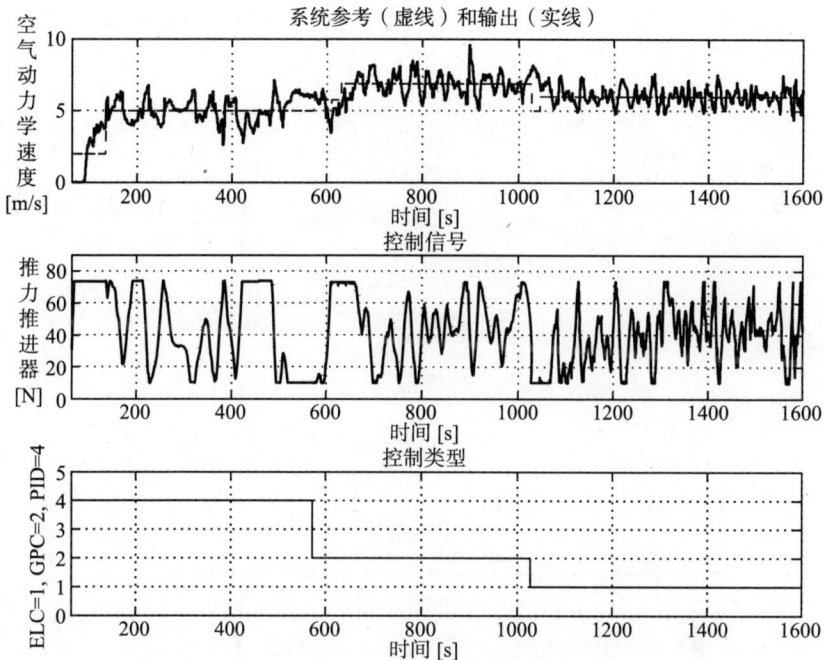

图 6.22 基于真实系统 (UrAn) 的速度控制, 第一个结果

图 6.23 所示的结果稍微好一些, 没有那么混乱, 仅仅当飞艇沿顺风或逆风方向飞行时会产生一些饱和的信号。不过遗憾的是,UrAn 和 Karma 都没有装备风向传感器。

图 6.24 所示为将 GPC 控制器应用到飞艇上时的高度 z 和控制信号 δ_e。由于传感器分辨率低 ($\pm 1m$), 强的控制信号使得高度能较好地接近参考信号。

2.Karma 实验

速度和航向控制器通过 Karma 飞艇进行机载测试。Karma 飞艇艇身由 Zodiac 公司制造, 用于支持 LAAS/CNRS 实验室 (图卢兹, 法国) 的研究工作, 它的机载装备和 UrAn 类似。

系统参考（虚线）和输出（实线）

控制信号

控制信号

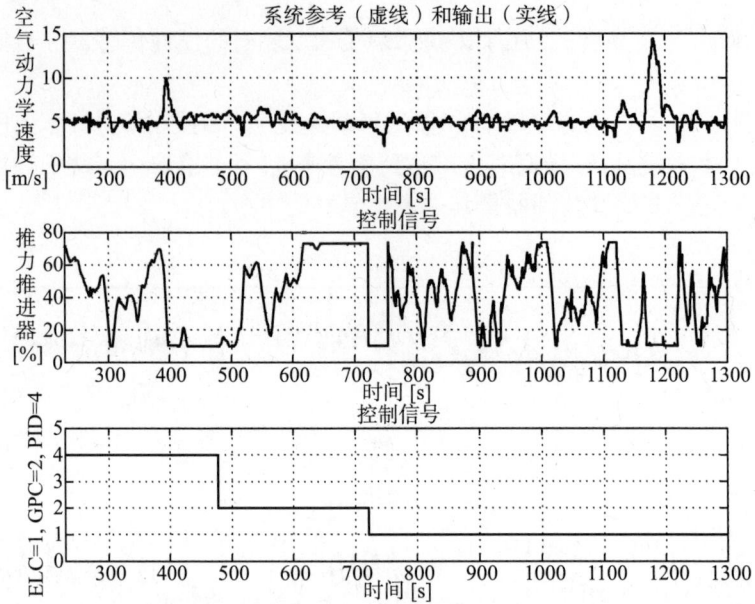

图 6.23　基于真实系统 (UrAn) 的速度控制, 第二个结果

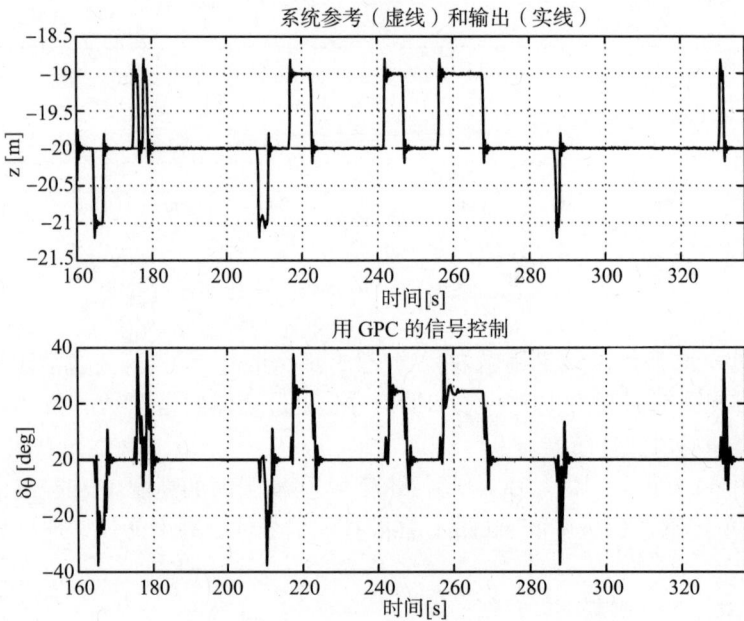

系统参考（虚线）和输出（实线）

用 GPC 的信号控制

图 6.24　基于真实系统 (UrAn) 的高度控制

图 6.25 所示为本文所建议的两个控制器 (PID 和 GPC) 的气动速度 v_a 和控制信号 T。当参考值较高并且系统无法达到它时，控制信号呈现饱和。不过，控制器的性能还不错。

系统参考（红色）与系统输出（蓝色虚线）

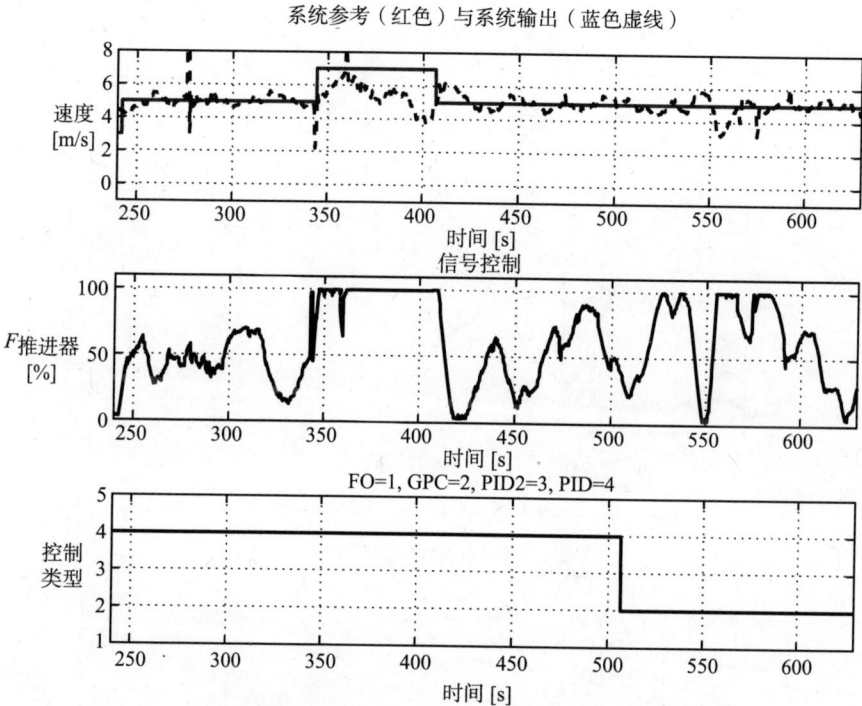

图 6.25　基于真实系统 (Karma) 的速度控制

图 6.26 所示为当 Karma 使用 PID 航向调节器时的 ψ_{ref} 和输出系统时，参考信号的饱和确保了控制信号的平滑变化并接近工作点。

图 6.27 所示为参考信号的变化和 GPC 控制器。如图所示，系统不需要太大的控制信号就可以跟上参考值。

总而言之，所讨论的几种控制器的性能都是可接受的，这也显示了所建立的模型的有效性。文献 [38] 提出了几种利用基于梯度和李亚普诺夫函数的自适应控制策略进行测试的方法。一般而言，这些控制器都能提供比 GPC 控制器更好的控制信号。

系统参考（红色）与系统输出（蓝色虚线）

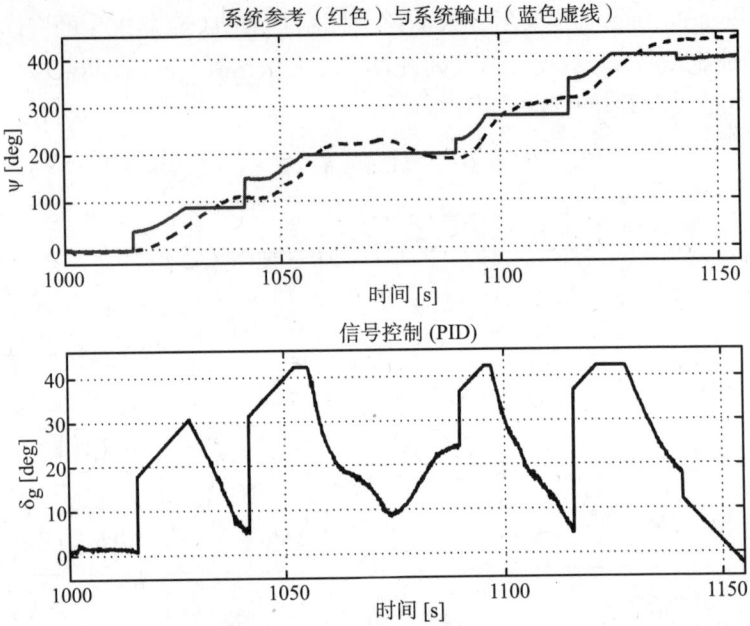

信号控制 (PID)

图 6.26　基于真实系统 (Karma) 的航向控制, 第一个结果

系统参考（红色）与系统输出（蓝色虚线）

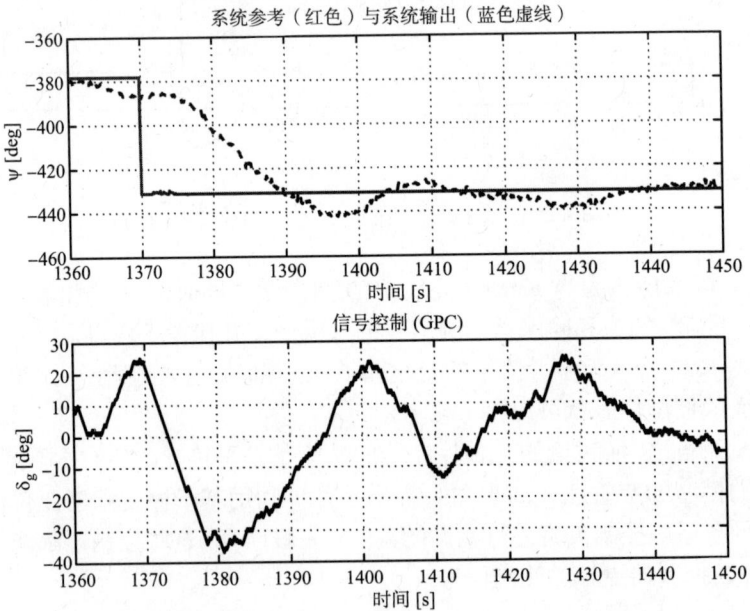

信号控制 (GPC)

图 6.27　基于真实系统 (Karma) 的航向控制, 第二个结果

6.5　航路规划和跟踪

在文献中可以发现许多路径跟踪或航点抵达的方法。文献 [27] 提出一种带路径跟踪控制器的横向控制策略以便在一个垂直平面内操纵飞艇。文献 [20] 的作者提出一种称为 "定向运动" 的控制方法, 它控制的目标不是飞艇所需跟随的轨迹, 而是需要抵达的航点。与其类似的, 文献 [36] 中提出用飞艇与第 n 航点的偏离度来表示 ψ_{ref}。当飞艇与第 n 航点的距离小于 20m, 任务规划器则认为第 n 航点已经到达, 并将第 $n+1$ 个航点作为新的目标航点。在文献 [37] 中, 作者提出一种在室内视觉引导飞艇上使用的用可见光信号来完成道路跟随任务 (类似的任务可以在文献 [43] 中找到) 的方法。文献 [4] 中, 作者提出两种方法确保飞艇的导航能力: 第一种是基于 H_∞ 的技术, 第二种是基于 PI 控制。

不过, 在航路规划方面的研究工作目前还不多, 文献 [31] 描述了一种在系统运动和动力约束条件下的随机运动规划算法。文献 [24] 提出一种基于最短路径的自主无人机横向导航方法, 该方法主要考虑在飞艇气动和驱动器约束下求取最短路径。

本节考虑两个问题: 一是为使飞艇达到指定目的地, 如何在 2D 平面内确定一条合适的轨迹的问题, 二是如何确保飞艇按事先确定的路径飞行的问题。这里认为飞艇在巡航状态下飞行, 并且满足 6.2 节提到的平衡条件, 即系统动力学可以是线性化的。

6.5.1　路径规划

如果纵向动力稳定在平稳值 u_{ref}, z_{ref}, 忽略侧滑角 β, 控制量直接作用于 $\dot{\varphi}$, 则飞艇的横向动力可如下表示:

$$\dot{x} = u \cos \psi$$
$$\dot{y} = u \sin \psi$$
$$\dot{\psi} = \delta_g / \rho \qquad (6.63)$$

式中 δ_g 是 2D 水平面内导航控制量。

该模型有两个运动约束: 一是飞艇向它的主轴切向运动, 二是由于舵角的限制使得飞艇不能以低于给定阈值 ρ 的曲率半径转弯。Dubias[18] 研究了该动力模型, 他把求最短路径问题看做以恒定速度向前移动的问题。在文献 [9] 中, Soueres 给出了同样的模型, 并求出了最优控制解, 当线速度等于常量时, 最短路径问题就等于最小时间问题。

重写系统式 (6.63), $\dot{x} = f(x)u + g(x)\delta_g$, 可以看出上式是可控的, 主要困难是欠驱动系, 另一个难题是位置和方向的耦合问题, 即通常所知的不完整约束 $\dot{x}\sin\psi + \dot{y}\cos\psi = 0$。

操纵系统 (6.63) 从初始配置 $\zeta_i(x)$ 到最终配置 $\zeta_f(x)$ 的问题就是生成航迹的问题, 即在约束

$$\dot{x} = f(x)u + g(x)\delta_g$$
$$x(t_0) = x_0$$
$$x(t_f) = x_f$$
$$\delta_{g\min} \leqslant \delta_g \leqslant \delta_{g\max} \tag{6.64}$$

下, 最小化代价函数 $J(\delta_g)$:

$$J(\delta_g) = \int_{t_0}^{t_f} L(x(t, \delta_g), \delta_g)\mathrm{d}t \tag{6.65}$$

问题的关键在于找到容许控制 $\delta_g \in R^m$, 使得从初始状态 x_0 到最终状态 x_f 的时间最小。为了解决这个问题, 采用庞特里亚金最大值原理 (PMP) 得到定义在 $[0, T]$ 区间上的最优轨迹 $x^*(t)$, δ_g^* 是其中时间最优参考控制。哈密尔顿 H 定义如下:

$$H = \lambda_1 u \cos\psi + \lambda_2 u \sin\psi + \lambda_3 \delta_g \tag{6.66}$$

这里 $\lambda : [0, T] \in R^3$ 是伴随向量, 对于每一个 $t \in [0, T]$ 满足 $\dot{\lambda} = -\frac{\partial H}{\partial x}$ 和 $\lambda(t) \neq 0$, 并且如果 $x^*, \lambda^*, \delta_g^*$ 满足这些条件, 就有一个最优解。

极值控制可以有不同的值 $\delta_g = \delta_{g\max}, \delta_g = \delta_{g\min x} \delta_g = 0$, 它们分别给出圆形 (向左和向右) 和直线轨迹。这种控制器称为 "Bang-Zero-Bang 控制"。这种几何方法允许求出全解 (见文献 [9]), 它利用飞艇运动的对称性对状态空间进行分解, 这样只需 6 簇曲线就可以描述飞艇在 2D 平面中的运动。这些轨迹的计算非常快, 其中具有最小距离的一条轨迹就是最优解。

注意沿着给定的轨迹控制 δ_g 不能连续变化 ($\delta_g \approx$ 角速度 $\dot{\psi}$)。为了使角速度 r 成为系统的一个变量, 需要控制角速度的变化 $\dot{r}$, 而不是角速度本身, 引入两个动态扩展。第一个扩展通过 δ_g 来控制, 另一个通过 $-k_{psi}r + \delta_g$ 来控制。

1. 第一个动力扩展模型

如果角速度的变化 $\dot{r}$ 直接由 δ_g 控制, 则新系统为

$$\dot{x} = u\cos\psi$$
$$\dot{y} = u\sin\psi$$
$$\dot{\psi} = r$$
$$\dot{r} = k_g\delta_g \qquad (6.67)$$

式中: k_g 为依赖于系统动力的常量。

假设系统 (6.67) 是可控的, 并且被最小化的代价函数是能量标准 (当速度是常量时, 类似于最短路径问题):

$$J(\delta_g) = \int_{t_0}^{t_f} <\delta_g(t), \delta_g(t)> \mathrm{d}t \qquad (6.68)$$

如果存在输入 $\delta_g(t)$ 对于每一个 $t \in [0,T]$ 都最小化代价函数 J, 则可以找到最优控制 δ_g^*。这样系统式 (6.67) 的哈密尔顿 H 变成:

$$H = \frac{1}{2}(\mathrm{u}^2 + \delta_g^2) + \lambda_1 \mathrm{u}\cos\psi + \lambda_2 \mathrm{u}\sin\psi + \lambda_3 \mathrm{u}r + \lambda_4\delta_g$$

2. 第二个动力扩展模型

若角速度的变化 $\dot{r}$ 直接由 $-k_{psi}r + \delta_g$ 控制 (类似于一阶系统中的行为) 系统可写作:

$$\dot{x} = u\cos\psi$$
$$\dot{y} = u\sin\psi$$
$$\dot{\psi} = r$$
$$\dot{r} = -k_r r + \delta_g \qquad (6.69)$$

这里 k_r 是一个依赖于系统动力的常量, 与上面类似, 存在一个最优控制 u^* 操纵系统 (6.69) 从初始配置 $\zeta_i(x)$ 到最终配置 $\zeta_f(x)$, 哈密尔顿 H 表示如下:

$$H = \frac{1}{2}(u^2 + \delta_g^2) + \lambda_1 u\cos\psi + \lambda_2 u\sin\psi + \lambda_3 ur + \lambda_4(\delta_g + uk_r r)$$

这类系统给出的是非凸问题, 一般情况下是很难解决的, 一种可能的解决方法是用数值方法, 这里介绍文献 [10] 中由 Fernades 等人提出的一种方法。

Fernades 方法： 让考虑控制输入 $\delta_g \in L_2([0,T])$，用 $\{e_k\}_{k=1}^{\infty}$ 代表 $L_2([0,T])^3$ 的一个正交基，连续控制律 δ_g 表示如下

$$\delta_g = \sum_{k=1}^{\infty} \left(\alpha_k e_k^{i\frac{2k\pi t}{T}} + \beta_k e_k^{-i\frac{2k\pi t}{T}} \right) \tag{6.70}$$

利用 Ritz 近似，函数 δ_g 可以通过截去它的 N 阶以上展开项来近似，新的控制律和目标函数变为

$$\delta_g = \sum_{k=1}^{N} \alpha_k e_k$$

$$J(\delta_g) = \int_{t_0}^{t_f} <\delta_g(t), \delta_g(t)> \mathrm{d}t \approx \sum_{k=1}^{N} |\alpha_k|^2 \tag{6.71}$$

式中 $\alpha = \alpha_1, \alpha_2, \cdots, \alpha_N \in R^N$，$\zeta_f(t) = \zeta(T)$ 是应用控制 δ_g 在 T 时刻的解。为了使系统达到 $\zeta_f(x)$，必须给代价函数添加一个附加项，变成

$$J(\alpha) = \sum_{k=1}^{N} |\alpha_k|^2 + \gamma \|f(\alpha) - q_f\|^2 \tag{6.72}$$

式中 $\zeta_f = f(\alpha)$，q_f 为目标位置。注意当 $N \to \infty$ 时新的有限维问题收敛到一个确切解。

3. 结论

在不同系统式 (6.63)、式 (6.67) 和式 (6.69) 上应用 Souered 的方法和 Fernades 的数值优化方法，最小化各自的代价函数所得的结果为图 6.28 和图 6.29 所示。

6.5.2　路径跟踪

一旦航路规划好了，就需要一个确保飞艇按指定航路飞行的专用控制器。就像经常在移动机器人中所做的那样，Fraute 框架使得路径问题变成了一个规划飞艇和它在路径 ξ 上 s（见图 6.30）点的投影之间的横向距离的问题。这个误差动力学方程为

$$\dot{d} = v_a \sin \psi_e$$

$$\dot{\psi}_e = \dot{\psi}_d - \dot{\psi}_r \tag{6.73}$$

式中：d 为 CV[5] 和 R_r 坐标轴系之间的横向距离。ψ_e 为飞艇方向和 s 点的参考方向之间的角度误差。

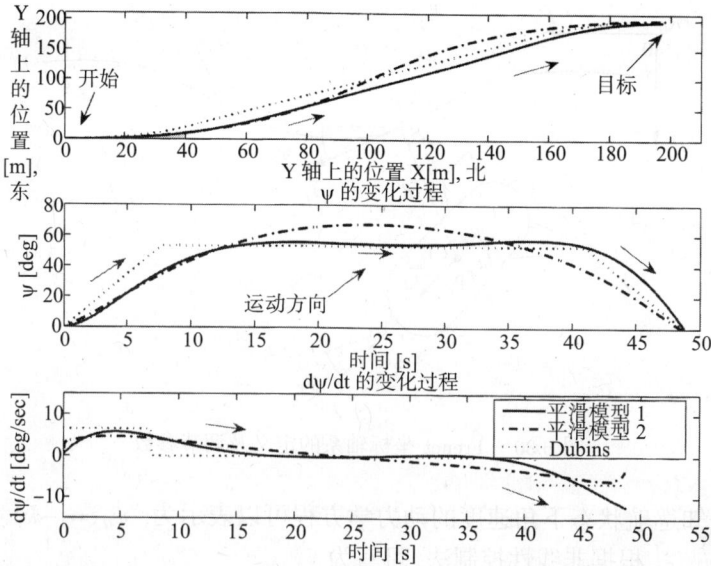

图 6.28　由不同系统式 (6.63) (Dubins)、式 (6.67) (平滑模型 1) 和式 (6.69) (平滑模型 2) 产生的轨迹, 初始配置 $\zeta_i = [0, 0, 0]$, 终止配置 $\zeta_f = [250, -250, -90]$

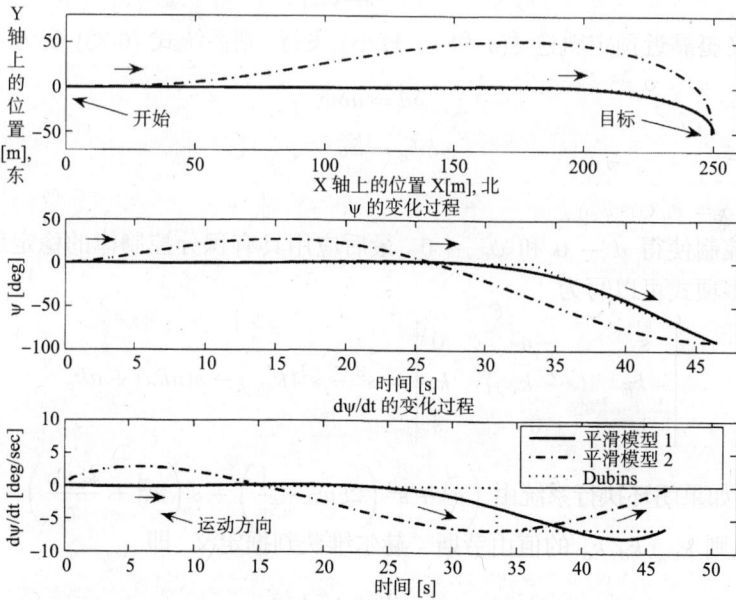

图 6.29　由不同系统式 (6.63) (Dubins)、式 (6.67)(平滑模型 1) 和式 (6.69) (平滑模型 2) 产生的轨迹, 初始配置 $\zeta_i = [0, 0, 0]$, 终止配置 $\zeta_f = [250, -250, 0]$

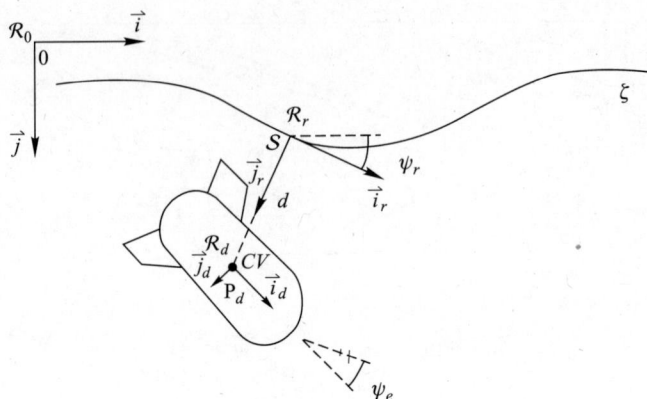

图 6.30　Frenet 坐标轴系的定义及调节参数

已知巡航状态下角速度的动力学方程可以表示为: $\dot{\psi}_d = -k1_{\psi_d}\psi_d + k2_{\psi_{ref}}\psi_{ref}$。根据非线性控制法, 可写为

$$\psi_{ref} = \frac{k1_{\psi_{ref}}\psi_d + \dot{\psi}_r + v}{k2_{\psi_{ref}}} \tag{6.74}$$

假设飞艇靠近预定轨迹 $\xi(d$ 和 ψ_e 较小$)$ 飞行, 则系统式 (6.73) 变为

$$\delta\dot{d} = a\delta\psi_e$$
$$\delta\dot{\psi}_e = \delta v \tag{6.75}$$

式中: $a = v_a \cos\psi_{e0}$。

控制使得 $d \to 0$ 和 $\psi_e \to 0$。最后应用具有积分控制律的稳定反馈。特征多项式可以写为

$$\begin{vmatrix} s & -a & 0 \\ -k_d & (s - k_{\psi_e}) & k_a \\ 1 & 0 & s \end{vmatrix} = s^3 - s^2(k_{\psi_e}) - s(ak_d) + ak_a$$

这里, 如果闭环执行系统由 $\left(s^3 + s^2\left(2\xi w_0 + \dfrac{1}{\tau}\right) + s\left(w_0^2 + \dfrac{2\xi w_0}{\tau}\right) + \dfrac{w_0^2}{\tau}\right)$ 给出, 则 k_{ψ_e}, k_d, k_a 的值由劳斯 - 赫尔维茨判据定义, 即

$$k_{\psi_e} = -2\xi w_0 + 1/\tau$$
$$k_d = -\frac{w_0^2 + 2\xi w_0/\tau}{a}$$
$$k_a = \frac{w_0^2}{a\tau} \tag{6.76}$$

式中: $d < \left| \dfrac{1}{\rho} \right|$, $\psi_e \in \left[-\dfrac{\pi}{2}, \dfrac{\pi}{2} \right]$。

系统式 (6.75) 的控制律为

$$v = k_{\psi_e} \psi_e + k_d d + k_a \int (-d) \mathrm{d}t \tag{6.77}$$

最后, 确保飞艇跟踪轨迹 ξ 的航向控制系统参考值 ψ_{ref} 为

$$\psi_{ref} = \frac{k1_{\psi_{ref}} \psi_d + \dot{\psi}_r + k_{\psi_e} \psi_e + k_d d + k_a \int (-d) \mathrm{d}t}{k2_{\psi_{ref}}} \tag{6.78}$$

结果

当路径按 Dubins 模型规划时, 路径跟踪的结果如图 6.31 所示。图 6.32 反映了 3D 空间内飞艇的变化过程。

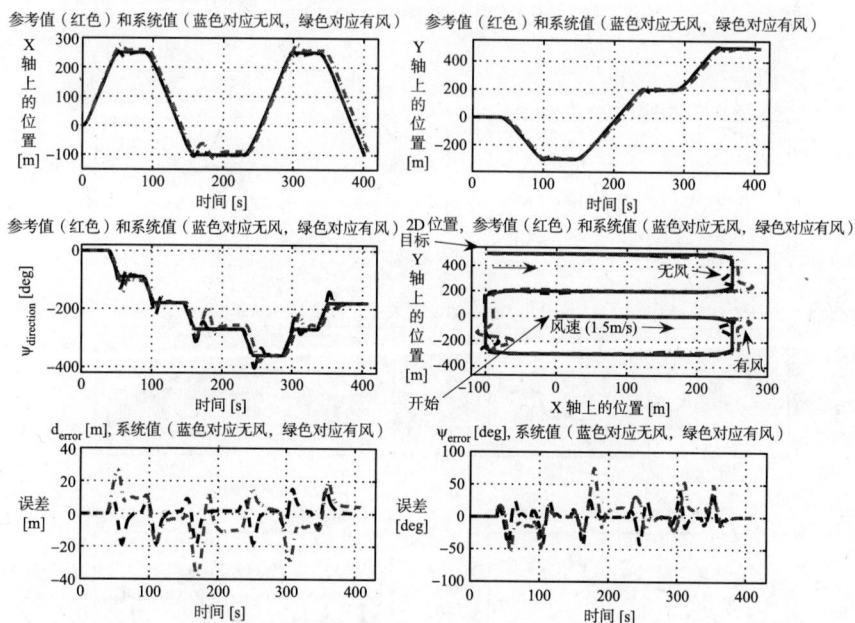

图 6.31 路径跟踪的控制结果, Dubins 模型

图 6.33 和图 6.34 所示为当路径按第二个动力扩展模型规划时所采用的路径跟踪方法的结果和飞艇的 3D 运动过程。

可以通过这些结果来比较飞艇在有风或无风情况下控制器的性能。第二个动力模型给出了一个更适合飞艇动力学的轨迹, 并且在飞艇转弯不太重要时忽略高度。

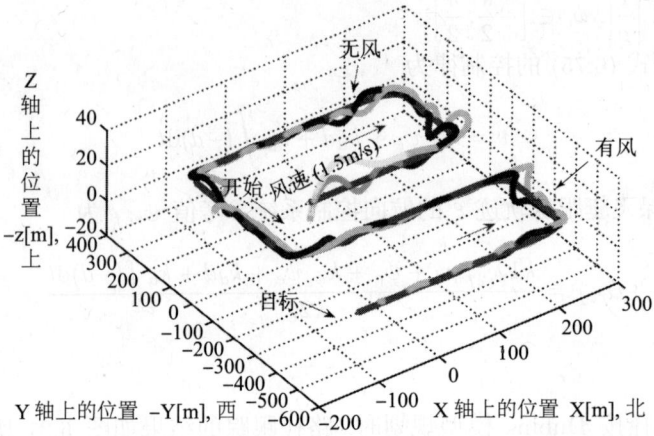

图 6.32 3D 空间内的变化过程, Dubins 模型

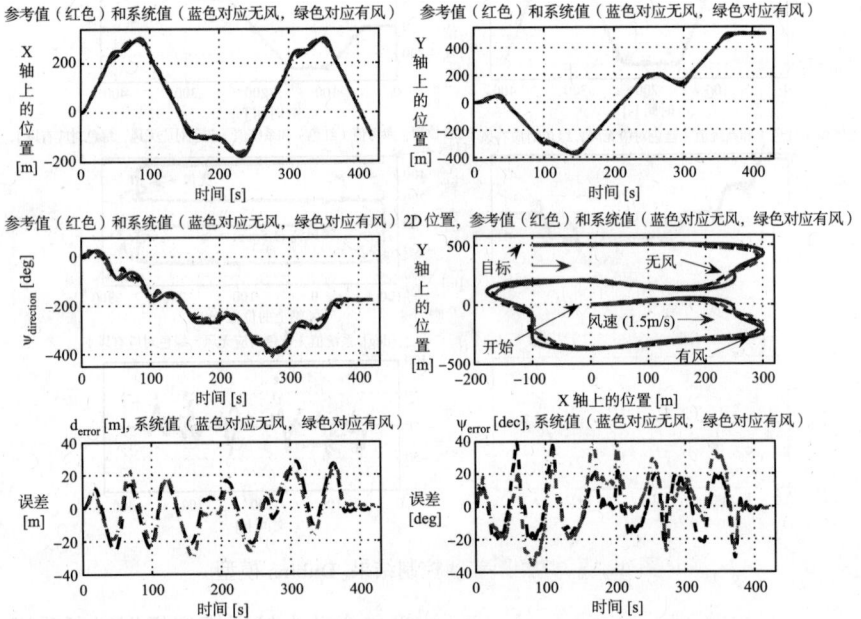

图 6.33 路径跟踪的控制结果, 第二个动力扩展模型

Airship position within 3D, tracking task

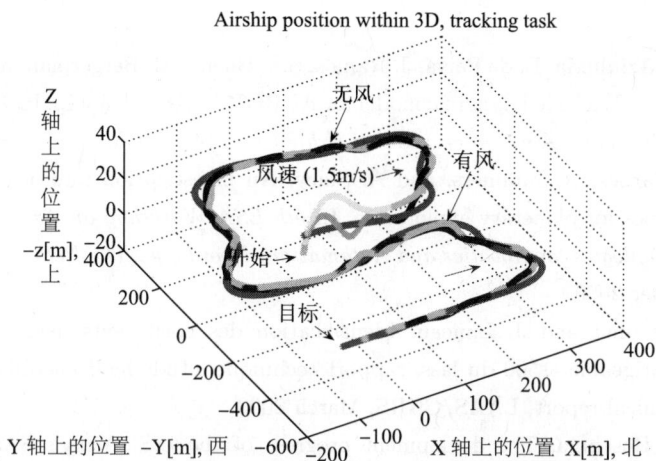

图 6.34 3D 空间内的变化过程, 第二个动力扩展模型

6.6 结论

本章给出了飞艇的完整模型, 当假设飞艇以稳定速度飞行时, 该模型分解为两个子模型。基于 Unscented 卡尔曼滤波器的辨识技术被证明比基于扩展卡尔曼滤波器的辨识技术能更快更好地收敛, 并成功地运用到 Karma 飞艇上。提出了一个结合路径规划、路径跟踪和基础控制器的全局控制策略, 得到了 UrAn 和 Karm 飞艇稳定巡航飞行的实验结果。

这一工作证明了小型飞艇在巡航飞行条件下可以成功地进行自动控制。但是当飞艇面对强风和突然的变化时还需要做更多的研究工作。

参考文献

[1] 5th Ariship Association Convention, Oxford (England), 2004.

[2] 16th Lighter-Than-Air Systems Technology Conference and Balloon Systems Conference, Arlington, Va (USA), 2005.

[3] J.R. Azinheria. Influence of wind speed on airship dynamics. Journal of Guidance, Control, and Dynamics, 24(6):1116–1124, Nov-Dec 2002.

[4] J. R. Azinheria, E.Carneiro de Paiva, J. Jr. G. Ramos, and S. S. Bueno. Mission path following for an autonomous unmanned airship. In IEEE International Conference on Robotics and Automation, San Francisco, USA, April

2000.

[5] J.R. Azinheria, E. de Paiva, J. Ramos, S.S. Bueno, M. Bergerman, and S.B.V. Gomes. Extended dynamic model for AURORA robotic airship. In *14th AIAA Lighter-Than-Air Conference and Exhibition, Akron, Ohio (USA)*, July 2001.

[6] D. Barnes, P. Summers, and A. Shaw. An investigation into aerobot technologies for planetary exploration. In *6th ESA Workshop on Advanced Space Technologies for Robotics and Automation, Noordwijk (The Netherlands)*, December 2000.

[7] A. Bonnet and J. Luneau. Identification des coefficients aérodynamiques du dirigeable as500 du lass, rapport technique, etude hydro-aérodynamique. Technical report, LAAS/CNRS, March 2003.

[8] J.H. Boschma. The devlopment progress of the U.S. Army's SASS LITE, unmanned robot airship. In *10th AIAA Lighter-Than-Air Conference and Exhibition, Scottsdale, AZ (USA)*, Sept. 1993.

[9] X. N. Bui, P. Souères, J. D. Boissonnat, and J. P. Laumond. The shortest path synthesis for non-holonomic robots moving forwards. Technical report, INRIA, Report 2153, January 1994.

[10] L. Gurvits, C. Fernandes and Z. Li. Near-optimal nonholonomic motion planning for a system of coupled rigid bodies. *IEEE Trans. on Automatic Control*, 39 (6):450–463, March 1994.

[11] E.F. Camacho and C. Bordons. *Model Predictive Control in the Process Industry*. Springer, ISBN 3-540-199924-1, 1995.

[12] D.W Clarke. Application of generalized predictive control to industrial processes *IEEE Control System Magazine*, 8(2):49–55, April 1988.

[13] D.W Clarke, C. Mohtadi, and P.S. Tuffs. Generalized predictive control, part i, the basic algorithm. In *Automatica*, volume 23, pages 137–148, July 1987.

[14] J. L. Crassidis and F. Landis Markley. Unscented filter for spacecraft attitude estimation. In *Journal of Guidance, Control and Dynamics*, volume 26, pages 536–542, July–August 2003.

[15] E. de Paiva, S. Bueno, S. Varella Gomes, M. Bergerman, and J. Ramos. A control system development environment for AURORA's semi-autonomous robotic airship. In *IEEE International Conference on Robotics and Automation, Detroit, Mi. (USA)*, May 1999.

[16] E. C. de Paiva, S. S. Bueno, S. B. Gomes, Jr. G. Ramos, and M. Bergerman. A control system development environment for AURORA's semi-autonomous robotic airship. In *IEEE International Conference on Robotics and Automation*, Detroit (Michigan), USA, May 1999.

[17] H. Diaz, L. Solaque, and A. Gauthier. Fuzzy identification and parallel distributed compensation for cruise flight phase of a blimp. In *V Congreso International Electrónica y Tecnologías de Avanzada - CIETA*, page 4, Pamplona, Colombia, September 2006.

[18] L.E. Dubins. On curves of minimal length with a constraint on average curvature and with prescribed initial and terminal position and tangents. *American Journal of Mathematics*, 79:497–516, 1957.

[19] A. Elfes, S.S. Bueno, M. Bergerman, J.G. Ramos, and S.B Varella Gomes. Project AURORA: development of an autonomous unmanned remote monitoring robotic airship. *Journal of the Brazilian Computer Society*, 4(3):70–78, April 1998.

[20] A. Elfes, J. F. Montgomery, J. L. Hall, S. Joshi, J. Payne, and C. F. Bergh. Autonomous flight control for a Titan exploration aerobot. In *8th International Symposium on Artificial Intelligence, Robotics and Automation in Space*, September 2005.

[21] A. J. Fossard and D. Normand-Cyrot. *Systemes non linéaries*. Instrument Society of America, North Carolina, USA, 1993.

[22] S. B. Varella Gomes and J. Jr. Ramos. Airship dynamic modeling for autonomous operation. In *IEEE International Conference on Robotics and Automation*, pages 3462–3467, Leuven (Belgium), May 1998.

[23] J. R. Zhenbang Gong, J. Luo, and S. Xie. A flight control and navigation system of a small size unmanned airship. In *Proc. IEEE International Conference on Mechatronics and Automation*, pages 1491–1496, Niagara Falls, Canada, July 2005.

[24] S. Hima and Y. Bestaoui. Time-optimal path for lateral navigation of an autonomous underactuated airship. In *American Institute of Aeronautics and Astronomics*, August 2003.

[25] S. Hima and Y. Bestaoui. Time-optimal path planning for lateral navigation of an autonomous airship. In *AIAA Guidance, Navigation, and Control Conference and Exhibit. Austin (TX), USA*, August 2003.

[26] E. Hygounenc and P. Souères. A multimode control strategy for autonomous blimp. Technical report, LAAS/CNRS, March 2002.

[27] E. Hygounenc and P. Souères. Lateral path following gps-based control of a smallsize unmanned blimp. In *IEEE International Conference on Robotics and Automation*, Taipei, Taiwan, September 2003.

[28] E. Hygpounenc and P. Souères. Automatic airship control involving backstepping techniques. Technical report, LAAS, Report 2159, October 2002.

[29] M. A. Paluszek J. B. Mueller and Y. Zhao. Development of an aerodynamic model and control law design of a high altitude airship. In *AIAA 3rd Unmanned Unlimited Technical Conference*, Chicago, Il., USA, 2004.

[30] S. P. Jones and J. D. DeLaurier. Aerodynamic estimation techniques for aerostats and airship. *Journal of Aircraft,*, 20:120–126, 1983.

[31] J. Kim and J. Ostrowski. Motion planning of aerial robot using rapidly-exploration random trees with dynamic constraints. In *IEEE International Conference on Robotics and Automation*, Taipei, Taiwan, September 2003.

[32] P. Kungl, M. Schlenker, and B. Kröplin. Research and testing activities with the solar powered airship LOTTE within the scope of the airship research group at the university of stuttgart. In *14th AIAA Lighter-Than-Air Conference and Exhibition, Akron, Ohio (USA)*, july 2001.

[33] I.D. Landau, R. Lozano, and M'Saad. *Adaptive Control.* Springer, June, 1998.

[34] A. Moutinho and J. R. Azinheira. Stability and robustness analysis of the AURORA airship control system using dynamic inversion. In *IEEE International Conference on Robotics and Automation*, Barcelona, Spain, April 2005.

[35] M. Munk, editor. *"Aerodynamics of airships"*, Aerodynamics Theory, volume 6. Julius Springer, Berlin, 1936.

[36] J. Rao, J. Luo, Z. Gong, Z. jiang, and S. Xie. Design of flight control system for a robotic blimp. In *Proceedings of SPIE*, volume 6042, May 2006.

[37] P. Rives and J. Azhineira. Linear structures following by an airship using vanishing point and horizon line in visual servoing scheme. In *IEEE International Conference on Robotics and Automation*, New Orleans (LA), USA, Aprill 2005.

[38] L. Solaque, A. Gauthier, and S. Lacroix. Modelamiento y control de un dirigible. In *Proceedings of the Congress of Automatic Control*, Colombia, November 2004.

[39] L. B. Tuckerman. Inertia factors of ellipsoids for use in airship design. Technical report, N.A.C.A., Report 210, March 1926.

[40] A. Turner. Development of a semi-autonomous control system for the uva solar airship aztec. In *3rd International Airship Convention and Exhibition, Friedrichshafen (Germany)*, July 2000.

[41] T. Yamasaki and N. Goto. Identification of blimp dynamics via flight tests. *Trans. of Japan Society for Space Sciences*, 46(153):195–205, 2003.

[42] T. Yamasaki and N. Goto. Implementation of robust stability augmentation systems for blimp. *Trans. of Japan Society for Space Sciences*, 46(153):155–

162, 2003.

[43] H. Zhang and J. Ostrowski. Visual servoing with dynamics: Control of an unmanned blimp. In *IEEE International Conference on Robotics and Automation*, Detroit (Michigan), USA, May 1999.

第 7 章

遥控工具

摘要: 本章主要介绍 UAV 的遥控技术。在一个简短介绍之后，描述了在多模接口和扩增现实应用方面最新的技术发展趋势。然后介绍了在 COMETS 多无人机 (UAV) 系统中，与传统遥控直升机相配合所需的软件系统和硬件改装。最后，给大家展示了在 COMETS 执行任务过程中所进行的一些实验。

7.1 引言

本书第 5 章、6 章主要介绍了拥有机载控制系统能进行自主导航的自主式无人机。然而，全自主导航所需机载设备的净载重量及其能量消耗都极大的限制了它在小型和非常轻的无人机上的应用。事实上，目前存在的大多数微型无人机 (micro-UAV) 都在某种程度上需要遥控操作。特别是，在动态而混乱的环境中飞行更需要人类的干预以应对某些无法预知的事件。而且，应该注意到时至今日人类的导航能力仍然是确保无人机安全飞行的所必需。

因此，使用合适的遥控工具对于无人机系统而言是一个重要的需求[5]。这些工具涉及许多软硬件技术，它们能为人类导航员提供合适的感知反馈（包括视觉的，音频的等），并且能产生从直接导航到目标点以及对任务进行配置等不同层次的动作。而且，当自主式和遥控式飞行器 (RPV) 在同一个多类型飞行器编组中共同协作完成某项任务时 —— 例如在 COMETS 系统中那样 —— 遥控工具是对它们进行整合所必需的[7]。

本章按以下结构进行组织: 下一节简要介绍当前简化无人机遥控操作

的技术趋势。7.3 节介绍了在 COMETS 项目中开发的遥控工具, 包括软件和硬件问题, 在多类型无人机编组中与 RPV 整合的问题以及地面控制中心。7.4 节显示了在森林火灾实验中本遥控系统执行由控制中心下达的任务所得的实验结果。本章结尾是结论和参考文献。

7.2 无人机遥控技术的发展趋势

众所周知, 让无人机的遥控操作员产生直接操作飞机的感觉是一种不错的无人机遥控方式。也就是说, 操作员可以通过观察从安装在飞行器前端的摄像机传回的视频图像, 使用操作杆、模块或者类似于飞机驾驶舱中那样的接口对飞行器进行手动控制。不过, 这种方法也有一些问题让它在许多条件下都无法应用。其中, 由飞行器发送给操作员的图像和传感器数据的延迟, 以及由操作员下达给飞行器的指令的延迟就是最大的问题之一。特别是, 由于带宽的不稳定性和传输延迟的影响, 图像所提供信息的质量也会下降, 尤其是空间分辨率低, 更新率低或不稳定, 以及更新延迟等。

这些限制带来了许多问题。例如, 不稳定的图像更新率会降低操作员对运动信息的感知能力, 不利于注意空中交通状况和感知飞行器的行为, 并最终会影响手动控制无人机的稳定性[3]。

另一个问题是操作员在面板前操作的感觉和反应不可能像飞行员坐在飞机座舱中与飞机同呼吸共命运那样紧张。

因此, 许多时候试图依靠机载摄像机所采集的视频信息为地面上的操作员重建飞行的感觉并不是最好的。为操作员提供数据的其他方法应该作为这种经典方法的补充甚至完全取代它。

用于完成这项任务的技术目前主要构建在多模人机界面、扩大现实感和纯合成图像等思想的基础上。下面几段将粗略介绍这些领域的最新进展。

7.2.1 多模接口的需求

正如前面提到的, 飞行器与操作员之间物理上的分离所带来的问题之一便是许多对有人驾驶飞机有用的传感信息对于遥控操作员都是不可用的。与有人飞机驾驶员直接从外界环境中接受感知输入以及存在的紧张感觉相比, 无人机的地面操作员仅仅能接收遥远的无人机通过数据链传回的机载传感器所获信息。然而这种方法也带来许多问题, 并且在设计接口时,设计师们还必须努力思考在各种不同情况 (甚至包括设备失效时) 下怎样给操作员提供可以与真实飞行经验相比拟的感知信息。

将视觉数据覆盖在屏幕上是一种能直接提供比摄像机图像更丰富的感知数据的方法。例如, 在 COMETS 项目中, 在操作员接口的几个角落分别绘制了四个虚拟监视器, 用以提供 UAV 的位置和方向信息, 还有待完成的任务的信息。这些虚拟监视器中最有用的一个是一条以稳定而流畅的速度刷新的虚拟的地平线, 它可以帮助操作员稳定被遥控的直升机。

然而, 无人机的操作员不可能修改他们的视觉扫描方式来弥补某些未重建的多感知信息[10]。那么, 除了视觉信息以外, 其他提示操作员的方式也应该一起使用, 例如多模信息显示。因此, 文献 [8] 显示在一个模拟的无人机起飞和降落任务中, 当外界条件比较恶劣时, 通过无人机操作员的操纵杆传递给操作员的触觉提示能很好地改善操作员对情况的自我评价感知能力。

还有其他许多文献, 例如文献 [1, 11, 12], 都显示了多模接口的优点。这些文献显示声频和触觉信息可以在多方面提高飞行控制的水平和对外界情况全面的认知水平。在 COMETS 项目中, 通过计算机完成了一个声频接口, 它可以告知操作员航行过程中所需的校正量。一组事先录制好了的词语可以用来通知操作员到达预定航路所需的校正量。这个接口也可以用来在地面站的多个成员之间直接进行通信, 而且非常有用。

7.2.2 扩增现实与合成图像

扩增现实[6] 是指将机载摄像机所获得的真实图像和根据情景需要合成产生的人工路标或物体混合在一起, 旨在提高提供给观察者的视觉信息有用性的一种技术。覆盖在真实图像上的元素的合成特性对于无人机遥控环境而言是一个非常关键的优势。因为它不依赖于机载传感器, 这样就可以根据操作员的控制输入实时地更新这些元素并提供快速的反馈, 通过这种方式操作员可以感觉到更自然的响应从而更容易做出好的操作。例如, 在文献 [3] 中提出, 在摄像机图像上覆盖一个由计算机产生的许多相互垂直的线条组成网格, 并随摄像机输入而移动。合成的网格随操作员的输入实时地移动, 从而可以提供操作员关于摄像机运动方向和幅度的视觉反馈。通过使用一个模拟的无人机传感器摄像机跟踪一艘正在移动的船来进行实验。与没有虚拟网格的操作条件相比, 扩增现实技术极大地改善了在低摄像机更新率 (即长延迟) 的条件下跟踪目标的能力。

一种更复杂的显示模式是全虚拟系统,其中的地形信息存储在数据库中并结合 GPS 的定位信息给出。这种方法的主要好处之一是,在控制站中只有姿态数据是强制运行的。这样,即使图像数据通道失败,操作员仍旧可以依靠虚拟视图进行操作。不过这样做也有危险,在设计虚拟现实引擎时,必须考虑如果所产生的图像太逼真,会让操作员过于信赖这些虚拟数据,从而导致认知窄化,使得操作员忽视了许多在这种高逼真图像中不可用的信息,例如,"transponder off" 飞机[9]。因此,扩增显示既是一种可以提高无人机操作性能的很有前景的方法,同时又因为有大量可选方法和设计上的难题(亦即设计上的失败可能会导致操作员过于依赖这些虚拟图像,甚至造成产生混乱) 而变得难于实现。

文献 [4] 提出了一种在使用带有穿戴式扩增现实 (AR) 环境的遥控无人直升机上使用的基于注释的辅助营救系统。利用一个戴在头部的显示器 (HMD),操作员可以通过观察来自直升机的经过注解的视图来远程控制直升机。虚拟的建筑物和文字标注可以快速而密集地指示搜索位置以协助完成营救任务。直升机的位置和姿态可分别通过 GPS 和陀螺仪测得。

在 COMETS 遥控站中,载荷操作员 (他的任务是通过控制云台来改变摄像机的指向) 的接口包括覆盖标志。这些反映摄像机相对角度的标志以远高于图像的速度绘制出来,一个模拟目标的亮点被绘制用于减轻操作员的压力。

正在开发一种全新的遥控软件,它使用合成图像,从而不必过多地依赖机载摄像机所发送的视频图像,也缓解了噪宽带连接鲁棒性的需求。认为,一般而言,无人机都具有最低等级的自动控制水平。当试图在同一时间控制一架以上无人机时,这也许是最好的一条途径,因为它允许在每一种条件下提供最合适的视场点。

7.3 COMETS 中的遥控直升机

本节主要介绍在 COMETS 项目中为了整合遥控飞行器 (RPV) 而开发的一套遥控工具。这些工具使得一架 RPV 可以和多架无人机合作,构成一支联合的异构空中飞行器编队,以执行由地面控制中心协调的任务。

COMETS 地面控制站由 3 个子系统组成:
- 任务计划系统 (MPS): 用于计划和监视整个 COMETS 系统任务。
- 监视和控制系统 (MCS): 用于监视每一个无人机的状态。

- 感知系统 (PS): 处理由无人机发送回来的用于进行事件监视、地形映射和警报检测定位 (见第 4 章) 的图像和数据。

因此, 遥控地面站的主要目的是为操作员提供低能见度条件下导航的能力, 负载控制的能力, 以及来自 MPS 和 MCS 的信息, 这些信息包括预设的航路点、危险区域、无人机当前飞行的位置和其他在协同完成任务中有用的信息 (见第 2 章)。

下面将分别介绍这些工具所需的硬件和软件。

7.3.1 硬件部分

遥控无人机是一架传统的遥控直升机, 由 Helivision 公司对它进行了机械改装, Seville 大学的机器人、视觉和控制小组(Robotics, Vision and Control Group, GRVC) 为它加装了传感器、感知器、通信和控制功能 (图 7.1)。遥控系统的硬件由机载和地面两部分组成。

图 7.1　Helivision-GRVC 直升机

地面硬件部分

可以这样描述地面硬件部分: 直升机通过传统的直升机遥控设备进行控制, RC 既用来控制直升机伺服电动机, 又用来控制机载摄像机载荷。遥控操作的地面站可方便地进行运输和部署 (图 7.2)。

中心部分 (图 7.3) 是一台带有遥控站软件的笔记本电脑。另外, 两个外部阳光下可视的屏幕连接到导航员和操作员的屏幕。7.3.2 节将详细展示每一个屏幕上显示的信息。导航员的屏幕提供导航员直升机的姿态、速

图 7.2　在 COMETS 系统中开发的易部署的无线遥控站

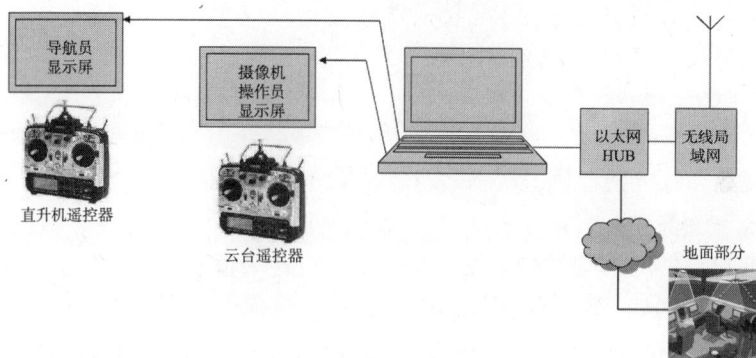

图 7.3　地面系统硬件框架

度、任务等状态信息，还有来自机载摄像机的图像，以便帮助导航员操作
直升机。如图 7.4 所示，它安装在直升机的遥控上方便导航员进行操作。

图 7.4　使用遥控站上的导航屏进行导航控制的直升机操作员

直升机控制器有一个无线链接用来与机载硬件设备进行通信, 还有一个以太网通过 COMETS 网络连接到遥控站 (见第 2 章、3 章)

机载硬件

直升机的机载硬件包括一些传感器、数据处理设备以及与地面站联系的数据链。这样, 直升机装备了:

- GPS
- 姿态和速度传感器
- 气压传感器
- 无线以太网 IEEE802.11g 接入点
- 数字视频服务器 (AXIS 2400)
- 机载微控制器
- 遥控摄像机
- 视频和红外摄像机 (Raytheon Control IR 2000AS)
- 云台设备

机载硬件的框架结构如图 7.5 所示。在这个框架中可以区分许多不同的模块。例如, 数字视频服务器用于获取机载视频和红外摄像机的图像, 并进行数字化, 然后发送回地面。机载微控制器用于获得和管理来自其他传感器的数据。另一方面, 视频摄像机和姿态传感器分别提供能帮助导航员通过视觉感知获取位置的图像, 以及用于稳定及定向作用的角度信息。GPS 在地面控制站提供可视化的直升机位置信息, 这些信息可用于直升机导航以及与编组中其他成员进行协调。

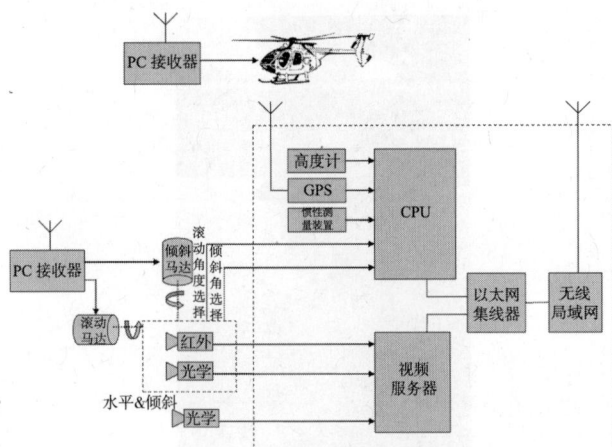

图 7.5　机载硬件框架

以上所有设备都集成在一个玻璃纤维盒内, 安放在直升机的起落架上 (见图 7.6 和图 7.7)。这样, 它可以方便地安装在不同的无人机上。

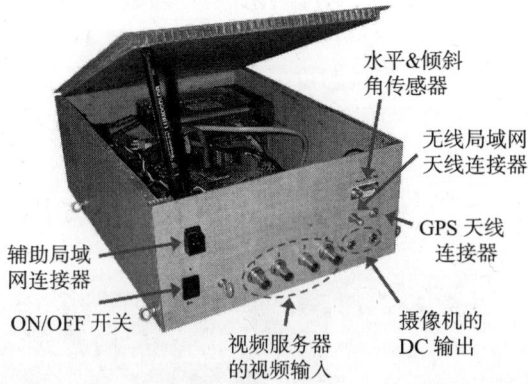

水平&倾斜角传感器

无线局域网天线连接器

GPS 天线连接器

辅助局域网连接器

ON/OFF 开关

视频服务器的视频输入

摄像机的 DC 输出

图 7.6　当前机载硬件设备的封装 (enclosure)

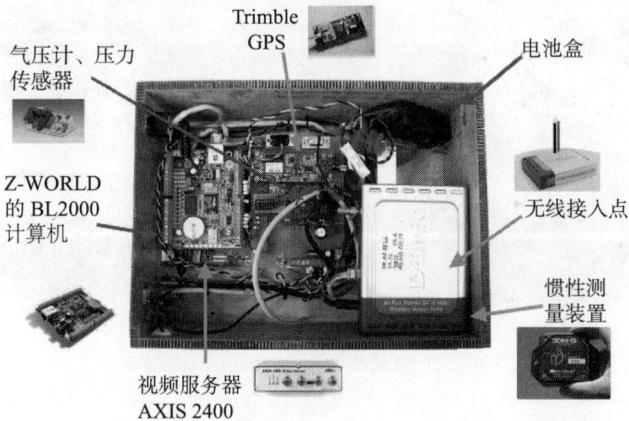

Trimble GPS

气压计、压力传感器

电池盒

Z-WORLD 的 BL2000 计算机

无线接入点

惯性测量装置

视频服务器 AXIS 2400

图 7.7　当前机载硬件设备封装内的设备

7.3.2　软件部分

遥控站的主要目的是帮助导航员在低能见度情况下提高导航能力、负载控制能力、以及来自 MPS 和 MCS 的信息质量, 这些信息包括预先定义的航点、危险区域、无人机的当前位置和在任务执行过程中用于协作的其他有用信息 (见第 2 章)。

遥控站本身由一个或多个计算机组成。而且要考虑在同一个计算机内使用多个显示器的可能性,因为遥控无人机经常需要两到三个操作员共同工作(一般至少两个)。相应的软件构架由许多模块组成,这些模块都是用重量级多线程方式来实现的,分别完成不同的任务,例如,获取无人机数据传感器信息、无人机传感器状态可视化、系统配置、实时日志、视频服务器控制以及使用第 3 章中所介绍的通信系统与 COMETS 平台的其他组件进行通信。

通过这种方式,图形化的人机接口将以下信息传递给操作员 (图 7.8):

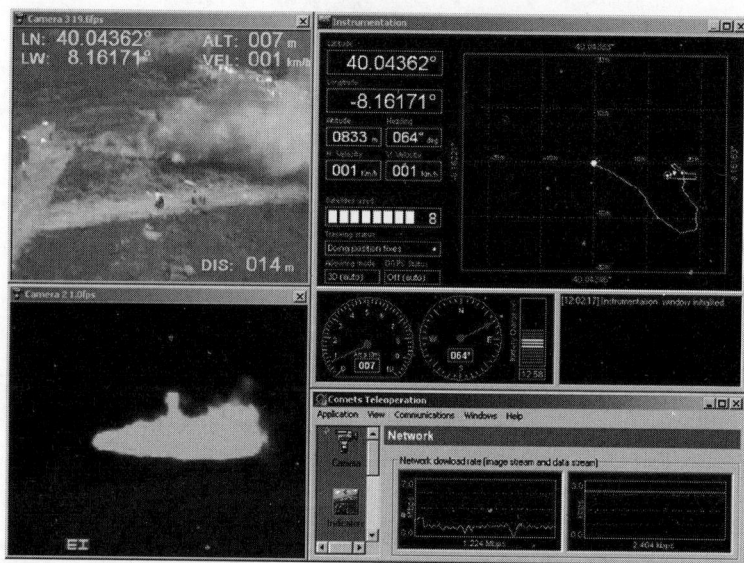

图 7.8　在火灾监控实验中的遥控站屏幕

- 直升机的姿态和全局位置。
- GPS 时间。
- 直升机传感器的遥感勘测数据。
- 机载遥控摄像机的图像。
- 机载光学和红外摄像机的图像。
- 控制中心下达的航点和任务。
- 与预定航向的偏移度。
- 直升机航迹。
- 危险或禁止区域。

- 周围无人机编队的位置。
- 与控制中心互换信息的接口。

因此, 遥控软件的 3 个主要功能是

- 直升机通信。
- 与 COMETS 系统的集成和通信。
- 人机接口 (HMI) 的实现。

第一个功能主要涉及利用无线以太网链路和 TCP/UDP/IP 协议传输机载传感器信息 (数字图像、GPS 数据、速度、高度等)。实现了一个在遥控系统的机载计算机和地面计算机之间互传信息的简单快速的私有协议。

第二个功能主要和 COMETS 系统的集成有关图 7.9, 主要有两个目的。一是将直升机收集的信息分发给无人机编组中的其他飞行器以及地面控制中心。二是提供操作员编组中其他飞行器的位置信息, 以及与执行特定任务相关的航点信息、GPS 校正信息等。例如, 通过这种方式执行协作感知和监视任务。

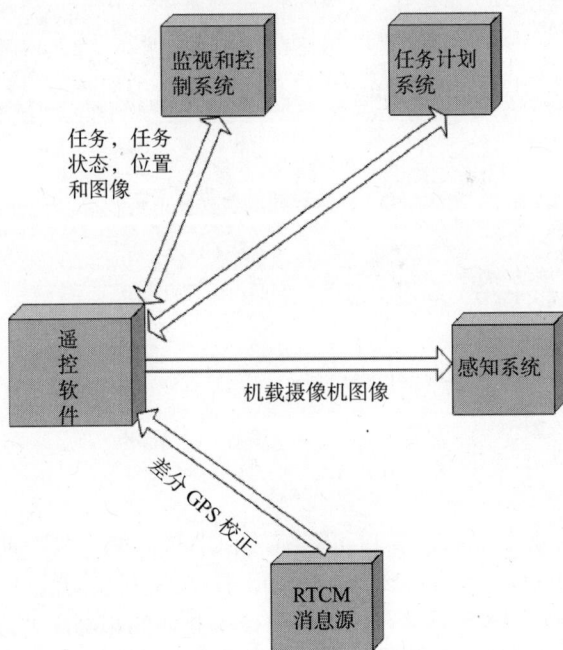

图 7.9　COMETS 系统遥控软件的集成

人机接口 (HMI)

人机接口采用多屏设置方式进行设计，一个小的屏幕放置在导航员 RC 上，而其他的屏幕用于显示更多一般性的信息或者用于控制摄像机。如图 7.10 所示，显示的是指令和任务跟踪面板的详细视图。该窗口包括：

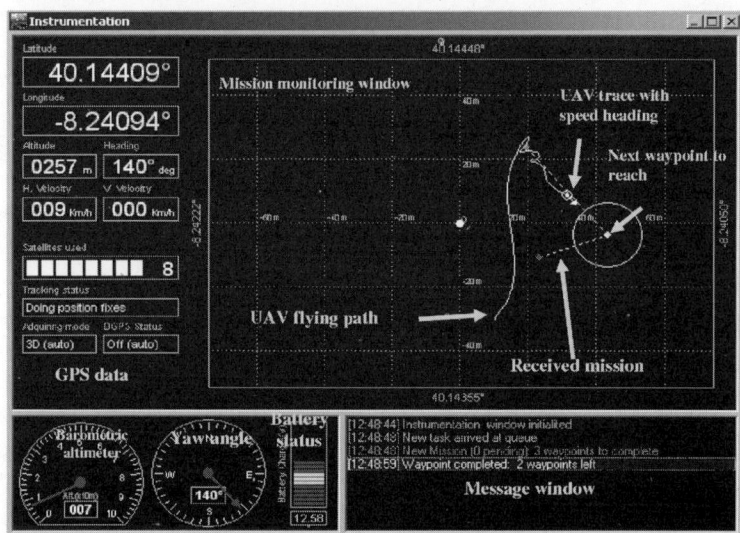

图 7.10　仪表和任务跟踪面板

- GPS 数据：位置、高度、速度、航向和 GPS 状态消息
- 气压高度
- 使用 IMU 传感器测量的偏航角
- 电池电量信息
- 直升机轨迹
- 预定航点

轨迹和任务数据显示窗口可以缩放和平移以便更清晰地浏览相关信息 (提高它的性能)。消息窗口用于显示与 MCS 互换的信息，以及报告所发生的任务事件。遥控站显示由机载摄像机获取的视频序列以及在任务执行过程中对导航员和摄像机操作员有用的相关信息，其中后者叠加在前者之上。有两种主要的摄像机图像窗口模式，即导航模式和辅助模式。光学摄像机或者红外摄像机的图像在两种模式下都可以用。

如图 7.11 所示, 在导航模式下, 有许多工具叠加在图像上。该窗口包括与导航员控制直升机相关的信息, 以及执行控制中心所下达的任务相关的信息。它一般显示于安装在遥控设备上的导航员屏幕上 (见图 7.4)。

图 7.11   导航模式下摄像机图像窗口

这一信息包括直升机当前位置、高度、速度和离起飞点距离的数值标志, 还有直升机当前俯仰角和横滚角的图形描述。

窗口也显示任务信息, 包括在屏幕中心有直升机偏离目标的高度和航向的图形标识, 它可以帮助操作员到达目标位置。同时还有一个当前任务的图标。

另一方面, 如图 7.12 所示, 辅助模式主要为云台操作员设计。辅助操作员使用传统的遥控方式通过光学和/或红外摄像机操作云台。当前云台角度通过机载 CPU 测量并发回地面, 方向通过一个 "十" 字交叉和数值相结合的方式显示。在直升机当前的原型机中, 云台和硬件封装都安装在起落架上, 并能旋转 360°。以执行监视任务为例, 通过这种方式, 无需改变直升机的位置和方向便可以覆盖更广阔的区域。

遥控站的不同窗口 (摄像机、指示器、网络和日志记录) 都可以从安装窗口进入, 这些窗口也可用于显示那些用于监视 UAV 状态、通信所需的信息和其他关键信息。

摄像机配置接口允许激活或关闭机载摄像机图像通道及各个通道安

装参数 (分辨率、帧率等)。而且, 也可以选择导航或者辅助模式配置。

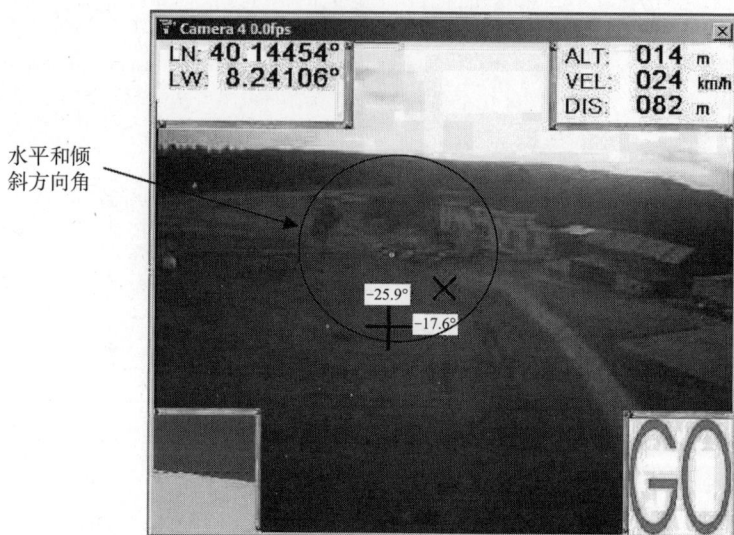

图 7.12　辅助模式下摄像机图像窗口

当视频流接近 WLAN 的最大带宽时, 遥控系统可以自动切换到 B &
W 模式, 以降低分辨率和提高压缩率。通过这种方式, 直升机能接收到流
利而连续的图像流。

最后, 网络配置窗口允许改变通信参数 (如 IP 地址等)。这个窗口也
可用于监视带宽消耗情况。这样, 无论是图像还是数据流都能监视。

7.4　实验结论和任务执行

已经在 COMETS 项目中对本遥控工具进行了广泛而大强度的测试
(见第 8 章)。在这些实验中, 遥控系统完成了任务跟踪和火灾监视实验, 表
现出了良好的全面性能 [7]。图 7.13 所示为在靠近葡萄牙科英布拉的 Serra
de Gestosa 所进行的火灾监视实验中有关被遥控直升机的几幅图像。该实
验完整的视频可以在 COMETS 的网站上下载[2]。

图 7.13　在葡萄牙 Gestosa 采用遥控直升机进行的火灾监控实验

7.4.1　任务执行①

下面为了更好地说明本章中提到的遥控工具, 给出一个简单的执行任务的例子。这个任务由起飞 (TO)、飞行 (GT) 和着陆 (LD) 任务 (见第 2 章) 所组成。在整个任务过程中, 日志窗口中的文字信息显示了相关的任务事件。

1. 起飞

第一步是起飞任务, 如图 7.14 中任务图标所示, 导航员接收到起飞命令。

①原文只有 7.4.1 节。

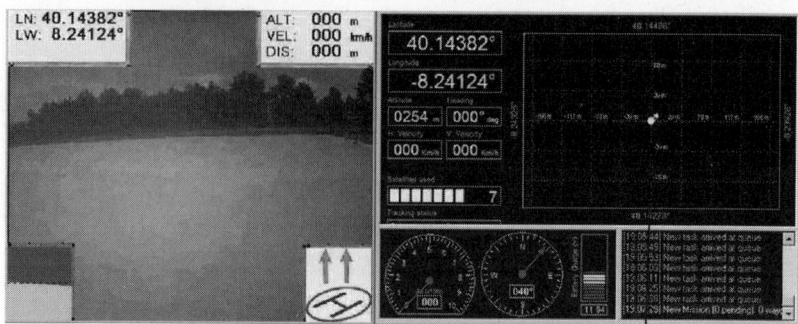

图 7.14 任务执行第一步: 起飞

2. 飞往下一个航点

如图 7.15 所示, 一旦直升机起飞, 航点的集合就显示在任务面板上, 而直升机开始导航到航点。注意屏幕上 "GO" 的图标, 目标航点呈白色, 并用圆圈标为高亮。当导航员将虚箭头和实箭头对齐时, 直升机就对准了目标航点的方向 (图 7.15 左侧)。

图 7.15 任务执行第二步: 直升机朝目标航点飞行

一旦航点已经到达, 在图上, 该点就从白色变成了绿色, 而一个新的目标航点又通过圆圈标为高亮, 如此反复直至所有航点都已经过(这个过程从一个航点到下一个航点反复进行直至结束)。

3. 着陆和结束任务

当直升机完成最后一个航点时, 下一个任务是着陆 (图 7.16)。任务图标也随之改变以便提醒导航员。一般情况下, 默认着陆点和起飞点相同, 并以圆圈标为高亮。

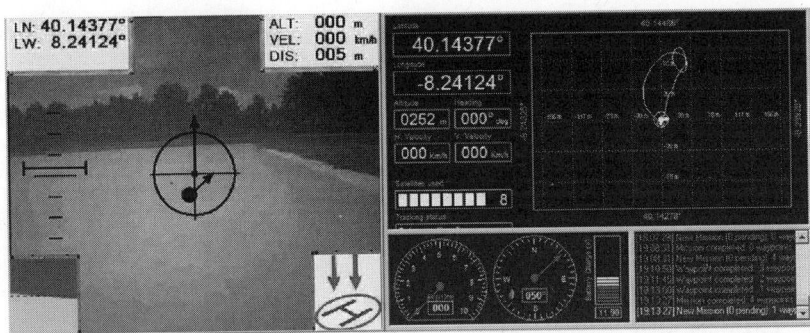

图 7.16 任务执行第三步: 直升机接近着陆点

7.5 结论

当负载重量和能量消耗不允许无人机采用机载硬件来完成动态环境下的自主导航时, 遥控便成为了控制无人空中飞行器唯一的方式。

因此, 在许多应用中, 采用一个便携式的、容易部署的遥控站是一种较好的选择。这种方法需要相应的软、硬件技术, 能为人类导航员提供合适的感知反馈, 并能产生从直接导航到目标航点, 到对任务进行配置, 再到由地面控制中心协调的多类型无人机编组内遥控飞机进行协同等不同层次的动作。

这些技术的部分内容在本章中已经进行了介绍, 并通过在 COMETS 项目中开发的遥控工具进行了展示。

目前正在开发一套新的遥控站, 它采用合成图像, 而不必过分依赖从机载摄像机传回的视觉信息, 从而可以缓解宽带连接的鲁棒性需求, 这样无人机只需要有最低级别的自动控制能力即可。这可能是一种能同时控制多架无人机并允许在每种情况下都能产生最合适的视觉点的好方法。

参考文献

[1] G.L. Calhoun, M.H. Draper, H.A. Ruff, and J.V. Fontejon. Utility of a tactile display for cueing faults. In *Proceedings of the Human Factors and Ergonomics Society 46th Annual Meeting*, pages 2144–2148, 2002.

[2] Van Erp J.B.F. Controlling unmanned vehicles: The human factors solution. In *RTO Meeting Proceedings 44 (RTO-MP-44)*, pages B8.1-B8.12, 2000.

[3] Van Erp J.B.F. and L. Van Breda. Human factors issues and advanced inter-face design in martime unmanned aerial vehicles: A project overview. Technical Report TNOreport TM-99-A004, TNO Human Factors Research Institute, Soesterberg, The Netherlands, 1999.

[4] M.Koeda, Y. Matsumoto, and Y. Ogasawara. Annotation-based rescue assistance system for teleoperated unmanned helicopter with wearable augmented reality environment. In *Proceedings of the 2005 IEEE International Workshop on Safety, Security and Rescue Robotics*, Kobe, Japan, June 2005.

[5] J.S. MacCarley and C.D. Wickens. Human factors implications of uavs in the national airspace. Technical Report AHFD-05-05/FAA-05-01, University of Illinois, Institute of Aviation, Aviation Human Factors Division, April 2005.

[6] P. Milgram and H. Colquhoun. A taxonomy of real and virtual world display integration. In Y.O.H. Tamura, editor, *Mixed Reality: Merging Real and Virtual Worlds*, pages 5–30, Tokyo, 1999. Springer-Verlag.

[7] A.Ollero, J. Alczar, F. Cuesta, F. Lpez-Pichaco, and C. Nogales. Helicopter teleoperation for aerial monitoring in the COMETS multi-UAV system. In *Proceedings of the 3rd IARP Workshop on Service, Assistive and Personal Robots (IARP)*, pages 137–142, Madrid, Spain,October 2003.

[8] H.A. Ruff, M.H. Draper, L.G. Lu, M.R. Poole, and D.W. Repperger. Haptic feedback as a supplemental method of alerting UAV operators to the onset of turbulence. In *Proceedings of the IEA 2000/HFES 2000 Congress*, pages 3.41–3.44, 2000.

[9] L.C. Thmas and C.D. Wickens. Eye-tracking and individual differences in unexpected enent detection when flying with a synthetic vision system display. In *Proceedings of the 48th Annual Meeting of the Human Factorand Ergonomics Society*, Santa Monica, CA:HFES, 2004.

[10] A.P. Tvaryanas. Visual scan patterns during simulated control of an uninhabited aerial vehicle (UAV). *Aviation, Space, and Environmental Medicine*, 75(6):531–538, 2004.

[11] C. D. Wickens and S. Dixon. Workload demands of remotely piloted vehicle supervision and control: Single vehicle performance. Technical Report AHFD-02-10/MAD-02-1, University of Illinois, Institute of Aviation, Aviation Human Factors Division, 2002.

[12] C. D. Wickens, S. Dixon, and D. Chang. Using interference models to predict performance in a multiple-task uav environment-2 uavs. Technical Report AHFD-03-09/MAAD-03-1, University of Illinois, Institute of Aviation, Aviation Human Factors Division, 2003.

第 8 章

多无人机实验:
在森林火灾中的应用

摘要: 本章主要讨论多无人机系统在森林火灾中的应用, 并将特别给出使用 COMETS 系统所进行的实验。在简介之后, 将讨论无人机、传感器及一些基本的方法。本章第 3 节将对火灾检测、定位和监视进行概述。随后的几节介绍多无人机监视、火灾警报检测、火灾观察与监视以及火灾协同监视。这些小节中都包含有在靠近葡萄牙科英布拉的 Serra de Gestosa 和 *Lousã* 机场所进行的实验的简述。

8.1　引言和目的

森林火灾是显示多无人机能力和性能最合适不过的场景。森林火灾是一个高度复杂且无固定结构的环境, 在这样的环境中经常需要用到不同位置的多种信息源。此外, 火势的蔓延也是很难预测的, 而且由于有烟雾的存在, 使得无人机所获取的图像被部分遮挡。这就要求必须能在多个无人机之间进行灵活的二次规划和再部署。森林火灾的这些特点使得它成为测试多无人机性能最合适不过的一个环境。

森林火灾在许多国家是一个具有很大社会、经济和环境影响的严重问题, 也会给全球温室效应、荒漠化和气候变化带来影响。在过去的几年中, 许多研究和开发机构都在解决森林火灾方面付出了巨大的心血。许多新技术和新平台研制成功并得以应用, 这其中包括卫星系统 [10,12]、传统的载人飞机和地面站 [2,4,13]。

然而, 这些技术并没有真正解决这一问题。例如, 基于卫星的系统, 其空间和时间分辨率比较低。虽然它们也成功地应用于均匀的、低人口密度的地区，然而它们并不适合人类活动密集的地区，例如欧洲地中海地区。地面站和传统的载人飞机也有缺点。对于更灵活而有效的技术的应用，特别是在森林火灾消防实作条件下的应用仍然有非常强烈的需求。

此外，森林火灾消防也是一项危险的任务，每年都会造成许多人员伤亡。无人机的应用有助于减少消防队员出动的数量，并提供信息帮助消防员更好地组织灭火工作。

文献 [1] 中介绍了一架负载 450 磅的中空 (27000 英尺) 长航时 (30/40 小时) 无人机在火灾实验中的应用情况。地面站所接收到的数据是地学编码的。从 UAV 机载设备获取数据，到通过卫星上行/下行链路，再到处理成地学编码图像数据文件，最后到遥控中心的火情管理员，整个过程耗时不到 1 小时。

在 COMETS 项目中，为了取代机载资源丰富、功能强大而费用昂贵的单个无人机，采用了一个由低费用无人机组成的编队来完成森林火灾的灭火工作。这些无人机可以用做本地飞行的传感器，并能在短距离内提供图像和数据。

本章给出了在 COMETS 项目中使用多无人机系统进行森林监视、森林火灾检测、定位和确认，以及火灾火情观察测量等实验的实验结果。虽然还需进一步研究和发展，但实验结果表明已经向无人机在森林火灾实作环境下的应用迈出了一大步。

8.2 森林火灾应用中的多无人机系统

本章所描述的实验先后于 2004 年和 2005 年的五月在 Serra de Gestosa (图 8.1) 和 Lousã (图 8.2) 机场进行。Lousã 位于葡萄牙森林资源丰富的 Centro 地区。这些实验都是在接近实作条件下利用由消防员控制的真实火焰进行的。葡萄牙科英布拉大学 ADAI 小组负责协调整个火灾实验的组织工作。图 8.2 所示为 Lousã 机场的地图和航拍图。

8.2.1 无人机描述

这些实验采用由 3 种不同的无人机组成的编队，包括直升机 MARV-IN[11]、直升机 Helivision-GRVC[9]，以及 Karma 飞艇 [5]。这些无人机已经分别在第 5、6、7 章进行了介绍。图 8.3 所示为正在 Lousã 机场中进行火

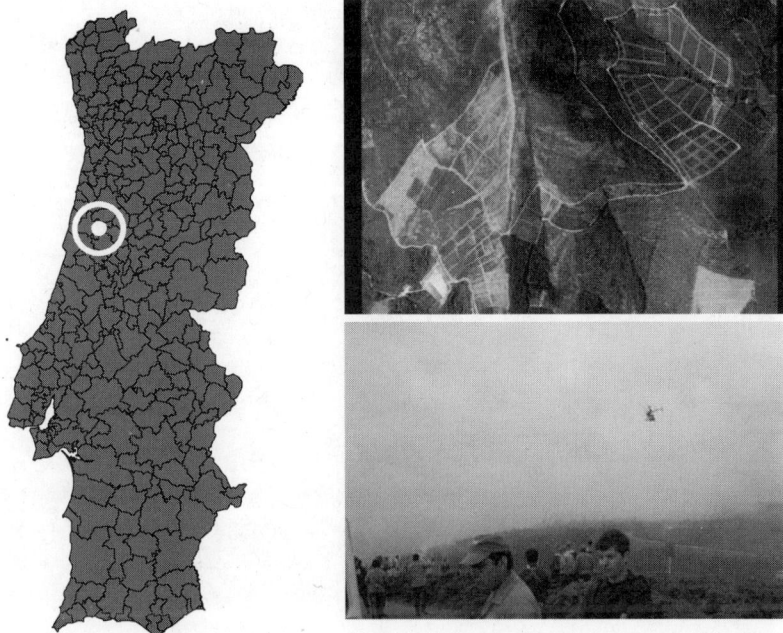

图 8.1　左：Lousã 在葡萄牙全国地图上的位置。右上：Serra de Gestosa 的鸟瞰图，实验中燃烧的矩形框可以在图上看到。右下：2004 年五月在 Serra de Gestosa 进行的森林火灾实验中的Helivision-GRVC 直升机。

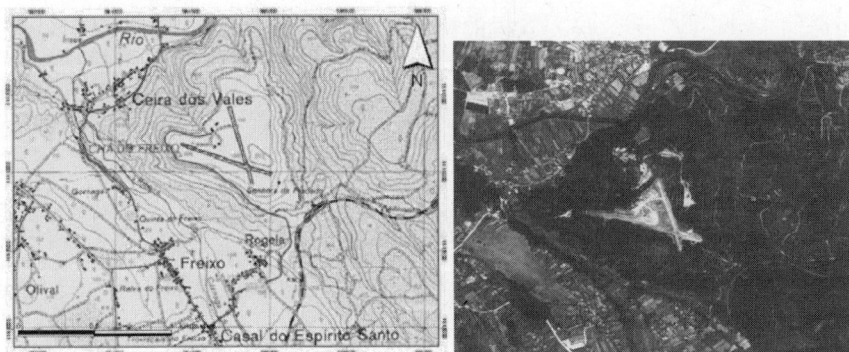

图 8.2　Lousã 机场的地图和航拍图

灾实验的 MARVIN, Helivision-GRVC 以及 Karma。

　　这些无人机分属不同的类型。之所以使用这样的平台是因为考虑它们之间的互补性。直升机具有良好的可操作性和悬停能力，适合于灵活目标

图 8.3　2005 年 5 月在 Lousã 机场进行的森林火灾实验中的 MARVIN、Helivision-GRVC 和 Karma 无人机。

跟踪任务以及进行检查和监视，这些任务都要求保持在某一个位置并得到详细的视图。飞艇的可操作性没有直升机好，但它能提供全局视图或者充当通信中继。此外，这些无人机的机载处理能力也是各有不同，从具备完全自主能力的飞行系统到只有基本的机载记录和信息处理能力的传统遥控系统在该编队中都存在。

8.2.2　编队的传感器

就无人机所装载的传感器而言，无人机也是不同的。除了 DGPS、陀螺仪、惯性测量装置等导航用传感器之外，无人机装载有不同类型的环境感知传感器。例如，可见光和红外摄像机，以及专门的火灾传感器。

Helivision-GRVC 装备有可见光摄像机和红外摄像机各一台。其中，红外摄像机是一台工作在远红外波段 (7 微米 ~ 14微米) 的轻型 (150 克) 室温 Raytheon 2000AS 摄像机 (如图 8.4 左)，而可见光摄像机则是轻型 Camtronics PC-420DPB 摄像机，具有 752×582 个传感器和 6 毫米焦距的透镜。

Helivision-GRVC 有一个机械化的云台单元，使得它可以独立于飞行器调整摄像机的方向 (见图 8.4 右)。该单元有一些编码器可以测量云台的角度。

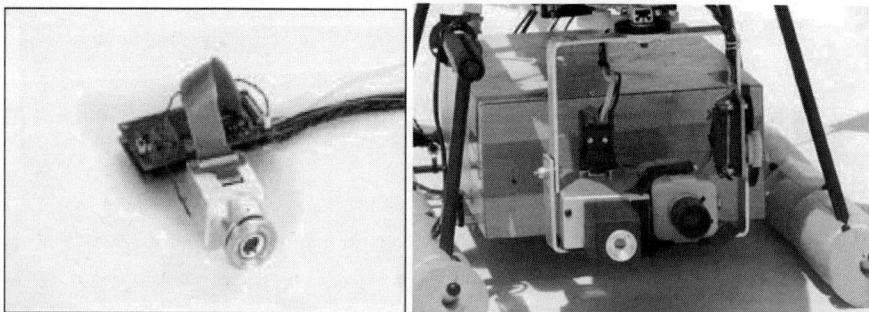

图 8.4 左: Raytheon 2000AS OEM 红外摄像机的详图。右: 安装在 Helivision-GRVC 云台单元上的红外和可见光摄像机。

Helivision-GRVC 的可见光和红外摄像机都是几何校准的。摄像机定位系统的 GPS、IMU 和云台编码器可以得到摄像机的位置和朝向。就像在第 4 章中所描述的那样,通过把这些数据投影到一个已知的高度图上,就可以在图像平面上定位物体。

MARVIN 装载了一个滨松 (Hamamatsu) UV-Tron 火灾检测器,它的主要部件是一个光电二极管装置,它的灵敏度被限制在 [185,260] 纳米波段内,这一波段通常情况下对应于火焰的辐射值。该传感器的输出是一个标量值,正比于辐射能量,每两秒钟接收一次。作为一个幅度传感器,它不能确定所测量的量是一个远处的大火,还是一个近处的小火。而且,传感器不能直接提供火灾的位置。MARVIN 还装备了一个 Canon Powershot S45 数码相机。图 8.5 所示为装载在MARVIN 上的火灾检测器和数码相机。

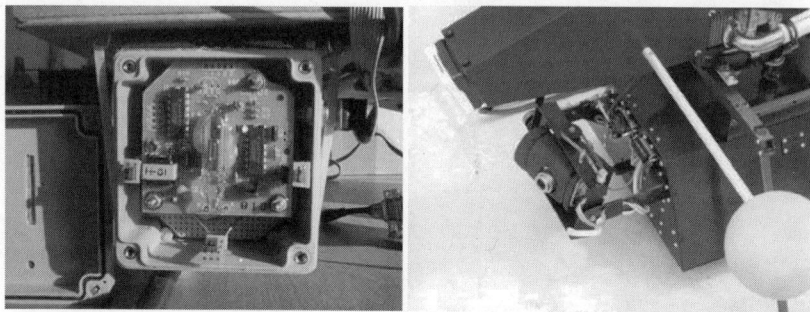

图 8.5 左: MARVIN 的机载火灾传感器 (左) 和数码相机 (右)

Karma 装载有一个带有两部支持 IEEE1394 协议的彩色数字视频摄

像机 (1024×768 像素) 的立体系统。该系统主要用于获取 2D 和 3D 地形图。

8.2.3 火焰分割

森林火灾感知需要一个能从红外和可见光图像, 以及火灾传感器中识别火焰的算法。本节将描述分割算法。

1. 可见光图像火焰分割

火焰分割算法的目标是产生包含火警的二值图像, 同时去除虚假的火警。所使用的方法类似于文献 [7, 15] 中所介绍的基于训练的算法。该方法需要大量的训练样本图像, 并且需要一个有经验的专家事先确定这些图像中哪些像素对应于火焰。在训练阶段, 对于那些在训练图像中被认为是火焰的像素, 把以它们 RGB 坐标为中心的高斯分布加到 RGB 直方图上。而对那些被认为是背景的像素, 则从 RGB 直方图中减去以它们 RGB 坐标为中心的高斯分布。

最后将直方图阈值化, 并且为 RGB 彩色空间建立一张搜索表。该表包含一个布尔值, 用以指示该颜色代表火焰或者是背景。在应用阶段, 像素的 RGB 坐标被映射到训练好的搜索表中, 若搜索表中的值为 "1", 则认为该像素对应于火焰, 否则对应于背景。图 8.6 所示为 Gestosa 实验中的一幅可见光图像及其对应的分割后的图像。

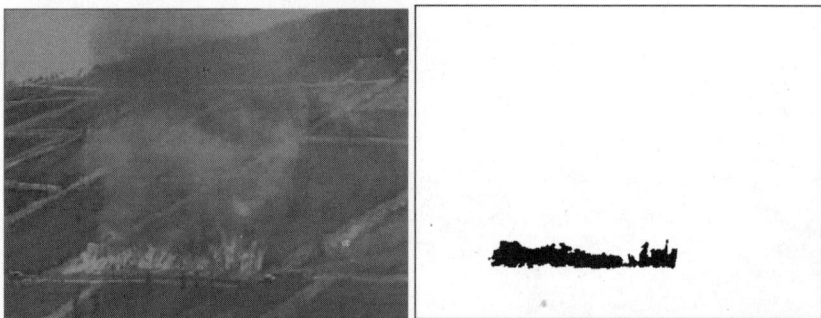

图 8.6 左: Gestosa 火灾实验中原始的彩色可见光图像。右: 对应的分割后的图像。

2. 红外图像火焰分割

红外图像处理的目标是产生包含火警的二值图像, 同时去除虚假的火警。因为火焰在红外图像中表现为一个高密度的区域。因此, 火焰分割的第一步是阈值分割, 然后通过一些启发规则区分虚警。

实验中使用的红外摄像机是一款低价的 OEM 非热感应摄像机, 它不能提供温度测量, 而只能估计整个场景的辐射密度。黑色表示低辐射密度, 而白色表示高辐射密度。对于鲁棒的火焰分割算法, 阈值技术应该考虑不同应用的特殊性。例如, 在当前技术状况下, 微型红外摄像机的检测器灵敏度低, 需要较长的曝光周期来产生图像。因此, 由无人机引擎产生的高频抖动会使红外图像变得模糊。

改进的方法是使用文献 [3] 中介绍的基于训练的阈值化方法。它的主要思想是提取计算机视觉应用中的特性, 并用它们指导多分辨率直方图分析。这种技术在训练和应用两个阶段中使用 (图 8.7)。训练阶段需要一个训练图像集及其相应的由一个有经验的用户给出的期望阈值。这些特性通过 ANFIS 训练方法引入系统 [6]。训练阶段得出一些识别条件, 当这些条件满足时, 该像素即属于感兴趣的物体。在应用阶段, 根据这些特性利用图像的特征来确定一个合适的阈值。详细的描述见文献 [3]。

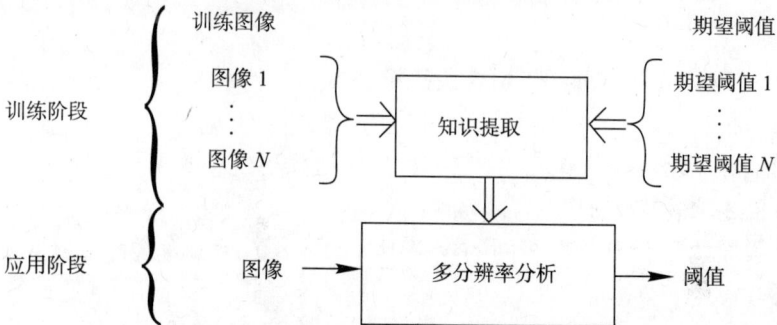

图 8.7 基于训练的阈值选择方法的一般框图

在本应用中, 该方法通过在不同的红外图像训练样本上执行来完成训练, 这些不同的红外训练图像包括不同的光照条件、不同的图像背景, 以及包括真实火焰和虚警在内的不同物体 (即发热源, 例如汽车引擎)。

图 8.8 所示为两个例子: 一个是火焰, 一个是发热的汽车。在第一种情况下, 火焰和它周围的环境有鲜明的对比, 因此, 它被认为是真实的火焰, 并且火焰像素用白色覆盖。在第二种情况下, 对比较为模糊, 通过前期处理, 认为该警报是虚假的。

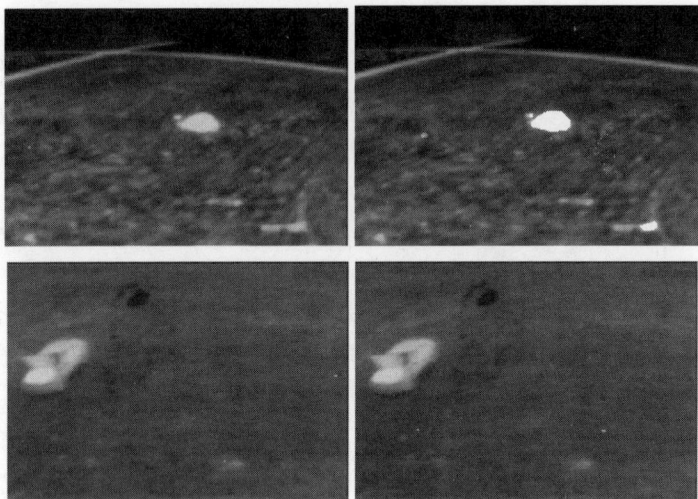

图 8.8　火焰 (上) 和发热的汽车引擎 (下) 的红外图像。上: 在背景和火焰之间有比较高的对比, 该警报认为是火险。下: 对比较低, 作为虚警丢弃该警报, 没有物体被分割出来。

3. 可见光和红外图像融合火焰提取

Helivision-GRVC 不仅装有红外传感器, 还有可见光传感器。这些传感器相结合可以得到 "多光谱摄像机"。它能提供更抗噪的火警检测结果。这一节描述两者如何进行结合。

假设两种相机具有相同的投影中心, 图 8.9 所示为这种配置的几何方案。

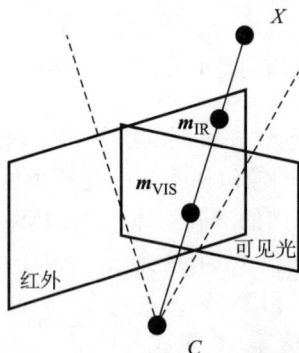

图 8.9　摄像机配置的几何图

设 $m_{IR} = [u \ v \ 1]^T$, $m_{VIS} = [u' \ v' \ 1]^T$ 分别是红外图像和可见光图像的齐次笛卡儿坐标系中 X 点的向量表示。那么, 如果两个摄像机的摄像

中心是一致的 (图 8.9 中的 C 点), 则两种图像之间的关系可表示如下:

$$sm_{\text{IR}} = H_\infty m_{\text{VIS}} \tag{8.1}$$

式中: H_∞ 为一个无限单应性 3×3 矩阵; s 为一个标量因子。

当已知两种图像中至少 4 个对应的点或线时, H_∞ 便可求得。

有许多算法可以完成两幅同类图像之间的像素匹配问题。然而要在两种不同类型的图像之间完成这个任务却是相当具有挑战性的。

在 Lousã 的实验中, 图像校准通过一种已知模式来完成, 这种模式对于两种摄像机都是可见的。值得注意的是, 只有在假设两种摄像机的相对方向和它们的内径都不发生变化时, 才能求出 H_∞。

在系统中, 两个摄像机的投影中心实际上并不一致。但是, 如果两个投影中心之间的距离与场景点和摄像机之间的距离相比足够小, 上述等式仍然成立。图 8.10 所示为可见光图像和红外图像融合后的一些结果。

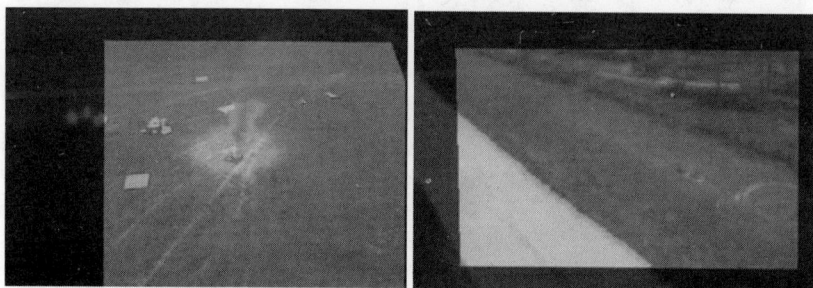

图 8.10   合成的结果。红外图像和可见光图像被结合在一起,分别是图像中的深色部分和浅色部分。

使用以上方法, 红外摄像机中的任意一个像素都可以和可见光摄像机中对应的像素相关起来。这就可以将红外和可见光图像火焰分割后的图像进行结合, 从而提高火警检测算法的性能。

4. 从火灾检测器数据中识别火焰

火灾传感器可以提供指示火警存在的标量值。这个值正比于传感器在一个窄带内接收到的辐射值, 该窄带一般调整到火焰辐射对应的频段。因此, 通过阈值化可以将火焰分割出来。最终可以得到一个布尔值, 这个值将显示在传感器视场内是否有火险存在。

阈值化操作所选用的阈值视应用的具体情况而定。低阈值可以提高检测概率 (在检测阶段, 这样比较方便), 但也会带来高的虚警率。与之相反, 高阈值会降低虚警率, 但同样也降低了检测率。

5. 火焰分割和识别的特征

第 4 章中描述的协作感知技术需要该火焰检测算法的概率特征。算法用检测概率 P_D 和虚警概率 P_F 来建模, 它们分别定义如下:

- P_D 是正确检测到的警报与总警报次数之间的比值。
- P_F 是算法错误检测到火警的图像数目与图像序列总数目之间的比值。

表 8.1 显示了三种算法在包含真实火焰的大量图像和数据上进行实验所得的结果。

表 8.1　火焰分割算法的特征

	红外摄像机	可见光摄像机	火灾监测器
P_D	100%	89.2%	95%
P_F	8.9%	3.1%	1%

8.3　任务的一般描述

这里所描述的实验是一个一般性任务的实例: 利用多无人机相互协作进行火警检测、确认和精确定位, 这样的协作包括不同无人机之间的协作和不同传感器之间的协作。整个任务可分成以下几个阶段:

- 警报检测
- 警报确认
- 火灾监视与测量

主要思想是模拟当前在许多国家执行的森林消防协定的执行过程。事实上, 这 3 个阶段在当前森林火灾消防实作过程中都是通用的。森林监视常常由有经验的操作员在观察塔中进行。他们主要使用空中巡逻或者自动火灾检测系统。被检测到的火灾警报再利用其他附加信息进行确认, 例如, 使用有人直升机进行目视确认。一旦警报被确认, 火势辨别程序便开始。这些程序需要知道森林火灾的状态, 包括它的位置、严重程度和一些火势的几何特征。目前这些信息都是由有经验的消防员目测估计。

警报检测阶段从搜索潜在火险开始, 在这个阶段, 编队搜索的全部区域被划分为 MARVIN 搜索区域和 Helivision-GRVC 搜索区域。MARVIN 用它的火灾传感器进行搜索, 而 Helivision-GRVC 使用它的红外摄影系统进行搜索。Karma 则对整个区域进行全局观测, 并承担通信中继的作用。当这些无人机中的任意一个检测到一个潜在的火险时, 这个阶段就结束,然后进入警报确认阶段。

在警报确认阶段，MARVIN 和 Helivision-GRVC 的任务将重新安排。检测到火警的无人机在距离火警点安全距离之外盘旋，而其他无人机则迅速赶到火警点，使用自己装备的传感器对火警进行确认。将来自不同无人机上的各种不同传感器所得到的数据进行融合处理，从而决定是确认该警报还是丢弃该警报。如果该警报被判定为虚假信号，那么报警确认阶段结束，再重新进入警报检测阶段，若该警报得到确认，则进入火情监视阶段。

在火情监视阶段，MARVIN 和 Helivision-GRVC 的任务重新安排如下：两者都在报警点上方盘旋，并从不同的视角获取火焰稳定的图像和数据。

图 8.11 所示为在多无人机森林火灾实验中所获得的两幅图片。在下一节，将详细介绍这几个阶段并给出了实验结果。

图 8.11　左：在 Lousã 机场进行的森林火灾实验中用到的 Helivision-GRVC 和 Karma 无人机。右：MARVIN 拍摄的机场视图。

8.4　多无人机监视与火警探测

这个阶段可分为两个基本步骤。第一步将整个调查区域分给各个无人机负责。控制中心主要根据每个无人机自身不同的能力，包括飞行速度、高度、感知宽度(这取决于每个无人机机载探测器和摄像机的视场范围) 等等，为它们分配合适的区域。无人机通过来回直线扫描覆盖它们所监视的区域。整个区域的划分应以最小化往返扫描的次数为原则，这是因为无人机从停下来、掉头到再进行加速启动下一次扫描需要一个相当长的时间(更多信息参见文献 [8])。一旦控制中心完成了对整个区域的划分，它就为每一个无人机指定所需的航点。

在第二步，编组中的每一架无人机都沿着控制中心指定的节点，使用 8.2.3 节中描述的火势分割算法独自进行火警检测。

利用在第 4 章介绍的技术，可以从 MARVIN 的火灾传感器得到的数据中推算出所搜索区域的火险概率网格。该网格大约 310×400 平方米，其中每个单元约 1 平方米。开始时，每个单元的概率值都一样，即 0.5。图 8.12 所示为网格概率值演变过程的初始阶段，其中每幅相隔 40 秒。每个三角形代表在不同时刻火灾传感器所覆盖的一个区域。它的颜色表示在该网格单元内发生火警的概率，黑色代表低概率，白色表示高概率。与高概率 (高于 0.7) 对应的单元认为有火警存在，并提取它们的位置。

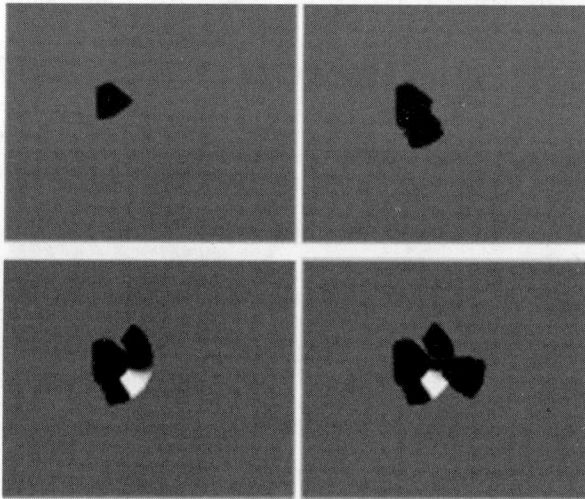

图 8.12　网格单元概率的演变过程。每一个三角形代表一个网格单元。白色表示有高火险概率的网格单元，黑色表示低概率的网格单元。

图 8.13 所示为一幅 Lousã 机场的地学编码概要图。其中实心的多边形物体表示无人机起飞和降落的混凝土区域。坐标轴是平移后的 UTM 坐标，以米为单位。在该阶段的整个过程中，MARVIN 的火灾传感器检测到了 3 个潜在的火险警报。其中仅有一个是真实的，真实的被控火焰位置用实心方框标记出来。

Helivision-GRVC 也应用 8.2.3 节中描述的红外图像的火焰分割算法。如果火险警报被分割出来，为了确认该警报，也要对 Helivision-GRVC 的可见光图像使用可见光图像火焰分割算法。若两种图像上都分割出同样的警报，Helivision-GRVC 就发送警报回控制中心。

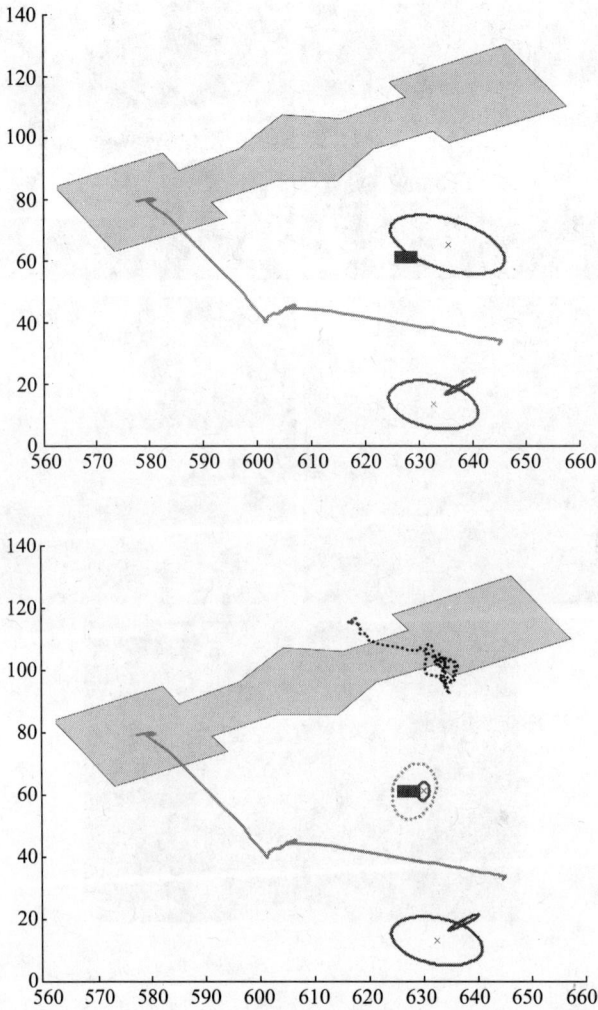

图 8.13 上: 警报检测阶段。使用火灾传感器检测到的火警。椭圆表示计算得到的火险发生位置的不确定性。方框表示火灾的实际位置。MARVIN 的轨迹也显示在图中。下: 警报确认阶段。来自 Helivision-GRVC 的新的测量量 (虚线椭圆) 用来进一步确定警报的位置。Helivision-GRVC 的轨迹也显示在图中 (虚线)。

图 8.14 上图显示了 2004 年 5 月在一次火灾实验中检测到的火警的原始红外图像和对其进行分割后的图像。图 8.14 中图显示的是原始的可见光图像和分割后的图像。图 8.14 下图显示的是两种经过分割后的图像的叠加。

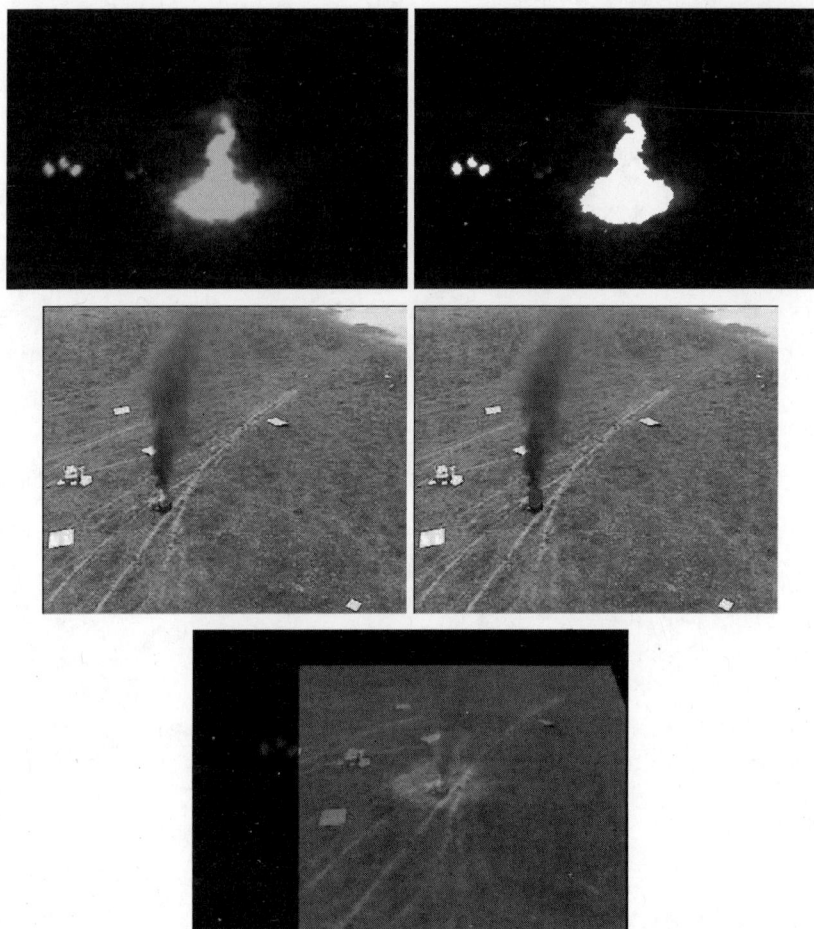

图 8.14 上：2004 年 5 月进行的机场实验中被检测到的火灾警报的原始红外图像及其分割后的图像。中：对应的原始的可见光图像及其分割后的图像。下：分割后的红外图像 (图中的深色区域) 以及可见光图像 (色图中的浅色区域) 的重叠结果。

当无人机编队中的任意一个无人机检测到火险时，它就通过第 4 章中描述的方法以地理坐标标记警报，并将标记后的地理坐标参考火警位置传递给控制中心。然后，警报检测阶段结束，警报确认阶段开始。

8.5 协同报警确认

在报警确认阶段，无人机的任务重新安排如下：

- 检测到警报的无人机在警报点上方盘旋。
- 编队中的其他无人机赶到警报点。

当所有无人机都到达警报点后, 则对它们所采集的图像和数据进行处理。对于火焰分割处理后的结果再采用第 4 章中介绍的协作检测技术进行融合, 最终决定是确认该警报还是丢弃该警报。图 8.15 阐述了协同警报确认的方案。

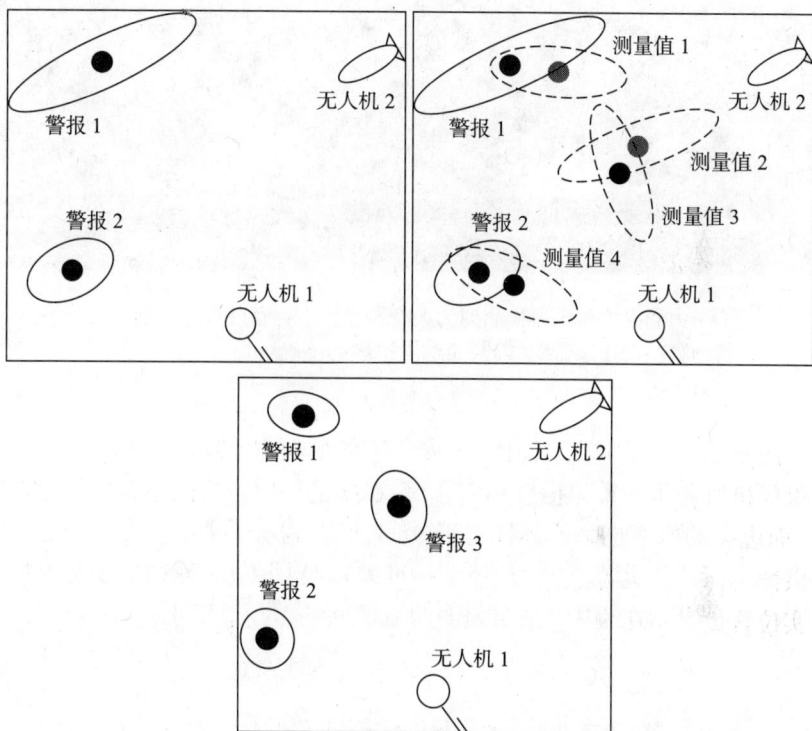

图 8.15　上左: 预测。先期检测到的警报和它们对应的不确定区域 (如椭圆所示)。上右: 新测量值的加入, 这些测量值与当前被检测到的警报的轨迹有关。底部: 更新阶段利用新输入的数据减少轨迹的不确定性, 新轨迹加入。

图 8.16 所示为将 MARVIN 的火灾传感器检测到的火险警报投影到经过火焰分割处理后的 Helivision-GRVC 红外图像上得到的结果。椭圆显示的是火灾传感器估计火灾位置时的不确定性, 而白色区域是红外图像进行分割后提取出的火灾区域。在本例中, 3 个不确定的椭圆中有一个与红外图像产生的报警区域相交。因此, 该 MARVIN 警报的概率通过 Helivision-

GRVC 的警报提高了，而 Helivision-GRVC 警报本身的概率也相应地提高了。这些相关的警报的数据可以用来更新每个警报存在火险的概率，也可以用来进一步估计火险的位置。而另外两个由 MARVIN 初始检测到的警报因为不能与 Helivision-GRVC 的红外摄像机初步检测到的警报相关，它们警报的概率也降低了。

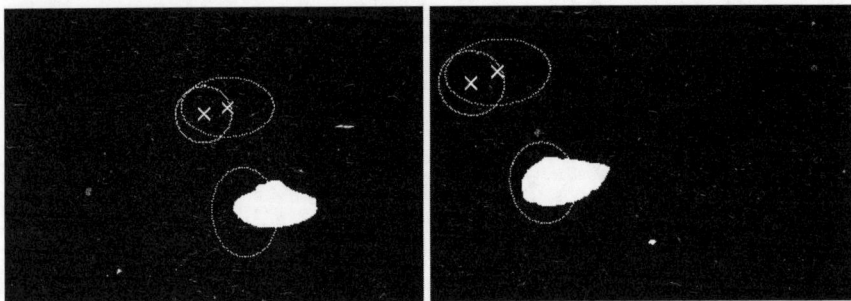

图 8.16　MARVIN 火情传感器检测到的火险警报投影到经过火焰分割后的 Helivision-GRVC 红外图像上得到的结果。椭圆显示了投影的不确定性。

　　图 8.17 显示当 MARVIN 火灾传感器的数据和 Helivision-GRVC 红外摄像机所获得的警报信息相结合后，真实的警报位置的不确定性不断降低，而虚警的概率也降低到接近于 0。表 8.2 显示了利用火灾传感器和红外摄像机估计的火警位置 (均值和标准差)。使用 GPS 测得的受控火焰的真实位置也显示在表中。结果表明两者之间的差距非常小。

表 8.2　　火险的真实位置和估计位置及其不确定性

	东	北	高度
火灾的真实位置	564627	4443961	200
最终估计位置 (融合)	564628.9	4443961.4	200.04
估计值的标准偏差	1.5	2	0.28

　　当一个警报被确认为真实火灾或被作为虚警丢弃后，警报确认阶段就结束了，并进入火情观测阶段。

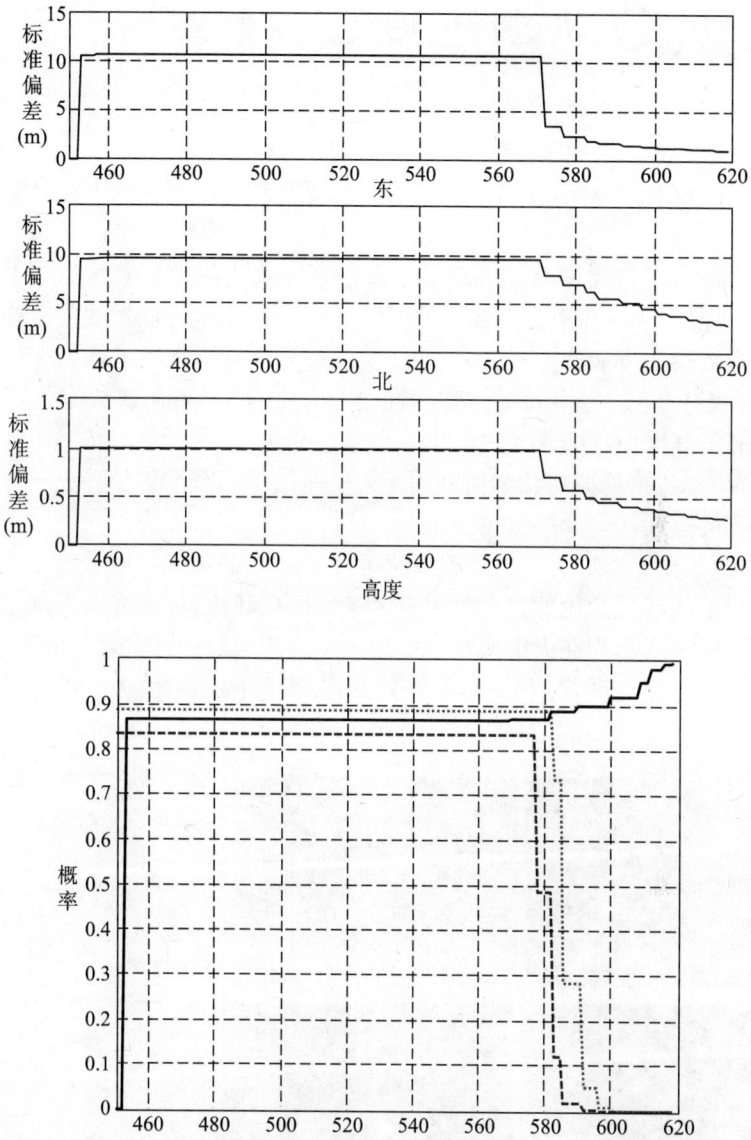

图 8.17　火险定位的变化过程。上: 该图显示了警报位置 (东方, 北方, 高度) 估计的标准差。警报于 450 时刻从火情传感器得到。初始阶段错误比较高。大约到 570 时刻, Helivision-GRVC 的图像用于确认警报和进一步计算火险位置。下: 3 个警报概率的变化过程。

8.6　用无人机进行火灾观察和监视

在森林消防领域, 火灾监视定义为实时地计算森林火灾参数的动态变化, 这些参数包括火灾边缘的形状和位置、火舌的最大高度等[14]。传统上, 这些参数一般由专家目测得到。也有一些摄影测量技术用于火灾发生后进行分析。

当前基于视觉的自动系统的发展对于在线火灾监视将大有裨益。然而, 监视真实火灾也有许多棘手的问题, 例如, 在正确的位置放置传感器进行火势观察的可能性。一般而言, 传统的载人直升机常用于在灭火行动中接近火焰。不过, 这些行动常常要冒很大的风险。一种解决方案便就是利用具有很好操作性的无人机的机载摄像系统。

在本节, 将简要介绍如何利用无人机所拍摄的图像集估计火灾边缘发展情况的过程。

8.2.3 节所介绍的火焰分割算法可用于将火焰从背景中分离出来。被分割出来的区域的轮廓包含有火灾边缘的形状和位置, 还有火舌高度等信息。图 8.18 所示为在火灾实验中应用火焰分割和轮廓计算算法的例子, 其中一组是可见光图像, 另一组是红外图像, 两组图像均由无人机在实验现场得到。

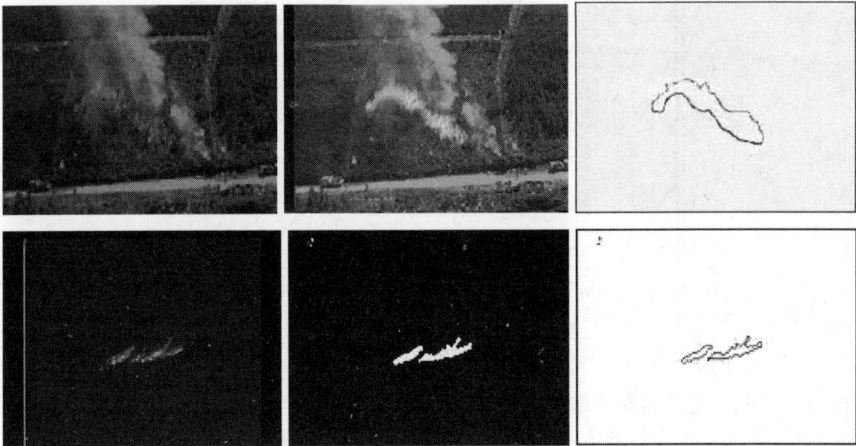

图 8.18　可见光图像 (上) 以及红外图像 (下) 分割与轮廓

为了计算火灾边缘的位置, 需要区分在这些轮廓像素中, 哪些是火焰根部轮廓对应的像素, 哪些是火舌顶部对应的像素。

　　火焰的动态特性可以用来描述火焰的轮廓。一般情况下，火舌顶部对应的像素是摆动的，而火焰底部对应的像素则缓慢移动。因此，为了确定哪些像素对应于火焰底部，那些像素对应于火舌顶部轮廓，就需要对火焰轮廓的图像使用一个时间低通滤波器。

　　为了分析这些动态特征，首先需要去除背景移动的影响。这一步可以通过使用第 4 章中提到的图像稳定方法来完成。图 8.19 所示为在一次森林火灾实验中由直升机在不同时刻拍摄的 3 幅图像。这些图像都已经经过了稳定处理。其中，火焰的轮廓已经重叠了，以便区分火灾边缘和火舌顶部的像素。

图 8.19　从直升机上得到的 3 幅森林火灾实验的图像

　　计算火灾边缘区域的位置，以便得到该区域像素的三维位置信息。第 4 章中介绍的地理定位方法可以用于此目的。图 8.20 所示为利用图 8.19 的序列图像以 10 s 为间隔估计得到的火灾边缘的位置。图中的空白是由于烟雾遮挡造成的。

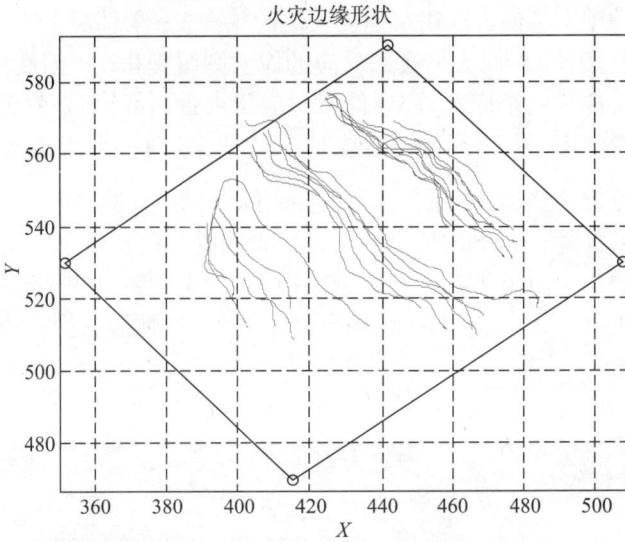

图 8.20 图 8.19 森林火灾实验序列图像中火灾边缘的位置。每 10 s 估计一次火灾边缘位置。

8.7 协作火灾监视

在这一阶段, MARVIN 和 Helivision-GRVC 一直悬停在火灾现场上空(与火灾点形成大约 120° 的角度), 并传输稳定的火灾图像序列(这样操作员可以观察火势的动态变化进程)。图 8.21 所示为由 Helivision-GRVC 和 MARVIN 在火灾监视阶段得到的两张可见光图像。

图 8.21 火灾观察阶段, 使用 MARVIN 和 Helivision-GRVC 摄像机从不同视角得到的稳定图像的序列。

在第 2 章中描述的框架使得飞行器可以近实时地同步传输图像。对于这些图像, 先采用第 4 章中描述的方法以近实时的方式对其进行稳定处理, 然后对稳定后的图像, 使用火焰分割算法, 从而确定火灾的相关参数。图 8.22 显示了 Helivision-GRVC 和 MARVIN 对同一个火焰拍得的图像, 其中标出了火焰的边缘位置。

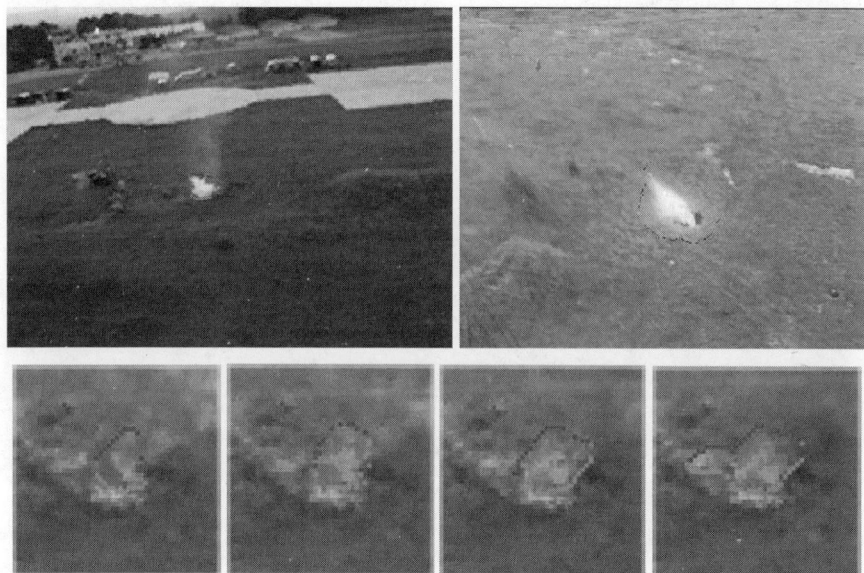

图 8.22　利用 Helivision-GRVC 和 MARVIN 可见光摄像机进行火灾观测。图中标出了火焰边缘的形状。

8.8　结论

应用相关性是多机器人系统, 特别是多无人机系统的主要议题。本章介绍了在一个非常有意义的实用场景中多无人机系统 —— COMETS 的应用情况, 这一场景便是森林火灾。正如所知道的, 这是多无人机系统在由火灾检测、确认、定位和监视四个环节组成的一个任务中所进行的首次实验展示。

这些实验和演示分别于 2003 年、2004 年和 2005 年 5 月在葡萄牙中部的科英布拉市进行。实验涉及 MARVIN 自主直升机 (第 5 章), Karma 飞艇 (第 6 章) 和 Helivision-GRVC 遥控直升机 (第 7 章), 并采用第 2 章中的决策框架，第 3 章的通信系统和第 4 章描述的感知技术。

实验结果更进一步坚定了我们对无人机技术和相关方法的兴趣。同时也展示了本书中所介绍的一些技术和方法在可操作森林火灾环境中使用情况。这些可操作条件要求使用不同的可操作无人机平台，包括在多无人机系统中与固定翼飞机相结合。一般而言，使用无人机平台具有更大的飞行范围，更长的续航时间，并更适应强风速条件下的典型森林火灾应用场景。

参考文献

[1] V.G. Ambrosia. Remotely piloted vehicles as fire imaging platforms: The future is here! *Wildfire Magazine*, May–June 2002.

[2] B.C. Arrue, A. Ollero, and J.R. Martinez de Dios. An intelligent system for false alarm reduction in infrared forest-fire detection. *IEEE Intelligent Systems*, 15 (3):64–73, 2000.

[3] J.R. Martinez de Dios and A. Ollero. A multiresolution threshold selection method based on training. volume 3211 of *Lecture Notes in Computer Science*, pages 90–97. Springer, 2004.

[4] D. Dierre, H. Hoff, and M. Bouchet. RAPSODI, rapid smoke detec-tion and forest fire control. In *Proceedings of the Research Special Session of the Euromediterranean Wildfire Meeting*, pages 89–96, Hyères, France, October 2000.

[5] E. Hygounenc, Il-Kyun Jung, P. Souères, and S. Lacroix. The Autonomous Blimp Project of LAAS-CNRS: Achievements in Flight Control and Terrain Mapping. *The International Journal of Robotics Research*, 23(4–5):473–511, 2004.

[6] Jyh-Sing Roger Jang. ANFIS: Adaptive-network-based fuzzy inference system. *IEEE Transactions on Systems, Man, and Cybernetics*, 23:665–685, 1993.

[7] R. Kjedlsen and J. Kender. Finding skin in colour images. In *Proceedings of the International Workshop on Face and Gesture Recognition*, pages 144–150, 1996.

[8] I. Maza and A. Ollero. Multiple UAV cooperative searching operation using polygon area decomposition and efficient coverage algorithms. In *Proceedings of the 7th International Symposium on Distributed Autonomous Robotic Systems (DARS)*, pages 211–220, Toulouse, France, June 2004.

[9] A. Ollero, J. Alcazar, F. Cuesta, F. López-Pichaco, and C. Nogales. Helicopter teleoperation for aerial monitoring in the COMETS multi-UAV system. In *Proceedings of the 3rd IARP Workshop on Service, Assistive and Personal Robots (IARP)*, pages 137–142, Madrid, Spain, October 2003.

[10] Y. Rauste. Forest fire detection with satellites for forest fire control. In *Proceedings of the XVIII Congress of the International Society for Photogrammetry and Remote Sensing*, volume XXXI, pages 584–588, Vienna, Austria, July 1996.

[11] V. Remu, M. Musial, and G. Hommel. MARVIN – an autonomous flying robotbased on mass market components. In *Proceedings of the Aerial Robotics Workshop of the IEEE/RSJ International Conference on Itelligent Robots and Systems (IROS)*, pages 23–28, Lausanne, Switzerland, September–October 2002.

[12] I.F. Tourné, J. Gonzalo, and P. Yagüe. The fuego system. In *Proceedings of the Research Special Session of the Euromediterranean Wildfire Meeting*, pages 118–122, Hyères, France, October 2000.

[13] A.B. Utkin, A. Fernandes, F. Simoes, R. Vilar, and A. Lavrov. Forest fire detection by means of lidar. In *Proceedings of IV International Conference on Forest Fire Research / 2002 Wildland Fire Safety Summit*, pages 18–23, Coimbra, Portugal, November 2002.

[14] D.X. Viegas. Innovations and solutions in fire behavior prediction issues. forest fires: needs and innovations. In *Proceedings of the Delfi International Symposium*, pages 164–173, Athens, Greece, 1999.

[15] III Walter Phillips, Mubarak Shah, and Niels da Vitoria Lobo. Flame recognition in video. *Pattern Recogn. Lett.*, 23(1–3):319–327, 2002.

第 9 章

总结和未来发展方向

与有人飞行器相比,无人机在很多应用中具备优势。它们可以避免人类飞行员在危险区域飞行,这种危险区域不仅会出现在军事应用中,也会出现在一些其他场合,包括恶劣天气环境或者接近建筑物、树、民用基础设施和其他障碍物的情况。

另外,还有一些商业应用,例如基础设施或电线的检查,与传统的飞行器相比,使用低价的无人机能够节省大量的花费。另外,HALE 和 MALE 更长的续航力能够在环境监视和通信等应用中发挥更多优势。因此,基于无人机的应用发展前景非常好,可以期望,在未来的 20 年 ~30 年,价格低廉的无人机将在很多领域取代有人飞行器,并将开拓出新的应用领域。

本书主要致力于多无人机系统。与使用单无人机相比,多无人机方法的优点概括如下:

- 通过最小化事件发现延迟增加了监视范围。
- 减少了探测、绘图和其他使命的时间。
- 不依赖单个无人机,从而提高了可靠性。
- 能够同时提供来自不同观测点的信息和测量,从而减少了不确定性。
- 使得各种具有不同或互补特性及传感器的多个飞行器以团队形式的应用成为可能。

无人机平台的特性影响多无人机团队的性能,以下的发展将促进无人机技术在民用领域的应用。

新平台:当前可用的低价无人机,例如本书第 5、7 和 6 章的直升机和飞船其飞行忍耐力和范围都非常有限。很多应用领域都需要新的平台,包括用于远程任务的大规模飞行系统和用于室内操作的中等平台、小型无人机、微型无人机以及非常小的系统 (几厘米)。

自主性: 未来的无人机需要将一些新的方法和技术应用到电子设备和机器人系统中, 以最小化操作人员的行为。第 5 章和第 6 章已经给出了用于直升机和飞船的控制系统。第 5 章所描述的工作已经演示了无人机的自主起飞和着陆。然而, 在未知地形和移动平台上着陆仍需要很大的努力。同样的还有规避障碍物和自动跟踪等自动机器功能的执行。这些自动功能都需要合适的环境感知功能和机器结构。虽然已经有了一些最近的发展和演示, 但是将这些功能可靠地应用到商业系统中还需要更多的努力。

地面控制台和操作界面: 它包含界面和系统的选择, 通过它们, 操作员可以监视无人机的行为, 且当需要的时候, 可以对无人机行为进行干扰。像第 7 章提到的通信机器人概念和多媒体界面技术的应用都可以产生一些新的执行方法。同时, 在很多应用中还需要易于运输和部署。

可靠性: 它与平台本身 (机械学, 动力系统, 电子学) 和上面提到的自主性功能在各种不同环境下的执行相关。高可靠性将在很多使命中非常关键, 特别是在高密度人口区域活动时。因此, 无人机可靠性需要设计和执行错误发现与识别技术、新的容错控制方法。

应用传感器: 发展和整合高适应性传感器。包括从低价、低能耗和低精度的传感器到用于远距离探测和近距离监视的高精度传感器。在一些应用中, 新的高效的传感器数据融合技术能够提高单个传感器的性能, 就像第 8 章火警探测和监视中展示的一样。

可承载性: 发展具有足够的有效载荷能力、适合特殊的应用需求和特定的使命、价格合适的平台。这也关系到标准平台和共同操作系统的发展, 这种系统能够应用到各种有效载荷、使命和应用中。使无人机能够适应它们的使命和操作环境也需要可用性和适应性。

下面的几段专门致力于多无人机中的协作与协商。

就无人机的协作来说, 需要更多的研究和发展来执行和演示第 2 章提出的结构中的高层协作。特别的, 当考虑扩展性和可靠性时, 完全分散式结构的执行更具优势。这个执行需要上面提到的无人机自主性的提高, 可以通过嵌入式系统和新的小型化传感器进一步发展来实现。另外, 还需要能够考虑特定的容错性和可靠性的协作策略。

另一个趋势是飞行器与飞行器间以及飞行器与环境之间强交互任务所需要的新的控制与协作技术的发展, 例如通过几个携带同样负载的直升机的协作来举起和运输货物。这种情况下是可以进行调整的, 因为低价无人机具有非常有限的有效载荷, 而高价直升机具有大的有效载荷。然而这种技术只在仿真中实验过, 直到最近, 才开始进行处理真实无人机演示的工程。在多无人机系统中, 通信技术显然起着重要作用。本书的第 3 章提出了一种在 COMETS 工程中设计、实验和执行的通信系统。这个系统可以应用不同的通信技术。通信技术的不断发展可使得无人机之间的通信实现方式不断变化; 如更可靠; 带宽更宽的通信实现无人机与地面设施、无人机与其他无人机、无人机与一般无人系统之间的链接。这不仅与单个无人机的通信系统有关, 还与用于移动系统的新技术的组网技术有关, 例如 WiMAX。

一般地, 基础构造的发展值得特别关注。通常这种构造不可用, 或者无人机操作需要的通信范围对已有技术来说太远。无人机的市场应用不仅需要低价格的设备, 而且需要一些基础结构、平台和系统来整合它们。例如, 将地面传感器和通信网络整合起来将对新产品的发展具有重要的影响。这个方法需要新的基于空中/地面感知技术的具有容错能力的用于目标和事件识别的新协作技术, 通过目标和事件的识别, 无人机能够对环境的变化作出反应。这将是基于本书中提出的空间感知的协作感知工具的一个自然扩展。

另一个相关的领域是将无人机与无线传感器网络中新技术进行结合。事实上, 一个无人机可以作为 "数据设备" 或无线传感器网络中的中继节点用来提供或修复网络的连通。甚至, 一队无人机可以用于运输和定位无线传感器节点或通信设备来部署和修复网络。最近, 处理这些先进概念的新的研究工程已经开始了。

地面基础设施也包括用于多无人机监视和远程操作的地面站。第 7 章中的一些概念可以应用, 但是, 仍需要重要的研究和发展以制造出新的地面站, 在这种地面站中, 只需要最少操作人员就可以监视和远程控制一队无人机。

另外, 一队无人机的实际应用还是需要有飞行员的飞行器的参与。例如, 在第 8 章提到的森林火警探测和监视应用中就很明显。在实际应用中, 有飞行员的飞行器, 例如飞机和直升机, 用在森林火警行为中, 并需要这个飞行器同无人机的协作。在其他灾难和救援应用中, 情形是一样的。因此, 为了结合传统飞行器, 第 2 章介绍的方法应该进行扩展。

一般地, 缺乏将无人机和已有空中交通管制系统的结合是许多商业应用的主要障碍。这关系到在城市上空飞行的许可。另一个障碍是缺乏标准/组合的平台和标准化的组件, 以及不同无人机协作标准的建立。这些规则和标准的发展将对本书介绍的技术的实际应用起着重要的作用。